In glänzendem Weiterdenken der heute gängigen Quantentheorie führt Fred Alan Wolf den Leser in die Annahme paralleler Universen ein, in die Vorstellung, nach der die Zukunft die Vergangenheit zu bestimmen vermag und prophetische Träume und Schizophrenie die Überlappung paralleler Universen anzeigen und Quantencomputer den Aktienmarkt vorhersagen können.

Was aber ist ein paralleles Universum? Wie jedes Universum ist es ein Bereich von Raum und Zeit, der Materie, Galaxien, Sterne, Planeten und Lebewesen enthält. Ein paralleles Universum ähnelt also dem unseren, ist vielleicht sogar sein Duplikat. In einem parallelen Universum gibt es nicht nur ebenfalls Menschen, sondern diese Menschen könnten sogar exakte Doppelgänger von uns selbst sein.

Wolf zeigt in seinem Buch, wie die Annahme paralleler Welten unsere Auffassung der Zeit verändert, wie Fragen nach dem Anfang des Universums neu zu beantworten sind und wie schließlich die Hypothese der parallelen Welten auch psychologisch, im Hinblick auf Bewußtsein und künstliche Intelligenz, von Belang ist. Anschauliche Beispiele illustrieren die prinzipielle Bedeutung, die der Annahme von parallelen Universen zukommt.

insel taschenbuch 2241
Fred Alan Wolf
Parallele Universen

Fred Alan Wolf
Parallele Universen
Die Suche nach anderen Welten

Mit einem Vorwort des Verfassers
zur deutschen Ausgabe

Aus dem Amerikanischen
von Anita Ehlers

Insel Verlag

Originaltitel:
Parallel Universes. The Search for Other Worlds
New York: Simon & Schuster 1990
© by Youniverse Seminars, Inc. 1988

insel taschenbuch 2241
Erste Auflage 1998
© Insel Verlag Frankfurt am Main und Leipzig 1993
Alle Rechte vorbehalten
Hinweise zu dieser Ausgabe am Schluß des Bandes
Vertrieb durch den Suhrkamp Taschenbuch Verlag
Druck: Nomos Verlagsgesellschaft, Baden-Baden
Printed in Germany

1 2 3 4 5 6 – 03 02 01 00 99 98

Inhalt

In Erinnerung an meinen lieben Sohn,
Michael David Wolf,
von dem ich soviel über die Welt lernte,
in der wir leben.

Danksagungen

Ich möchte meiner Frau, Judith Wolf, für all die Mühe danken, die sie beim Lesen und Redigieren dieses Buches wie auch all meiner anderen Bücher auf sich genommen hat. Ich danke Drs. Murray und Susan Brennan für die mir erwiesene Gastfreundschaft während der Fertigstellung des Manuskripts und Marjorie Vlier für ihre Freundschaft und Gastfreundschaft während der Zeit seiner Neufassung. Ich möchte auch Rhonda Johnson vom Verlag Simon und Schuster danken, die als Assistentin des Lektors mehrere hilfreiche Vorschläge gemacht hat; ebenso danke ich meinem Lektor, Bob Asahina, für seinen Rat und seine Hilfe. Dank schulde ich Dr. John Cramer und Dr. Susan D'Amato für die Klarstellung einiger Gedanken. Bill Whitehead, der so tragisch aus einer glänzenden Karriere als Lektor herausgerissen wurde, bin ich für die erste Anregung zu diesem Buch vor fast acht Jahren dankbar. Den Freunden und Menschen in San Miguel de Allende in Mexiko biete ich meinen Dank, deren einmalig schöne kleine Stadt ich während der Überarbeitung des Manuskripts genießen durfte. Schließlich danke ich meinem geliebten Sohn Michael, der durch einen tragischen Schicksalsschlag getötet wurde, für all seine Unterstützung und Liebe. Der Gedanke an ihn und seine Liebe erinnert mich immer wieder an die spirituelle und mystische Seite des Lebens.

Danksagung für die deutsche Ausgabe

Ich danke Professor Dr. Jürgen Ehlers für hilfreiche Vorschläge und die Einarbeitung neuerer Daten in die Anmerkungen. Ich möchte auch Frau Anita Ehlers für die Mühe der Übersetzung danken.

Vorwort zur deutschen Ausgabe

Es ist noch nicht lange her, daß wir Physiker glaubten, wir seien endlich an das Ende all unserer Suche gekommen: Wir meinten, das Ende des Weges erreicht zu haben, und fanden das mechanische Weltall in seiner ganzen Herrlichkeit vollendet. Die Dinge verhielten sich so, wie sie es taten, weil sie so waren, wie sie gewesen waren. Sie werden sein, wie sie sein werden, weil sie so sind, wie sie sind, und so weiter. Alles paßte gut in ein schönes kleines Paket mit dem Gedankengut Newtons und Maxwells. Mathematische Gleichungen entsprachen danach dem wirklichen Verhalten der Natur; zwischen einem Symbol auf einem Blatt Papier und der Bewegung des kleinsten wie des größten Dings im Raum und in der Zeit ließ sich eine ein-eindeutige Beziehung herstellen.

Es war das Ende eines Jahrhunderts, des neunzehnten, um genau zu sein, und der angesehene Physiker A. A. Michelson sagte, die Zukunft der Physik würde darin bestehen, die schon bekannten Ergebnisse auf einige Dezimalstellen genauer zu berechnen. Nun glaubte Michelson, er zitiere damit den berühmten Lord Kelvin. Kelvin jedoch hatte gesagt, der Himmel der Physik sei bis auf zwei dunkle Wolken, die den Horizont verdüsterten, ungetrübt.

Diese zwei dunklen Wolken, so stellte sich heraus, verdüsterten nicht nur die Sonne in der gleichsam von Turner gemalten Newtonschen Landschaft, sie machten das Bild auch zu einer befremdend abstrakten Vision von Punkten, Strichen und Wellen nach Art von Jackson Pollock; Energie verwandelt sich in Materie, und die Materie verzerrt wie bizarre Farbwucherungen die Leinwand der Raumzeit und reißt manchmal sogar Löcher hinein. Diese Wolken waren die Vorläufer der jetzt angestrebten Quantentheorie für Alles und der Speziellen und Allgemeinen Relativitätstheorien Einsteins.

Jetzt sind wir wieder am Ende eines Jahrhunderts, und wieder verdüstern Wolken die Landschaft der modernen Physik. Wie zuvor hat die Newtonsche Landschaft auch heute ihre Bewunderer. Sie erklärt eine große Vielfalt mechanischer Phänomene, von

Raumschiffen bis zu Autos, von Satelliten bis zu Dosenöffnern; und doch, gerade als das abstrakte Quantengebäude schließlich offenbarte, daß diese Newtonsche Landschaft aus scheinbar zufälligen Punkten (Quanten) besteht und daß Raum, Zeit und Materie sich ineinander umwandeln können, wobei sie Schwarze Löcher und Zeitmaschinen hervorbringen, suchten (und suchen) noch viele von uns eine Art objektiver mechanischer Ordnung, die allem, auch Quantenflecken und Schwarzen Löchern, zugrunde liegt.

Das Problem ist somit auch heute noch ungelöst: Wir können die beiden großen Theorien des zwanzigsten Jahrhunderts – Relativitätstheorie und Quantentheorie – nicht vereinbaren.

Sie sind im Begriff zu lesen, wie einige Physiker diese Vereinigung herbeizuführen hoffen, indem sie eine Vorhersage betrachten, die sich auf ganz verschiedene Weise aus beiden Theorien ergibt: die Existenz paralleler Welten oder paralleler Universen. In diesem Buch geht es darum, wie die Quantenphysik zu dieser Vorhersage kommt, wie Einsteins Allgemeine Relativitätstheorie die Existenz paralleler Universen vorhersagt und warum ich denke und vermute, daß beide dieselben parallelen Universen vorhersagen könnten.

Es ist freilich nicht das erste Mal, daß zwei physikalische Theorien dieselbe Vorhersage machen. Als Rutherford den Atomkern entdeckte, benutzte er eine Formel der klassischen Physik zur Berechnung des Streuquerschnitts beim Zusammenstoß von Alphateilchen und Goldatomen und fand, daß die experimentellen Daten genau der Vorhersage entsprachen. Rutherford nahm deshalb an, die subatomaren Alphateilchen seien kleine Materiestückchen. Viele Jahre später, nach der Entdekkung der Quantenphysik und ihrer Beschreibung der Wellennatur der Materie, wurde die Rechnung wiederholt, diesmal aufgrund der Vorstellung, die Alphateilchen seien in die Goldkerne hineinfließende Wellen. Das Ergebnis war das gleiche, obwohl es aus ganz anderen Theorien kam, und führte zur selben Vorhersage.

Wenn es diese Übereinstimmung beider Theorien nicht gegeben hätte, wäre der Kernaufbau der Atome vermutlich überhaupt nicht entdeckt worden. Wenn zwei Theorien zum selben

Ergebnis führen, liegt der Gedanke nahe, daß zwischen den beiden Theorien eine tiefe Verbindung besteht. In diesem Fall erfuhren wir, daß die klassische Physik unter bestimmten Umständen in der Quantenphysik enthalten ist. Das wird heute das Bohrsche Korrespondenzprinzip genannt.

Weisen nun die Vorhersagen der Allgemeinen Relativitätstheorie und der Quantentheorie in bezug auf parallele Universen darauf hin, daß es einen tiefen Zusammenhang zwischen den beiden verschiedenen Theorien gibt? Vielleicht gelangt der Leser zu diesem Schluß. In jedem Fall lade ich Sie ein zu einer Reise aus dieser Welt in unendlich viele andere Universen, damit Sie selbst herausfinden, ob Sie den Zusammenhang sehen können.

Einleitung

Woody Allen sagte es einmal so: »Es gibt zweifellos eine ungesehene Welt. Aber wie weit ist sie von der Innenstadt entfernt, und wie lange hat sie geöffnet?« Durch die Entdeckungen der neuen Physik hat die Frage nach der Existenz paralleler Welten – Welten, die neben unserer eigenen bestehen – erneut ein Interesse gefunden, das weit über bloße Spekulation hinausgeht.

Vermutlich anders als zu jeder früheren Zeit werden wir heutzutage mit einer Revolution unserer Sicht des physikalischen Universums – dem Stoff, aus dem Sie und ich bestehen – konfrontiert. Diese Revolution, ausgelöst von der neuen Physik, zu der Relativitätstheorie und Quantenmechanik zählen, geht anscheinend weit über unsere frühere Ansicht hinaus, nach der es eine konkrete, gesicherte Realität gibt. Die neue Physik zeigt in eine neue und abstraktere Richtung – eine Richtung, die hinweist auf die Notwendigkeit, unser Bild von der Welt fundamental zu vereinheitlichen.

Das Hauptproblem der heutigen Naturwissenschaft ist daher die Vereinheitlichung – die Zusammenfassung äußerst verschiedener Ideen und Konzepte, von kleinster subatomarer Materie bis zur größten Galaxie. Zur Zeit umfaßt unser Wissen ein riesiges Spektrum von Ideen. Bei unseren Versuchen, diese Ideen zu vereinigen, stoßen wir auf große Lücken. Die an Sciencefiction erinnernde Idee, unser Universum sei nicht das einzige – auf rätselhafte Weise gibt es neben unserem Universum noch weitere (was einer Erklärung bedarf) –, ist der neueste Vorschlag der modernen Physik, die sich um eine Vereinheitlichung unseres Wissens bemüht. Wenn es diese anderen Welten nicht gäbe, blieben die von der neuen Physik zu Tage gebrachten Wissenslücken unüberbrückbar – und unsere früheren Denkweisen können sie nicht füllen.

Als die Vorläufer der modernen Wissenschaft, Geistesriesen wie Kepler, Galilei, Kopernikus und Newton, zuerst über das Universum nachdachten, stellte man sich das Universum als riesiges Uhrwerk vor, bei dem an der Spitze eines jeden Zeigers ein Punkt einen im Weltall kreisenden Planeten markierte.

Für die frühe Wissenschaft vom Universum bewegte sich Licht mit unendlicher oder fast unendlicher Geschwindigkeit, und jedes bewußte Ereignis fand deshalb hier auf der Terra firma immer und für alle Ewigkeit *jetzt* im ganzen unbegrenzten Universum statt. Fünf Uhr in Wien war auch fünf Uhr auf dem Saturn und auf dem nächsten Stern. Während sich Zeitdauern mit Uhren messen ließen, war die Zeit selber ewig und unmeßbar. Sie war unendlich und unvorstellbar. Niemand konnte sich vorstellen, daß Zeit *hier* und Zeit *dort* durch irgend etwas anderes verknüpft sein könnten als den einzigartigen Augenblick des *Jetzt*.

Das Weltall stellte man sich in alle Richtungen unendlich ausgedehnt vor. Es ließ sich einfach nicht messen. Der Raum hatte kein Ende, und der Versuch, über den unendlichen Raum nachzudenken, war hoffnungslos, ein Spiel für Narren und Dichter.

Die Materie hielt sich exakt an die Gesetze der Trägheit und Bewegung, die sogenannten *Bewegungsgesetze*; im Prinzip blieb nichts unbestimmt oder der Vorstellungskraft überlassen. Das ganze Weltall wurde als gigantische Maschine gesehen, die in alle Ewigkeit lief und jeden Punkt eines unendlichen Raums erfaßte. So dachte man vor 1900.

Im zwanzigsten Jahrhundert änderten Einsteins Ideen und die von den Relativitätstheorien bedingte Revolution des wissenschaftlichen Denkens einen großen Teil dieser traditionellen Denkweisen. Einige Lücken wurden geschlossen. Der Raum war nicht mehr so unendlich, wie wir zuvor gedacht hatten. Er mußte sich nicht unbedingt beliebig ausdehnen, unendlich weit in alle Richtungen. Auch die Zeit war nicht mehr so unergründlich, wie man vorher gedacht hatte. Vielmehr vereinten sich Zeit und Raum zum neuen Konzept der *Raumzeit*. Ereignisse sind nicht auf ewig *jetzt*. Zwei an verschiedenen Orten stattfindende Ereignisse zum Beispiel können von einem unbewegten Beobachter in der Mitte zwischen ihnen als gleichzeitig wahrgenommen werden; dieselben Ereignisse wären aber für einen sich bewegenden Beobachter nicht gleichzeitig. Falls der Beobachter sich auf den Ort des Ereignisses zu seiner Rechten zubewegt und sich von dem Ort des Ereignisses zu seiner Linken entfernt, nimmt er das

»rechte« Ereignis vor dem »linken« wahr. Umgekehrt, falls er sich auf das »linke« Ereignis zubewegt und sich vom »rechten« entfernt, beobachtet er das »linke« vor dem »rechten«.

Auch Materie wurde jetzt in einem neuen Licht gesehen, nämlich als ein Knoten in der Raumzeit vom Weltall selbst erzeugt; Materie *verzerrt* den Raum und *verbiegt* die Zeit. Natürlich wirkte sich dies auf unsere Sicht der Unvergänglichkeit des Universums aus; die Endlichkeit der Lichtgeschwindigkeit und der Begriff der Raumzeit ermöglichten die Frage danach, was wohl geschehen sein könnte, als nach unserer Vorstellung die Zeit anfing und der gesamte Weltraum nach unserer Vorstellung kleiner als der Punkt am Ende dieses Satzes war.

Aber auch mit der Relativitätstheorie weist unser Wissen über Materie und Raumzeit noch Lücken auf. Unseren gegenwärtigen Modellen vom Beginn der Zeit, der sogenannten *Kosmologie*, haftet noch ein Hauch der Newtonschen Mechanik an. Sie erinnert an ein Uhrwerk, und Fragen nach dem, was vor dem Urknall – dem sogenannten Anfang von allem – passierte, spuken als Paradoxa in unseren Köpfen. Die Modelle versuchen auch heute noch erfolglos, die Quantenphysik in den Beginn von Raum, Zeit und Materie mit einzubeziehen.

Mit der Entdeckung der Quantenphysik – der Physik, die das Verhalten von atomarer und subatomarer Materie beschreibt – wurden weitere Lücken in unserem Wissen gefüllt. Jetzt wird die Materie ganz anders gesehen. Ihre Eigenschaften hängen davon ab, wie sie beobachtet wird. Der Beobachtungsvorgang selbst spielt in der atomaren Welt eine Rolle, die die Vorläufer der modernen Wissenschaftler noch nicht ahnen konnten. Diese Rolle beeinflußt vermutlich selbst makroskopische Körper auf eine subtile Weise, die die Kosmologie und sogar unsere Vorstellung vom Weltall verändern könnte.

Das Hauptproblem, die Verknüpfung von Quantenphysik und Relativitätstheorie, ist noch ungelöst. Wir wissen nicht, wie man sie vereinigt. Wir wissen aber, daß jede Theorie, die dies erreicht, denjenigen, die sich noch ein Uhrwerk-Universum wünschen, höchst seltsam erscheinen wird. In diesem Buch nun behandeln wir eine der bizarrsten und vielversprechendsten

Hypothesen, die den Gehirnen heutiger Physiker entsprungen sind: Neben unserem Weltall muß es weitere Universen geben.

Physiker befaßten sich erstmals in der hektischen Zeit der fünfziger und sechziger Jahre mit der Theorie paralleler Universen. Sie schien eine neue Möglichkeit zu bieten, einige der merkwürdigen Erkenntnisse der Quantenphysik und der Allgemeinen Relativitätstheorie zu konkretisieren und rational zu erklären. Diese Erkenntnisse sind aber ohne eine neue Sichtweise der gesamten Wirklichkeit unverständlich. Mit unseren bisherigen Vorstellungen von der physikalischen Welt können wir diese Probleme nicht lösen. Sie werden so selbst zum Problem.

Anders gesagt, erklärt die Existenz paralleler Universen einige alte und nicht eben leicht zu lösende Paradoxien. Wie wir bald sehen werden, führt sie jedoch zu einem neuen und wiederum scheinbar paradoxen Denken. Im wesentlichen postuliert die Hypothese paralleler Universen die Existenz von Welten, die unseren mit den Hilfsmitteln der Technik verfeinerten Sinnen zugänglich sein könnten und die sich unserem Weltall verknüpfen oder mit ihm in Beziehung setzen lassen.

Was ist ein paralleles Universum? Wie jedes Universum ist es ein Bereich von Raum und Zeit, der Materie, Galaxien, Sterne, Planeten und Lebewesen enthält. Ein paralleles Universum ähnelt also dem unseren, ist vielleicht sogar ein Duplikat. In einem parallelen Universum gibt es nicht nur ebenfalls Menschen, sondern diese Menschen könnten sogar exakte Doppelgänger von uns selbst sein; möglicherweise sind sie in einer Weise mit uns verknüpft, die sich nur mit quantenphysikalischen Konzepten erklären läßt.

Um zu sehen, warum Wissenschaftler derzeit die Vorstellung von parallelen Universen ernsthaft als Lösung für Probleme im weiten Bereich der modernen Physik und Kosmologie in Betracht ziehen, müssen wir uns mit einigen neuen und aufregenden Ideen befassen. Die Hoffnung, die Ideen innerhalb dieses weiten Spektrums menschlichen Wissens in Einklang bringen zu können, beruht eben auf der Existenz dieser anderen Universen – Universen, die Seite an Seite mit unserer eigenen existieren und auf gespenstische Weise möglicherweise sogar denselben Raum füllen wie unsere. Dieses Spektrum umfaßt 1. die Quantenphysik, 2. die Vereinheitlichung neuer Ideen über das Universum, 3. die Relativitätstheorie, 4. die Kosmologie, 5. einen neuen Zeitbegriff und 6. die Psychologie – oder vielmehr den Einfluß des menschlichen Gehirns auf all diese Bereiche. Konsequenterweise habe ich das Buch in sechs Teile geteilt; jeder Teil bezieht sich auf eines der eben erwähnten Themen. Der zweite Teil befaßt sich damit, wie parallele Universen unser Wissen vereinheitlichen, und der fünfte Teil beschreibt, wie die Existenz paralleler Welten unsere Auffassung der Zeit verändert. Im Folgenden kommentiere ich kurz die anderen vier Teile dieses Buchs.

Quantenphysik:
Der Beobachter wird einbezogen

Die Quantenphysik befaßt sich mit einer Vielfalt physikalischer Phänomene, von subatomaren, atomaren, molekularen bis hin zu modernen Rechnerelementen wie Josephson-Verbindungen, die Gleichrichtern ähnlich auf einer der menschlichen Wahrnehmung zugänglichen Zeit- und Raumskala Quantenverhalten zeigt. Die Quantenphysik führt etwas Neues ein – nämlich den Einfluß, den ein Beobachter auf ein physikalisches System hat. Dieser Effekt läßt sich ohne die Annahme der Existenz *paralleler Universen* nicht objektiv verstehen.

Relativitätstheorie:
Merkwürdige und wunderbare Beziehungen

Sowohl die Spezielle als auch die Allgemeine Relativitätstheorie befassen sich mit den Beziehungen zwischen Materie, Energie, Raum und Zeit. Sie enthalten viele merkwürdige und wunderbare Ideen, darunter die Vorstellung, die Gravitation entspräche der Krümmung der Zeit, oder Lichtteilchen (Photonen) flögen durch das Universum, ohne daß aus ihrer Sicht Zeit verstreicht oder sie sich überhaupt bewegen. Eine genaue Betrachtung dieser klassischen, aber nicht Newtonschen Theorien deutet an, daß unser Universum Bereiche mit Materie enthalten muß, die

die sie umgebende Raumzeit stark verzerren. Zunächst wurde vermutet, daß für diese Bereiche, sogenannte *Schwarze Löcher*, die Gesetze der Physik nicht mehr gelten. Jetzt glauben wir, daß die Gesetze der Physik überall gelten. Folglich stellen sich diese singulären Stellen als abbildbar heraus; sie erweisen sich als topologische *Löcher*, die möglicherweise zu *parallelen Welten* führen.

Kosmologie:
Eine Suche nach dem Anfang

Die Kosmologie beschäftigt sich mit der Theorie des frühen Universums – wie die Universen vor etwa 15 Milliarden Jahren begannen. Diese Theorie ist mehrfach wesentlich verändert worden. Uns wird klar, daß frühere Theorien der Kosmologie falsch sein müssen, weil sie die Quantenphysik nicht berücksichtigen. Sowie wir Quantenphysik einbeziehen, erhalten wir deutliche Hinweise auf die Existenz *paralleler Universen.*

Psychologie:
Bewußtsein und künstliche Intelligenz

Die Psychologie befaßt sich mit dem menschlichen Bewußtsein und mit Problemen, die mit menschlichem Verhalten und dem Wesen der Beobachtung zusammenhängen. Die Hypothese der *parallelen Universen* stellt für die Psychologie eine Bereicherung dar. Sie könnte uns zum Beispiel helfen, solche großen Störungen, wie Persönlichkeitsspaltung und Schizophrenie, die wir in unserer Gesellschaft immer häufiger antreffen, zu verstehen. Ich werde zeigen, was die Theorie paralleler Universen zur Klärung einiger der Probleme beitragen kann, die mit diesen Syndromen zu tun haben.

Zur Psychologie gehört auch die künstliche Intelligenz. Dieses Buch beschäftigt sich mit der Möglichkeit, die Theorie paralleler Universen verheiße eine neue Art von Quantenrechnern – Rechner, die es nicht geben könnte, wenn es keine parallelen Universen gäbe. Dieser neue Rechner wäre auf eine Art intelligent, wie es heutige Rechner nur simulieren können. Eine solche Intelligenz wäre in der Lage, ähnliche Entscheidungen zu fällen wie wir, und diese Entscheidungen würden auf Daten beruhen, die ihren Ursprung sowohl in der Vergangenheit als auch in der Zukunft haben. Meiner Meinung nach zeigt die Theorie paralleler Universen, daß die Zukunft die Gegenwart genauso beeinflussen kann, wie es die Vergangenheit tut.

Parallele Universen und die Verständigung mit der Zukunft

Daß die Zukunft eine Rolle für die Gegenwart spielen könnte, ist eine neue Vorhersage, die sich aus den mathematischen Gesetzen der Quantenphysik ergibt. Wörtlich genommen deuten die mathematischen Formeln nicht nur an, wie die Zukunft unsere Gegenwart beeinflußt, sondern auch, wie unsere Gehirne möglicherweise die Gegenwart paralleler Universen »fühlen« könnten.

Gehen wir mit unserer Interpretation der mathematischen Gesetze zu weit? Albert Einstein schrieb »So weit sich die Gesetze der Mathematik auf die Wirklichkeit beziehen, sind sie nicht exakt; und so weit sie exakt sind, beziehen sie sich nicht auf die Wirklichkeit.« Einstein meinte damit zweifellos die mathematischen Gesetze der Quantenphysik, da diese nur die Möglichkeiten der Wirklichkeit beschreiben, aber niemals die Wirklichkeit selbst. Kann Mathematik die Wirklichkeit beschreiben? Ich glaube, die Antwort lautet Ja, wenn wir uns die neue Sicht der Theorie der parallelen Universen zu eigen machen. Das Labor für Experimente mit parallelen Universen liegt möglicherweise nicht wie bei Jules Verne in einer mechanischen Zeitmaschine, sondern vielmehr zwischen unseren Ohren.

Wenn die parallelen Universen der Relativitätstheorie dieselben sind wie die der Quantentheorie, besteht die Möglichkeit, daß parallele Universen uns sehr nah sind; vielleicht sind sie nur atomare Distanzen entfernt, aber in einer höheren Raumdimension – eine Erweiterung dessen, was Physiker mit *Superraum* bezeichnen. Die moderne Neurowissenschaft wird vielleicht einmal, wenn sie Bewußtseinszustände, Schizophrenie und Träume untersucht, nachweisen, wie nah die parallelen Welten zu unserer eigenen sind.

Ich habe *Parallele Universen: Die Suche nach anderen Welten* in der Hoffnung geschrieben, diese radikal neuen und, wie ich glaube, sehr aufregenden Ideen möchten sich als Hinweise auf die Wahrheit erweisen.

I. Was sind parallele Universen?

Wohl jeder, der sich in einem lebensgroßen Spiegel betrachtet,
denkt auch gelegentlich über die verkehrte Welt auf der anderen
Seite der Scheibe nach, in der rechts und links vertauscht sind.
Lewis Carroll regt unsere Fantasie an, wenn er von den Abenteu-
ern erzählt, die »*Alice*« im Wunderland eines gespiegelten parallelen Universums erlebt, in dem es sprechende Spielkarten,
Walrösser, Schiffe und Siegellack gibt. In unserer Vorstellung ist
die parallele Spiegelwelt so wirklich wie unsere eigene. Vermutlich haben auch Sie schon einmal einen Spiegel parallel zu einem
anderen hochgehalten und sich in den ungeheuer vielen Spiegelungen betrachtet. Vielleicht haben auch Sie sich, wie ich manchmal, gefragt, ob diese Bilder irgendwie eine wahrere, merkwür-
digere Welt widerspiegeln?

In der Fantasie von Science-fiction-Autoren gibt es parallele
Universen vermutlich schon, solange es dieses Genre gibt. Offenbar sind diesen Autoren diese so verblüffenden Gedanken wohlvertraut. Doch wenn ich versuche, wissenschaftlich zu erklären,
was parallele Universen eigentlich *sind*, verhaspele ich mich.

Vielleicht ist das so, weil diese den Verfassern von Science-fiction so vertrauten Gedanken für Physiker noch recht neu sind.

Aus der Science-fiction kenne ich viele Beispiele für parallele Universen. Besonders viel Eindruck hat mir eine Folge aus *Star Trek* gemacht. Die Enterprise ist routinemäßig dabei, Captain Kirk und einige Mitglieder seiner Mannschaft von einem unteren Planeten »hochzubeamen«, und stößt dabei auf eine dieser raumkrümmenden ionisierten Gaswolken, die es »da draußen« zu geben scheint. Die ionisierte Gaswolke interferiert mit dem »Transport«, und Captain Kirk und die Seinen finden sich an Bord einer parallelen Enterprise wieder, deren Besatzung und Ausstattung der der alten Enterprise zwar sehr ähnlich ist, sich von ihr aber auch wesentlich unterscheidet.

Mr. Spock zum Beispiel trägt plötzlich einen schwarzen Spitzbart; er denkt zwar genauso logisch wie sein Pendant auf der anderen Enterprise, ist aber ein überaus böser Mensch. Das ganze Raumschiff, auf dem Kirk und seine Begleiter sich nun befinden, ist so böse, wie die alte Enterprise sich auf ihren Reisen in die weite Welt als gut erwiesen hatte. In der Zwischenzeit sind auf der »guten« Enterprise ein böser Kirk und seine Begleiter an Bord gebeamt worden; der »gute« Mr. Spock sperrt sie wegen ihres widerlichen Verhaltens bald ins »Schiffsgefängnis«.

Beide Spocks haben das Problem bald erkannt. Das Gewitter in dem ionisierten Gas hat die Enterprise in ein paralleles Universum verschlagen, in dem es ein Duplikat der ursprünglichen Enterprise und ihrer Mannschaft gibt. Die Kopie war bis auf Details wie die Vertauschung von Gut und Böse fast perfekt. Keines der beiden Universen hätte die Existenz des anderen auch nur vermutet, wenn nicht das Ionengewitter zu einem Riß in der Raumzeitstruktur geführt hätte, der den Universen den Zugang zueinander ermöglichte. Die parallelen Kirks sind in das Raumschiff des jeweils anderen hinübergekreuzt, als sich die beiden Universen verzahnten. Die gute Enterprise hat einen »bösen« Captain Kirk in ihrem Schiffsgefängnis eingesperrt, und die »böse« Enterprise muß sich mit einem »guten« Captain Kirk abfinden, der bald lernt, wie er vortäuschen kann, böse zu sein, während er versucht, Unrecht in Recht zu verwandeln. Das liefert den Stoff für eine gute Geschichte.

Parallele oder verzerrte Verdopplung von schon Vorhandenem ist nach Meinung einiger Physiker in der Tat eine wichtige Eigenschaft paralleler Universen. Es gibt also im selben Raum und zur selben Zeit, in der wir leben, parallele Dus und Ichs, die wir jedoch normalerweise nicht wahrnehmen. In diesen Universen fallen Entscheidungen im selben Augenblick, in dem wir welche fällen. Die Ergebnisse aber sind verschieden; sie führen deshalb zu anderen aber ähnlichen Welten.

Wir kennen Erzählungen von *Doppelgängern*, also Menschen, die perfekte Duplikate anderer Menschen sind. Diese »Doubles« sind in der Science-fiction manchmal »Eindringlinge aus dem Raum« und kommen von einer fernen Galaxie. Wer hat nicht schon einmal die Sterne betrachtet und sich gefragt, ob es »da draußen« wohl Leben gibt? Wie sieht dieses Leben wohl aus? Ob es sich genauso entwickeln konnte wie das Leben auf der Erde? Könnte es nicht in einer fernen Galaxie einen anderen Stern mittleren Alters namens Sol geben, um den neun oder zehn Planeten kreisen, von denen der dritte von seinem einzigen Satelliten aus wie eine blaue Murmel erscheint? Könnte es nicht eine parallele Erde geben, einen anderen Planeten, der eine genaue Kopie des unsrigen ist? Könnten die Kräfte des Universums nicht Wesen erzeugen, die uns gleich sind, und könnten sich jene Wesen vielleicht auf eine Weise mit uns verständigen, die wir jetzt nur erahnen können?

In Science-fiction-Romanen gibt es »da draußen« Kopien von uns. Im allgemeinen wollen diese Kopien sich unserer bemächtigen oder uns absetzen. In einem Abenteuer in *Twilight Zone* begegnet eine Frau, während sie an einer Bushaltestelle wartet, ihrem parallelen Selbst. Die Doppelgängerin hat ihr eigenes Universum verlassen und ist in dieses entkommen, um hier die Macht zu übernehmen; dies gelingt ihr auch; die irdische Frau kommt in die Nervenheilanstalt.

Es könnte außer Wesen »da draußen«, die uns selbst ähneln, auch welche geben, die uns in Zukunft gleichen werden oder in der Vergangenheit geglichen haben und Seite an Seite wie Gespenster mit uns leben. In *Die Mars-Chroniken*[1] beschreibt Ray Bradbury diese Möglichkeit. In der Geschichte *August 2002. Nächtliche Begegnung* gerät Tomás Gomez, ein Siedler auf dem

Mars, dort in eine parallele Welt. Beim Auftanken vor einer
Fahrt in die »blauen Hügel« hört er den alten Mann, der seine
Windschutzscheibe wischt, sagen: »Wenn man den Mars nicht
so nehmen kann, wie er ist, sollte man gleich wieder zur Erde
zurückfliegen. Hier oben ist alles verrückt, der Boden, die Luft,
die Kanäle, die Eingeborenen (ich habe noch keine gesehen, aber
sie sollen sich ja herumtreiben), die Uhren. Sogar meine Uhr ist
komisch. Auch die *Zeit* ist völlig verdreht.«

Tomás fährt eine alte Landstraße entlang; dabei hat er das
Gefühl, er könne die »Zeit fast *anfassen*«. Er begegnet einer
seltsamen jade-grünen Maschine; auf ihr, die einer Gottesanbe-
terin ähnelt, sitzt ein Marsbewohner »mit Augen wie geschmol-
zenes Gold«. Er ruft dem Marsianer »Hallo« zu, und der ruft in
seiner eigenen Sprache »Hallo« zurück. Keiner versteht den
anderen. Tomás spürt eine »Berührung« am Kopf, sieht aber
keine Hand, die ihn anfaßt. Jetzt können die beiden sich jedoch
in derselben Sprache miteinander unterhalten. Als sie versuchen,
sich die Hände zu geben, durchdringt eine Hand die andere, als
ob sie nicht existierten. Einer sieht den anderen, aber der andere
ist nicht faßbar.

Sie finden heraus, daß sie in parallelen Universen sind, die sich
zufällig gelegentlich überschneiden. Sie fühlen beide ihre eigene
Körperlichkeit. Sie glauben beide an ihre eigene Existenz und
nehmen den anderen als Gespenst wahr. Sie versuchen zu verstehen, wie sich ihre Welten berühren, ohne sich zu berühren, aber
ohne Erfolg. Der Marsbewohner sieht beim Blick auf die Mars-
landschaft seiner Welt eine schöne Stadt mit wundersamen
Dingen. Tomás sieht statt dessen die trostlosen und verlassenen
Ruinen einer Stadt. Er macht den Marsbewohner auf die seit
Tausenden von Jahren zerstörte Stadt aufmerksam. »Die Kanäle
sind leer«, schreit Tomás. »Die Kanäle sind voller Lavendel-
wein!« sagt der Marsbewohner.

Sie erkennen, daß ihre Begegnung etwas mit Zeit zu tun hat,
können aber nicht entscheiden, wer in der Zukunft und wer in
der Vergangenheit lebt. Sie trennen sich; jeder kehrt in seine
Welt zurück und hält die des anderen für einen bösen Traum.

Diese Geschichten sind seltsam und jenseitig; und doch enthalten sie für uns heute ein Körnchen Wahrheit. Wie wir im

folgenden sehen werden, ist die Geschichte von den parallelen Universen, wie sie die Wissenschaft erzählt, in der Tat höchst seltsam.

1. Wie die Quantenphysik
die Existenz paralleler Universen vorhersagt

Die Quantenphysik oder Quantenmechanik, was fast das gleiche meint, ist eine merkwürdige Sache. Sie beschreibt das Verhalten von Materie und Energie, inbesondere, wie Materie und Energie sich im ganz winzigen Maßstab verhalten – auf der Ebene der Atome, Moleküle und anderer Teilchen innerhalb dieser kleinen Objekte. Atome sind sehr klein, und deshalb brauchen wir uns in unserem Alltagsleben gewöhnlich nicht mit ihnen abzugeben. Ein Atom ist wirklich klein: Wenn mein Daumen wie ein Ballon aufgeblasen würde, bis er so groß ist wie der Planet, auf dem wir alle leben, wäre ein ebenso stark vergrößertes winziges Wasserstoffatom eines winzigen Wassermoleküls eines winzigen Schweißtropfens auf meinem Daumen gut erkennbar. Die Größe meines Daumens verhält sich zu der des ganzen Planeten Erde also wie die eines einzelnen Wasserstoffatoms zu meinem Daumen.

Selbst ein Atom wiederum ist im Vergleich mit einem subatomaren Teilchen groß. Als *subatomar* bezeichnen wir etwas, das kleiner ist als ein Atom oder das in einem Atom enthalten sein könnte. Ein besonders wichtiges subatomares Teilchen ist das Elektron. Elektronen finden sich im Innern von Atomen. Wie das genau aussieht, blieb uns bis zur Erfindung der Quantenmechanik verborgen. Bis dahin schien sich ein Elektron an die Gesetze der Physik zu halten, die vor der Entdeckung der Quantentheorie bekannt waren – an die Gesetze der sogenannten klassischen Physik, wie sie von Isaac Newton und James Clerk Maxwell aufgestellt wurden. Danach dürfte das Elektron das Atom niemals verlassen und auch niemals Strahlung aussenden, wie es das tut, wenn eine Glühlampe eingeschaltet wird.

Elektronen verlassen Atome jedoch immerzu. Das fällt ihnen leicht, wenn Atome zum Beispiel in einem festen Gegenstand wie einem Kupferdraht gebunden sind. Es gäbe keine Elektrizität, wenn Elektronen nicht leicht durch Kupferdraht fließen könnten. Das ist so, weil für Elektronen die Gesetze der Quantenphysik gelten. Elektronen sind elektrisch geladen und werden von den Mittelpunkten der Atome angezogen. Diese Mittelpunkte sind die Atomkerne, und auch sie sind elektrisch geladen. Elektronen haben eine negative Ladung und Atomkerne eine positive. Die Elektronen werden von den Kernen so stark angezogen, daß nach der klassischen Physik jedes Elektron in jedem Atom nach etwa einer hundertstel Mikrosekunde (eine Mikrosekunde ist der millionste Teil einer Sekunde) von seinem Kern verschluckt würde.

Dabei müßten alle Atome drastisch schrumpfen, und alle Stoffe müßten, da sie ja aus Atomen bestehen, bei dieser schrecklichen Kontraktion kleiner werden. Wenn wir uns eine Vorstellung von einer solchen Katastrophe machen wollen, müssen wir bedenken, daß ein wirkliches Atom um einiges größer ist als sein Kern. Wenn ein Atom so groß wäre wie ein Fußballstadion, hätte sein Kern etwa die Größe eines Tischtennisballs, der auf dem Anstoßpunkt im Mittelkreis liegt. Nach den Gesetzen der klassischen Physik würde ein Elektron vom Atomkern verschluckt. Dabei müßte das Atom im selben Verhältnis schrumpfen wie ein Fußballstadion, das zu einem Tischtennisball wird.

Da alles aus Atomen besteht, würde alles im selben Verhältnis schrumpfen. Der Durchmesser unseres Planeten wäre dann etwa um 30 Meter länger als ein Stadion und ein Mensch kleiner als eine Blutzelle!

Natürlich geschieht dies alles nicht. Aber um das erklären zu können, mußten die Physiker eine neue Theorie entwickeln – eine neue Sicht des Atoms. Sie gewannen sie mit Hilfe der Quantenmechanik; diese enthält einige sehr ungewöhnliche Ideen.

Die Seltsamkeiten der neuen Physik

Merkwürdig ist erstens, daß winzige Objekte sich ganz offensichtlich anders verhalten als die großen Objekte unserer Alltagswelt. Objekte atomarer Größe hüpfen ohne Zwischenstufen von einem Ort zum anderen. Diese sogenannten Quantensprünge machen es ganz unmöglich, mit Sicherheit vorherzusagen, wo sich ein Objekt befindet, nachdem es einmal irgendwo aufgetaucht ist.

Die zweite Merkwürdigkeit besteht darin, daß winzige Dinge nicht unabhängig von den Beobachtern dieser objektiv existieren können. Der Vorgang der Beobachtung verleiht diesen winzigen Objekten Eigenschaften, die sie vor der Beobachtung nicht gehabt haben können. Die Beobachtung einer Eigenschaft eines Objekts verändert die anderen Eigenschaften des Objekts in unvorhersehbarer Weise. Das, was man zur Untersuchung auswählt, verändert das, was ist.

Obwohl die beiden ersten neuen Ideen soviel Unordnung in die Welt bringen, muß nach dieser Theorie, und das ist die dritte Merkwürdigkeit, eine neue Ordnung herrschen. Dies ist nicht die Ordnung, die aufgrund der alten oder klassischen Physik zu erwarten ist, sondern eine Ordnung, die uns einbezieht! Sie bezieht unseren Verstand in einem Maß ein, wie es in der klassischen Physik unvorstellbar ist. Wir können, so sagt sie, die Möglichkeiten, aber nicht die Tatsachen kontrollieren. Wir können vorhersagen, wo und wann ein Ereignis wahrscheinlich ist, aber nicht, wo und wann es passieren wird.

All diese Ideen wurden in der kurzen Zeitspanne zwischen der Jahrhundertwende und heute entwickelt; sie alle sind bis heute gültig.

Um diese Vorstellungen mit Sinn zu erfüllen, erdachte der Physiker Hugh Everett von der Universität Princeton 1957 das Konzept paralleler Universen. Bevor wir uns Everetts Ideen zuwenden und sehen, wie sie der scheinbar unsinnigen Quantenwelt Sinn verleihen, schauen wir uns die experimentelle Begründung der Quantenphysik genauer an.

2. Das fast endgültige Experiment:
Ein Schuß durch Doppelspalte

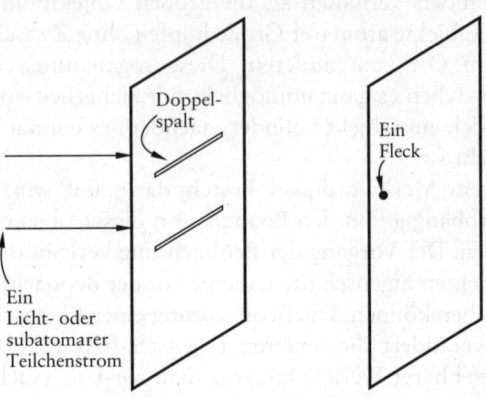

Die Merkwürdigkeiten der Quantenmechanik lassen sich nirgendwo besser verdeutlichen als am Doppelspaltexperiment, das sich zugleich als der deutlichste Hinweis auf parallele Universen verstehen läßt. In diesem Experiment wird ein Strahl subatomarer Teilchen, also aus Elektronen, Atomen oder auch Licht, auf einen Schirm gerichtet, ähnlich wie der Lichtstrahl eines Filmprojektors in einem Kino auf die Leinwand geworfen wird. Zwischen Leinwand und Projektor steht eine Scheibe mit einem Paar eng benachbarter paralleler Spalte, die sich unabhängig voneinander öffnen oder schließen lassen. Die Intensität des einfallenden Teilchenstrahls wird gedrosselt, bis jeweils nur ein Teilchen auf den Schirm fällt. Jedes Teilchen läuft also auf die Scheibe zu, geht durch die Spalte hindurch und wird auf dem Schirm registriert, falls es nicht auf die Scheibe trifft und absorbiert wird. Selbst wenn der Strahl genau ausgerichtet ist, läßt sich nicht vorhersagen, wo ein Teilchen auftreffen wird.

Die Leinwand ist in diesem Fall ein hochempfindlicher Schirm. Jedes Teilchen, das die Schlitze in der Scheibe durchquert hat, hinterläßt auf ihm einen winzigen Fleck. Und jedes

Teilchen muß durch den einen oder den anderen Spalt hindurch, um den Schirm zu erreichen.

An diesem Versuch ist überaus erstaunlich, daß manche Stellen auf dem Schirm von mehr Teilchen getroffen werden, wenn einer der Spalte geschlossen ist, als wenn beide offen sind. Dieses Ergebnis läßt sich unmöglich verstehen, wenn man, wie ich es tat, annimmt, der Strahl bestünde aus einzelnen winzigen Teilchen. Wie könnte ein einzelnes Teilchen wissen, ob beide Spalte offen sind oder nur einer? Da jedes Teilchen offenbar die Wahl hat, welchen Spalt es durchquert, sollte jedes doppelt so viele Gelegenheiten haben, einen beliebigen Punkt des Schirms zu erreichen. Wenn beide Schlitze offen sind, sollten die Teilchen also jeden beliebigen Punkt des Schirms mit größerer Häufigkeit treffen. Anders gesagt, sollten auf einen beliebigen Punkt des Schirms dann, wenn beide Spalte offen sind, doppelt so viele Teilchen treffen.

Sobald man jedoch einen der Spalte schließt und den Teilchen keine Wahl läßt, treffen die Teilchen auf Stellen des Schirms, die sie nie erreichen konnten, solange beide Spalte offen waren.

Wie läßt sich dieses seltsame Verhalten erklären? Warum vermeiden die Teilchen manche Stellen des Schirms , wenn beide Spalte offen sind? Keine der üblichen vernünftigen Vorstellungen davon, wie sich ein winziger Körper verhält, kann dieses merkwürdige Verhalten eines Teilchens erklären, das aus zwei Möglichkeiten eine Tatsache schafft. Irgendwie beeinflussen sich die beiden Möglichkeiten gegenseitig. Sie interferieren.

Wie kann das sein? Die Teilchen werden so gesteuert, daß ein Teilchen nie in Gegenwart eines anderen Teilchens den Spalten begegnet. Jedes durchquert den Spalt allein; nie stoßen zwei oder mehr Teilchen aufeinander, wenn sie die Spalte durchqueren. Kann die Quantenphysik diese Interferenz erklären?

Die Antwort lautet Ja, aber die Erklärung verändert unser Denken. Stellen wir uns vor, statt eines einzelnen Teilchens durchquere eine Welle den Spalt. Eine Welle verhält sich nicht wie ein Teilchen. Sie kann beide Spalte zur selben Zeit erreichen, was ein Teilchen ja nicht kann. Die Welle kann sich dann in zwei Wellen aufspalten, von denen jede durch einen anderen Spalt läuft. Dies geschieht immerzu, wenn eine wirkliche Welle, eine

ganz gewöhnliche Flutwelle an der Küste zum Beispiel, auf zwei
Öffnungen, etwa die Lücken zwischen drei parallelen Molen,
trifft. So gesehen legen die beiden Wellen des Strahls bis zum
Schirm getrennte Wege zurück. Da die Wellen auf verschiedenen
Wegen zum Schirm kommen, können die beiden Wellen mitein-
ander interferieren.

Wellen sind sich bewegende, rollende Berge und Täler. Wenn
an dem Punkt des Schirms, auf den die Wellen auftreffen, der
Wellenberg der einen Welle auf das Wellental der anderen trifft,
löschen sich die Wellen dort gegenseitig aus. Das erklärt, warum
es Stellen auf dem Schirm gibt, an denen keine Flecken erscheinen, wenn beide Spalte offen sind. Wird einer der Spalte geschlossen, spaltet sich die Welle nicht in zwei Teile auf. Die ganze
Welle erreicht den Schirm, nachdem sie nur einen Spalt durchquert hat.

Dieses Problem läßt sich also mit Hilfe einer Wellenbeschreibung lösen. Die Quantenmechanik hieß daher zunächst Wellen-
mechanik, da eine Wellenbeschreibung dieses und ähnliche Probleme erklärt, die auftreten, sobald ein subatomares Objekt mit
zwei oder mehr Möglichkeiten konfrontiert ist. Die Interferenz
geschieht immer so, als ob das Objekt irgendwie eine Welle
wäre. Dann bestände subatomare Materie in Wirklichkeit also
aus Wellen, der Strahl letztlich doch nicht aus Teilchen.

Das stimmt nun auch wieder nicht. Wenn die Wellen auf dem
Schirm ankommen, treffen sie nicht überall auf dem Schirm auf,
wie eine Welle, die einen Strand erreicht. Statt dessen »landen«
diese Wellen schließlich wie Punkte auf dem Schirm. Wirkliche
Meereswellen dagegen spülen gleichzeitig an vielen Stellen an
den Strand. Das bestätigt sich in anderen Experimenten zur
sogenannten Teilchenstreuung, an denen subatomare und atomare Teilchen beteiligt sind, die sich durch den Raum bewegen.
Das Endergebnis ist immer eine Spur oder ein Fleck, aber das
Teilchen hat sich als Welle durch den Raum bewegt. So sind
letztlich »Wellen« doch »Teilchen«.

Dieses Verhalten von Teilchen, die mehr als eine Möglichkeit
verwirklichen, nennen wir *Welle-Teilchen-Dualität*. Aber die
Benennung löst das Problem nicht. Wir stehen vor einem
Rätsel.

Das Rätsel bleibt ungelöst

Das Rätsel ist bis heute ungelöst. Niemand weiß, warum sich subatomare Materie so verhält. Wir wissen aber, wie verläßlich die Regeln der Quantenmechanik sind, die uns so viele zuvor unerklärbare Fakten der Physik verstehen läßt. Die Quantenmechanik hat enorme praktische Erfolge (sie ermöglicht es, die Wirkungsweise von Dingen, wie Lasern, Mikrochips, Photozellen, Kernreaktoren, Radarsignalen, Transistoren und vielen Phänomenen der Festkörper- und Tiefsttemperaturphysik zu verstehen, um nur ein paar Beispiele zu nennen), und trotzdem widerspricht sie der Anschauung; auch achtzig Jahre nach ihren Anfängen sind sich die meisten Experten nicht darüber einig, was von ihr zu halten ist.

Die Welle war nicht wirklich

Zunächst hielten die Physiker die Welle trotz ihrer Wirkung nicht für existent. Sie meinten, die Welle sei nur ein Hirngespinst, das helfen könnte, die Experimente zu verstehen. (Übrigens heißt diese Welle *quantenmechanische Wellenfunktion* oder *Wahrscheinlichkeitswelle*.) So gesehen ist im Doppelspalt-Experiment zu jeder Zeit nur jeweils ein Teilchen in der Nähe des Spalts; die Welle stellt also die verschiedenen dem Teilchen gebotenen Möglichkeiten dar. Das erklärt, warum nur die Möglichkeit, oder, in der Sprache der Quantenphysik, die Wahrscheinlichkeit, festliegt, mit der das Teilchen den Spalt durchquert. Es läßt sich nicht vorhersagen, wohin ein Teilchen geht. Man kann nur vermuten, wohin ein Teilchen gehen wird. Wenn zwei Spalte offen sind, hat das Teilchen die Wahl zwischen zwei Möglichkeiten.

Mit Hilfe der Welle konnten die Physiker sehr gut die Wahrscheinlichkeit berechnen, mit der ein Teilchen etwas tun wird. Bei nur einem offenen Spalt ist die Lage ganz anders, als wenn beide Spalte offen sind. Obwohl sich beim Doppelspalt die interessante Frage stellt, wie sich diese Wahrscheinlichkeiten gegenseitig beeinflussen, weil ja das Teilchen beim Durchqueren der Spaltanordnung irgendwie gleichzeitig durch beide Spalte hindurch muß, ist die Vorstellung einfacher, es gebe gar keine wirkliche Welle, sondern jeweils in jedem Augenblick nur ein einzelnes Teilchen.

Warum parallele Universen erfunden wurden

Man sieht in parallelen Universen eine ernstzunehmende Erklärung dieses grundlegenden Rätsels. Hugh Everett, Schüler des hochangesehenen Physikers John Archibald Wheeler, stellte 1957 als Doktorand an der Universität Princeton die recht merkwürdige Behauptung auf[2], die Quantenmechanik müsse ernstgenommen werden. Wenn sie besagt, zwei Alternativen könnten miteinander interferieren, muß es diese beiden Alternativen irgendwie gleichzeitig geben. Wenn Möglichkeiten einander beeinflussen können, wenn zwei oder mehr Möglichkeiten sich irgendwie »aufaddieren«, dann muß es diese Möglichkeiten wirklich irgendwo geben. Aber wo?

Offenbar besteht die Welle der Möglichkeiten irgendwie aus einer Anzahl von Teilchen – und jedes Teilchen existiert wirklich in einer eigenen Welt. In getrennten oder parallelen Welten findet sich also jeweils nur ein Teilchen. Deshalb also entdeckt man nur einen einzigen Fleck, nachdem das Teilchen den Spalt durchquert hat. Niemand kann wissen, wo genau der Fleck gefunden wird, und trotzdem wird er irgendwo gefunden.

Im Doppelspalt-Experiment waren nur zwei Welten nötig. In der einen Welt durchquert das Teilchen den einen, in der anderen Welt den anderen Spalt. Die beiden Welten existieren Seite an Seite, vollständig voneinander getrennt, bis das Teilchen den Schirm erreicht. Dann überschneiden oder vereinigen sich die beiden Welten. Warum sollten sich die Welten vereinigen, nachdem sie sich aufgespalten hatten? Die Antwort war noch merkwürdiger als die Frage, aber sie genügt der Anforderung.

Sie lautet: Widerspruchsfreiheit. Nur so läßt sich Interferenz bei nur einem Teilchen erklären. Das Universum also spaltet und vereinigt sich jedesmal, wenn es zu einer Wechselwirkung kommt. Jede Spaltung ist zur Erzeugung des Wellenverhaltens und jede Vereinigung zur Erzeugung des Teilchens nötig.

So gesehen stellt die Welle nicht Möglichkeiten oder Wahrscheinlichkeiten, sondern Wirklichkeiten dar – unendlich viele, falls nötig. Die Welle besteht aus Teilchen in parallelen Welten. Wenn das Teilchen auf den Spalt trifft, spaltet sich das Universum, das es enthält, in zwei (oder allgemeiner eine Vielzahl von gegenseitig unbeobachtbaren, aber gleich wirklichen), Welten auf. In jeder dieser Welten durchquert ein Teilchen einen Spalt. Wenn das Teilchen auf den Schirm auftrifft, verschmelzen die Welten wieder zu einer einzigen Welt. Die Meßergebnisse sind eindeutig. Ende gut, alles gut. Obwohl diese Denkweise zu einer bizarren Sicht der Welt führt, könnte es die beste bis jetzt erdachte Antwort sein.

3. Ein Wellenritt durch parallele Welten

Auf den ersten Blick scheint die Wahrscheinlichkeitswelle im Modell der parallelen Welten Zauberkraft zu haben. Betrachten wir ihre Eigenschaften. Erstens ist sie eine Welle und verhält sich genau wie andere Wellen. Sie oszilliert, sie vibriert, und sie bewegt sich durch Raum und Zeit. Das einzig Merkwürdige an ihr sind der Raum und die Zeit, durch die sie sich bewegt. Wenn die Welle in einen Zustand gerät, der in einer einzigen Welt – einem einzigen Bereich der Raumzeit – logisch unmöglich ist, verhält sich die Welle wie eine Meereswelle, die auf zwei oder mehr Lücken zwischen Molen trifft, die in den Ozean hinausragen. Die Welle spaltet sich. Ein Teil nimmt die eine Möglichkeit wahr, der andere Teil die andere. Jede Möglichkeit ist in einer anderen Welt Wirklichkeit.

Eine Münze wird geworfen und zeigt zum Beispiel die Zahl. In einer parallelen Welt zeigt dieselbe Münze den Adler. Die Welle, die die Münze darstellt, enthält beide Möglichkeiten. Sie läßt sogar noch mehr Möglichkeiten zu: Die Münze könnte auch auf der Kante stehen oder plötzlich viel Energie absorbieren und in Atome verdampfen, sie könnte direkt vor unserem Auge verschwinden und dann auf der anderen Seite des Zimmers wiedererscheinen. In der Welle stecken alle Möglichkeiten, auch äußerst unwahrscheinliche.

All diesen Möglichkeiten setzt nur die Fantasie des Experimentators Grenzen. Wenn ein bestimmtes Ereignis an einem Ort wahrscheinlicher ist als an einem anderen, hat die Welle, die die verschiedenen Möglichkeiten darstellt, an diesem Ort eine größere Intensität. Die Welle nutzt jede mögliche Öffnung, um in sie hineinzufließen. Genau wie eine Ozeanwelle sich in Ströme spaltet, die in Kanäle, Strudel und sonstwohin fließen, nutzt die Wahrscheinlichkeitswelle jede Öffnung, jeden Winkel, jede Spur einer Möglichkeit, die ein Experimentator sich ausdenken kann.

Wenn ein Beobachter oder Experimentator diese Möglichkeiten verändert, ändert sich entsprechend auch die Welle. Genau wie sich eine Welle aufspalten und nach dem Durchqueren oder Umrunden von Hindernissen wieder vereinigen kann, teilt und vereinigt sich auch die Wahrscheinlichkeitswelle. Wie die Meere ist die Welle ewig.

Was vom Wellenstandpunkt aus höchst einfach erscheint, erweist sich als sehr merkwürdig, wenn man sich selbst ins Bild einbezieht oder wenn man versucht zu beschreiben, was auf der Ebene der Atome und Moleküle abläuft. Auf dieser Ebene ist die Welle unsichtbar. Die verschiedenen Möglichkeiten sind keine Wellen, die über Wellenbrecher und um Hindernisse oder Molen fließen, sondern Wirklichkeiten in verschiedenen Welten. Bei jeder Wechselwirkung subatomarer Teilchen entstehen und vergehen Welten – sie vereinigen sich wieder zu einer Welt.

Aus der Sicht der Wahrscheinlichkeitswelle – der parallelen Welten also – erscheint die Welt als sehr zerbrechlich. Ihre Stärke beruht auf der Vereinigung sehr vieler Möglichkeiten zu einer einzigen anscheinend gigantischen Wirklichkeit. Aber diese Wirklichkeit ist nur eine Verbindung von anderen, noch zerbrechlicheren Wirklichkeiten. Und all diese Wirklichkeiten spalten sich fortwährend auf und vereinigen sich wieder, jedesmal, wenn das passiert, was wir *Wechselwirkung* nennen.

In *Der Garten der Pfade, die sich verzweigen*, einer wunderbaren und fantasievollen Geschichte von Jorge Borges, wird die Ungeheuerlichkeit der parallelen Welten beschrieben als ein wachsendes, schwindelerregendes Netz auseinander- und zueinanderstrebender und gleichgerichteter Zeiten. Dieses Webmuster aus Zeiten, die sich einander nähern, sich verzweigen, sich scheiden oder jahrhundertelang nicht voneinander wissen, umfaßt alle Möglichkeiten. In der Mehrzahl dieser Zeiten existieren wir nicht; in einigen existieren Sie, ich jedoch nicht; in anderen ich, Sie aber nicht; in wieder anderen wir beide. In dieser Zeit nun, die mir ein günstiger Zufall beschert, sind Sie in mein Haus gekommen. In einer anderen haben Sie mich, da Sie den Garten durchschritten, tot angetroffen; in wieder einer anderen sage ich dieselben Worte, aber ich bin ein Trug, ein Phantasma.[3]

In unendlich vielen Welten schwindelt dem Atom

Um zu verstehen, wie die Vorstellung paralleler Welten die uns erfahrbare Welt der subatomaren Teilchen erklärt, betrachten wir unser Bild vom einfachsten existierenden Atom, dem Wasserstoffatom. Ein Wasserstoffatom besteht aus einem Kern mit einer positiven elektrischen Ladung, dem Proton, und einem es irgendwie umgebenden subatomaren Teilchen, dem Elektron. Das Elektron ist elektrisch negativ geladen. Proton und Elektron werden von der zwischen ihnen wirkenden elektrischen Anziehungskraft zusammengehalten.

Das erklärt jedoch die Eigenschaften des Atoms noch längst nicht. Wie sind Elektron und Proton im Atom angeordnet? Vor der Entwicklung der Quantentheorie hielt man an dem Bild fest, das Elektron kreise auf einer Bahn um das Proton, ähnlich wie die Erde um die Sonne. Dies stellte sich als falsch heraus; die Anziehungskraft würde das Elektron nämlich schließlich so beschleunigen, daß es seine ganze Energie abstrahlen müßte. Wie zuvor erwähnt, sollte das Elektron dann in den Kern stürzen und das Atom kleiner werden.

Die heutige Quantenphysik sieht das Elektron als Wolke und, da es ja nicht in den Kern fallen darf bzw. fällt, nicht als Teilchen. Die Wolke besteht aus einzelnen Elektronen, von denen jedes in einem anderen Universum einen eigenen Ort hat. Solange niemand versucht, ihren Ort zu bestimmen, überlagern sich diese getrennten Universen zu einem einzigen Universum. In ihm

ist das Elektron eine Wolke im Raum; diese Wolke bestimmt die
Form des Atoms in dieser Welt und verleiht ihm eine beständige
und wohldefinierte Energie.

Mit jeder Änderung der Wolkenform ändert sich die Energie
des Atoms — jeder Energie entspricht eine bestimmte Wolkenform. Diese Wolke ist jedoch schwierig zu verstehen, denn
jedesmal, wenn ein Elektron im Experiment beobachtet wird,
zeigt das Elektron keinerlei Wolkenform. Es tritt als Teilchen auf
— als ein Fleck, der anscheinend keine räumliche Ausdehnung
hat. Sobald das geschieht, liegt die Energie des Atoms nicht mehr
fest.

Die Unvereinbarkeit zwischen der Beobachtung der Energie
des Atoms und der genauen Bestimmung des Ortes des darin
enthaltenen Elektrons erforderte ein neues Prinzip. Dieses heißt
Heisenbergs Unschärfeprinzip oder *Unbestimmtheitsrelation*.

Heisenbergs Unschärfeprinzip spiegelt die Unmöglichkeit wider, die Zukunft aus der Vergangenheit oder aus der Gegenwart
vorherzusagen. Es entstand aus Ideen und Gedanken, die Werner Heisenberg um 1926 oder 1927 äußerte. Dieser Eckstein der
Quantenphysik ermöglicht es zu verstehen, warum die Welt aus
Ereignissen besteht, die nicht vollständig im Sinne von Ursache
und Wirkung verknüpft werden können. Dieser Grundsatz gilt
für alle physikalische Materie. Vielleicht zeigt er sich bei Menschen in Zweifel oder Unsicherheit. Falls das der Fall ist, könnte
es, wenn das Prinzip vollständig verstanden sein wird, dazu
führen, die Welt als Illusion und als Produkt von Geist oder
Bewußtsein zu sehen.

Das Prinzip besagt im wesentlichen, daß es unmöglich ist,
gleichzeitig sowohl den Ort als auch die Energie oder den Impuls
eines subatomaren Teilchens zu kennen. Auf Kosten des jeweils
anderen läßt sich entweder seine Energie oder sein Ort bestimmen. Diese Unvereinbarkeit läßt sich in keiner Weise mit dem
gesunden Menschenverstand erklären.

Die große Quanten-Dia-Schau

Wenn wir uns veranschaulichen wollen, wie sich ein Elektron in einem Atom in parallelen Universen zeigt, stellen wir uns am besten eine Art Diavorführung vor, bei der Bilder von Atomen gezeigt werden. Für jede dieser getrennten Welten des Elektrons gibt es ein eigenes Dia; jedes Dia entspricht einem Universum, in dem das Elektron im Atom einen bestimmten Ort hat. Das Theater sei riesig groß und dunkel und habe unendlich viele Diaprojektoren, die jeder ein Dia mit dem Ort eines Elektrons zeigen. Nun denke man sich noch, das Bild all dieser Dias würde auf einen einzigen Schirm projiziert. Jedes Dia zeigte das Bild des Elektrons in einem möglichen Ort im Atom. Doch das wäre nicht das, was man sähe.

Man sähe vielmehr die Überlagerung von unendlich vielen parallelen Universen, und diese Überlagerung erschiene nicht als ein Elektron mit einem bestimmten Ort in einem Atom – als ein einziger Fleck, der auf die Existenz des Elektrons hinweist –, sondern als Elektronenwolke eines Atoms. Diese Elektronenwolke bliebe im Lauf der Zeit unverändert. Sie stellte das Atom in einem bestimmten Energiezustand dar. Ein einzelnes Dia enthalte genau einen Fleck, und wenn der Vorführer zügig ein Dia nach dem anderen zeigte, spränge ein Fleck auf dem Schirm hin- und her. Man sagt, das Elektron mache Quantensprünge; die Energie des Elektrons ist im Augenblick des Sprungs unbestimmt und daher unvorhersagbar.

Man könnte den Vorführer anweisen, welche Zusammenstellung von Dias er zeigen soll. Je nachdem, wie all diese Dias, die den Ort im Universum zeigten, zusammengestellt würden, erschiene auf dem Schirm eines von unendlich vielen Mustern. Jedes dieser Muster entspräche einer bestimmten Energie des Elektrons und hieße *Energiezustand*. Wenn der Zustand niedrigster Energie vorliegt, sagen wir, das Elektron sei im Grundzustand; dann können wir seinen Ort nicht genau angeben.

Nehmen wir an, ein Fotograf machte von jedem der möglichen Wolkenmuster – von jedem möglichen Energiezustand, wie er auf den Schirm projiziert wird – eine Aufnahme und entwickelte sie in der Dunkelkammer des Theaters zu einem Dia. Wenn der Diavorführer dann diese Dias mit den *Energiewolken der Elektronen* zeigte, ergäbe sich ein ganz anderes Schauspiel. Jedes Dia enthielte ein Bild einer Elektronenwolke. Wenn man all diese Dias auf einen Schirm projizieren könnte, sähe man keine Überlappung von Wolken. Obwohl jedes Dia einem Universum entspräche, in dem das Atom eine bestimmte Energie hätte, wäre diese überhaupt nicht das, was man sähe.

Man sähe vielmehr die Überlappung von unendlich vielen parallelen Universen; in jedem Dia von einem Universum hätte das Atom eine stabile Energie. Aber die Überlappung würde einem nicht als ein Atom mit einer bestimmten Energie erscheinen, sondern als ein einziger Punkt, der auf die Existenz des Elektrons hinweist. Im Lauf der Zeit würde dieser Fleck auf dem Schirm hin- und herspringen, genau wie vorher beim Auswechseln der Dias, auf denen das Elektron einen festen Ort hatte – sofern man dabei gewesen wäre und es beobachtet hätte. Wenn man nicht direkt schaute – sondern nur verstohlen einen Blick aus den Augenwinkeln wagte –, erspähte man vielleicht einen Schimmer des gespenstischen Wolkenmusters. Aber bei genauem Hinsehen sähe man nur einen Fleck.

Auf diese etwas ungewohnte Weise also läßt sich das Atom veranschaulichen und das Unschärfeprinzip verstehen. Man erkennt daran auch, wie jedes Universum aus unendlich vielen parallelen Universen zusammengesetzt ist.

Das Elektron existiert in parallelen Universen

Im System paralleler Universen ist das Elektron zu allen Zeiten ein einziges Teilchen. Der Ort, an dem es sein kann, existiert jedoch nicht nur in einem einzigen Universum, sondern in einer verwirrenden Überlappung unendlich vieler paralleler Welten. Falls wir das Elektron nicht wirklich aus dem Atom herausnehmen, erscheint uns diese Überlappung wie eine einzige Welt. Daher ist die wahrgenommene Welt von Elektronenwolken in Atomen eine Überlappung paralleler Welten, in denen die Elektronen als Teilchen existieren. Also setzt sich die wahrgenommene Welt der Atome selbst aus überlappenden parallelen Welten zusammen.

Die Welt der Atome bleibt in dieser Überlappung bestehen, bis sie gestört wird – zum Beispiel durch eine große elektrische Kraft, die an der Wolke zieht und sie spaltet. Wenn das passiert, fliegen all die einander überlappenden Welten plötzlich auseinander. In jeder der nun getrennten Welten erscheint das Elektron als einzelnes Teilchen. Aber bis diese Störung eintritt, gibt es die Wolke, die Welten überlappen sich, und das Atom bewohnt alle diese Welten, als ob die Summe dieser Welten eine einzige wäre.

Wir sehen Hinweise hierauf, wenn wir ein Atom spalten und dadurch das Elektron vom Kern trennen. Sooft wir dieses Experiment auch wiederholen und wenn wir das Experiment noch so sorgfältig durchführen, beobachten wir nie, daß das Elektron in dieselbe Richtung fliegt. Dies ist ein Hinweis darauf, daß wir jedes Mal eine andere Welt sehen.

4. Eine Welle durchquert Kopenhagen

Das merkwürdige Verhalten von Atomen und anderen winzigen Objekten läßt sich jedoch nicht nur so erklären. Überhaupt trifft die Vorstellung von parallelen Universen im allgemeinen nicht auf bereitwillige Anerkennung, denn sie setzt ja ein allzu merkwürdiges Weltbild voraus. Niemand hat bisher eine parallele Welt gesehen, während er in dieser lebt. Wenigstens vermuten wir dies.* Heutzutage ist die anerkannteste Interpretation dessen, was in der subatomaren Welt geschieht, die sogenannte Kopenhagener Deutung. Sie wurde von Niels Bohr entwickelt, der um 1927 in Kopenhagen ein berühmtes Institut aufgebaut hatte; die meisten Physiker sehen in dieser Deutung eine Erklärung der Merkwürdigkeiten der Quantenphysik.

Niels Bohr, sozusagen Vater und Mutter der Quantenphysik, wollte erklären, wieso atomare und subatomare Objekte quantenphysikalisch gesehen nicht dieselben Eigenschaften haben

---

* In Teil VI betrachten wir mehrere Möglichkeiten, wie sich parallele Welten möglicherweise erfahren lassen, während man in dieser Welt lebt.

wie in der klassischen Physik. In der klassischen oder Newtonschen Physik kann jedes Objekt gleichzeitig zwei Arten von
Eigenschaften haben. Ein großer Körper hat zum Beispiel in
jedem Augenblick sowohl einen Ort als auch einen Impuls.
Impuls und Ort des Körpers gemeinsam geben an, wo der
Körper ist und wohin er sich bewegt; anders gesagt, kennen wir
sowohl seinen Ort als auch seinen Weg, also die Bahn, auf der er
sich von einem Ort zum anderen bewegt. In der Quantenphysik,
die sich mit winzigen Objekten wie Atomen, Elektronen und
anderen subatomaren Teilchen befaßt, ist dies nicht mehr möglich. Bei ihnen können, wie bereits angedeutet, Ort und Impuls
nicht gleichzeitig genau bestimmt werden.

Bohr gab einen Grund für dieses Verhalten an. Er behauptet,
winzige Objekte seien anders, als große Körper zu sein scheinen.
Ein großer Körper gehorcht den Newtonschen Gesetzen. Seine
Bahn und sein Ort sind zugleich beobachtbar. In der Größenordnung der Atome jedoch stört jeder Versuch der Beobachtung.
Wenn man zum Beispiel vorsichtig einen Versuch durchführt,
der den Ort eines Elektrons bestimmen soll, verschmiert der
Versuch notwendigerweise den Weg des Elektrons. Umgekehrt
macht jeder Versuch, den Impuls des Elektrons zu bestimmen,
eine Festlegung seines Ortes unmöglich oder ungenau.

Nach Bohrs Überzeugung ist dies nicht auf die Unfähigkeit des
Experimentators zurückzuführen, sondern diese Unbestimmtheit ist prinzipiell, sie ergibt sich aus der unvermeidlichen Notwendigkeit, daß letztlich ein großer Körper, etwa eine Maschine,
ein Aufnahmegerät oder ein Mensch ein winziges Objekt, wie
ein Elektron oder ein Atom, beobachten muß. Ein großer Körper
gehorcht Newtons Gesetzen, ein winziger nicht. Alle Informationen über den winzigen Körper müssen von einem großen
Körper geliefert werden, und deshalb ist eine Störung des kleinen
Teilchens unvermeidlich und das Ergebnis unvorhersehbar.
Diese Störungen sind die Quantensprünge – winzige Zickzack-
Bewegungen im atomaren Maßstab. Durch Versuche läßt sich
nicht wirklich herausfinden, was genau passiert.

Daher hielt Bohr die Frage, wie ein atomgroßes Objekt wirklich aussieht, für unwichtig. Wie sollte man das jemals wissen
können? Über winzige Objekte läßt sich nicht mehr aussagen, als

was man an ihnen beobachten kann. Nicht mehr und nicht weniger. Wenn man den Weg und den Ort eines winzigen Teilchens nicht zugleich beobachten kann, ist die Annahme sinnlos, es habe diese Eigenschaften gleichzeitig.

Mittlerweile sind Bohrs Ansichten zur allgemein anerkannten Deutung der Seltsamkeiten der Quantenphysik geworden. Es ist, als ob Bohrs Nachfolger eine alte Regel beherzigen müßten: »Was man nicht beobachten kann, darüber soll man schweigen.«

Diese Deutung überschreitet jedoch die Gesetze der Quantenphysik. Sie stellt eine zusätzliche sehr starke Annahme dar. Deshalb ist die Frage nach der Bedeutung der Quantenmechanik auch heute sicher noch nicht endgültig beantwortet.

Während der Arbeit an diesem Buch nahm ich an einer Konferenz[4] von Spitzenphysikern teil, die an der New Yorker Akademie der Wissenschaften abgehalten wurde. Bei dieser viertägigen Konferenz ging es um neue Verfahren und Vorstellungen in der Theorie der Quantenmessungen. Unter Messung wurde dabei die Wirkung verstanden, die ein Beobachter eines atomaren oder subatomaren Systems auf dieses System ausübt. Wie wir bald sehen werden, ist jede Messung mit dem Auftreten von parallelen Universen verknüpft.

Die Konferenz war dem Physiker Eugen Wigner – einem der Wegbereiter der Quantenphysik – gewidmet; man hoffte, die Darstellung neuer Ideen und Überlegungen würde zu einem besseren Verständnis der grundlegenden Struktur und der möglichen Grenzen der Quantentheorie führen. Ein solches Treffen war höchst willkommen. Seit den frühen Tagen, als Einstein, Bohr und weitere Giganten der neuen Physik zuerst über die Fragen nachdachten, hatte es nichts Ähnliches gegeben.

Die Konferenz war in der Tat für alle Teilnehmer ein Vergnügen. Der einstige Physikstudent und jetzige Chefredakteur von ›Science News‹, Dietrick E. Thomsen[5], ein Teilnehmer dieser Konferenz, schrieb, ihn habe dabei dieselbe Aufregung erfaßt, wie er sie ehedem als Student gefühlt hatte, als sein Physikprofessor die Entdeckung des Neutrinos, eines neuen fundamentalen Teilchens, bekanntgegeben hatte.

Das große Problem der Quantenmechanik ist: Was passiert,

wenn an einem quantenphysikalischen System eine Messung vorgenommen wird? Nach der Kopenhagener Deutung[6] verändert ein physikalisches System bei jeder Beobachtung plötzlich seine physikalischen Eigenschaften. Vor der Messung wird das System durch eine Mischung aller möglichen physikalischen Zustände beschrieben. Nach der Messung befindet sich das System in einem dieser Zustände. Die große Frage ist: Wie verändern die Messung oder der einfache Vorgang der Beobachtung plötzlich das System? Bis 1986 erschien es so, als ob diese Frage durch die Theorie entschieden werden müßte.

Als ich mein an der Universität Illinois begonnenes Physikstudium an der Universität von Kalifornien in Los Angeles fortsetzte, war noch ganz rätselhaft, welche Wirkung ein Beobachter hat. Gewöhnlich wurden die tiefen Probleme der Quantenphysik an solch mythologischen Ungeheuern wie Schrödingers Katze, Wigners Freund und dem Einstein-Podolsky-Rosen-Paradoxon erörtert. Doch so großartig diese Einsichten in das Rätsel der Beobachtung auch sind, damals hatte noch niemand versucht, einen Weg zu ersinnen, wie sie gemessen werden könnten.

Mit »Schrödingers Katze« ist ein armes Kätzchen gemeint, das man sich in einen Kasten eingesperrt denkt, in dem ein Apparat, je nachdem, wie ein einziges Quantenereignis ausgeht – der radioaktive Zerfall eines Atoms –, entweder Zyanid freisetzt oder auch nicht. Das Paradoxon ist: Nehmen wir an, die Katze ist so lange im Kasten, bis die Wahrscheinlichkeit für den Zerfall des Atoms fünfzig Prozent beträgt. Ist die Katze, wenn niemand in den Kasten schaut, nach dieser Zeit tot oder lebendig? Die Kopenhagener Deutung kann die Frage nicht beantworten. Im Modell paralleler Universen ist die Katze in verschiedenen, aber gleichartigen Welten sowohl lebendig als auch tot.

»Wigners Freund« bezieht sich auf das Paradoxon von Schrödingers Katze. Nehmen wir an, ein Freund hält den Käfig mit der Katze und entschließt sich hineinzuschauen. Er sieht zweifellos eine lebendige oder eine tote Katze. Aber nehmen wir an, ein Professor namens Wigner hat den Freund und die eingesperrte Katze in ein geschlossenes Zimmer verfrachtet und der Professor besucht seinen Freund nicht, obwohl der Freund die Katze bereits angeschaut hat. Ist der Freund nun beglückt, weil er eine

lebende Katze gesehen hat, oder traurig, weil er die Katze tot
vorfand? Nach den Quantenregeln aus Kopenhagen läßt sich der
Zustand des Freundes erst bestimmen, wenn der Professor den
Freund besucht. Aber nach der These paralleler Universen existieren der Freund und die Katze doppelt.

Das nach den Physikern Albert Einstein, Boris Podolsky und
Nathan Rosen benannte EPR-Paradoxon ist ein Gedankenexperiment, das eine Messung an einem Teil eines physikalischen
Systems betrifft, während der andere Teil, der zuvor mit diesem
vereint war, ungestört bleibt. Im Moment der Messung beeinflußt
der gemessene erste Teil unverzüglich den nicht gemessenen
zweiten Teil, obwohl zwischen den beiden Teilen keinerlei Verbindung besteht. Wenn der Beobachter zum Beispiel die Energie
des ersten Teils bestimmt, liegt die Energie des zweiten Teils
augenblicklich fest. Wenn dagegen der Beobachter den Ort des
ersten Teils mißt, ist der Ort des zweiten Teils sofort festgelegt.

Die Anhänger der Kopenhagener Deutung sehen kein ernst-
haftes Problem darin, daß eine Beobachtung an einem Ort
unverzüglich ein Objekt an einem anderen Ort mit einer physikalischen Eigenschaft ausstattet. Sie sehen es aber auch nicht als
völlig problemlos an. Vielmehr erheben die Jünger Bohrs, die
Quantenbibel lesend, ihre Stimmen laut und predigen kryptisch:
»Wenn es beobachtbar ist, gibt es kein Paradoxon. Wenn es
nicht beobachtbar ist, warum sollten wir darüber reden?«

Der gesunde Menschenverstand jedoch legt sich quer und
sagt: »Moment mal. Wie kann sich Information so schnell
ausbreiten, so plötzlich und sofort?«

Information wird nach der allgemein anerkannten Definition
von einem Ort zum anderen durch einen Informationsträger,
zum Beispiel eine elektromagnetischen Welle oder eine Schall-
welle, übermittelt. Im EPR-Paradoxon jedoch gibt es keinen
Träger. Dies stört die Anhänger der Kopenhagener Schule nicht,
weil sie Information definieren als das, was nur von einem
solchen Träger von einem Ort zum anderen übermittelt werden
kann. Die sofortige Vermittlung getrennter Ereignisse ist nach
ihrer Definition also keine Information.

Im Modell paralleler Welten ist das kein Paradoxon, weil
alles, was im ersten Teil gemessen wird, im zweiten schon

festgelegt ist. Alle Möglichkeiten der Energie- oder Ortsmes-
sungen existieren in getrennten Welten.

All diese Paradoxien der Messung verweisen auf das, was ich
aus der traditionellen Sichtweise das »Problem mit dem Quantum« nenne. Es läßt sich folgendermaßen formulieren: »Wie ist
es möglich, daß etwas ist?« Wie entsteht die Wirklichkeit, die
wir wahrnehmen? Anders gesagt, wie erweist sich eine physikalische Tatsache als physikalische Tatsache? Wie kommt man
von einer rein theoretischen Beschreibung der Natur, wie sie
zum Beispiel von der Quantentheorie geboten wird, zu der
wirklichen, greifbaren Welt, die wir alle »da draußen« erfahren?

Probleme in der neuen Physik

Weil das Problem, welche Wirkung eine Beobachtung hat, so
groß ist, halten fast alle Physiker die Quantenphysik für besonders schwierig. Obwohl die Relativitätstheorie ebenfalls überhaupt nicht einfach ist, liefert sie doch wenigstens ein widerspruchsfreies Bild. Materie und Energie sind in ihr objektive
Tatsachen. Sie existieren, auch wenn sie unerbittlich mit Raum
und Zeit verbunden sind. Vielleicht können sich zwei Beobachter nicht einigen, wieviel Zeit zwischen zwei Ereignissen verstrichen ist*, aber jeder weiß, wie er den Standpunkt des anderen
bestimmen kann. Relativitätstheorie ist also eine klassische
Physik. Der Determinismus** wird nicht wie das Kind mit dem
Bade ausgeschüttet.

In der Quantenphysik sehen Beobachter die Ereignisse jedoch nicht deterministisch. Nicht nur sind sich die Beobachter
untereinander nicht einig, sie sind auch unentwirrbar mit dem,

---

* In Teil III wird dieser Punkt ausführlicher erörtert.
** Der Determinismus ist eine Philosophie, wonach das, was ist, von dem
   abhängt, was war, und das, was sein wird, von dem, was ist. Alle
   Ereignisse sind zu allen Zeiten an die Gesetze der Physik gebunden; sie
   ermöglichen es, das, was geschieht, aufgrund dessen zu bestimmen, was
   geschehen ist, und das, was geschehen wird, aufgrund dessen, was jetzt
   geschieht.

was sie beobachten, verknüpft. Beobachter stören die Quantenwelt. Sie tun dies auf zwei Weisen.

Beobachter sind Teilnehmer, ob sie es wollen oder nicht

In der Kopenhagener Sicht existiert nichts, was einer parallelen Welt ähnelt. Statt dessen verändert sich die Welle aller Wahrscheinlichkeiten ganz plötzlich in dem Augenblick, in dem ein physikalisches Ereignis beobachtet wird. Dies wird als *Reduktion der Wellenfunktion* bezeichnet. Man könnte sie mit dem Platzen eines aufgeblasenen Ballons vergleichen. Der Beobachter ist die Ursache der *Reduktion der Wellenfunktion.* * Beobachter sehen das System an, und das Quantensystem springt in einen der möglichen Zustände, während die Beobachter außerhalb stehen. So wie das physikalische System beobachtet wird, nimmt es plötzlich einen physikalischen Wert an.

In der Vorstellung paralleler Universen sind die Beobachter ein Teil von dem, was gemessen werden soll. Es findet keine Reduktion der Welle statt. Die Welle läuft einfach weiter, aber nun ist der Beobachter Teil der Welle.

In der Quantenphysik gibt es keine Möglichkeit, diese plötzliche Reduktion zu bestimmen, ohne parallele Welten einzuführen. Die Quantenphysik sagt nicht einmal vorher, ob eine solche Reduktion überhaupt stattfindet. Dies ist das Wesentliche an der Kopenhagener Deutung – die zusätzliche Annahme einer plötzlichen Reduktion. Physiker, die die Kopenhagener Deutung vertreten, »wissen«, daß solch eine Reduktion stattfindet, weil das System einen physikalischen Wert anzunehmen scheint und sie sehen können, daß es das tut.

Nach den Quantenregeln selbst jedoch findet keine Reduktion statt. Vielmehr wird der Beobachter durch den Vorgang der Beobachtung Teil des Systems. Immer wenn der Beobachter Teil

* Die plötzliche Veränderung der Quantenwellenfunktion bei einer Beobachtung. Da die Welle die Wahrscheinlichkeit darstellt, mit der ein Ereignis beobachtet wird, bedeutet die Reduktion, daß die Wahrscheinlichkeit, die weniger als Eins betrug, jetzt Eins, also Gewißheit, geworden ist.

des beobachteten Systems ist, entwickelt sich das Ganze – das
sowohl aus dem Beobachter als auch dem System besteht – im
Lauf der Zeit stimmig und widerspruchsfrei. Das Problem ist
nur, daß sich alles zu einer Unzahl von sich aufspaltenden und
sich wieder vereinigenden Universen entwickelt.

Nehmen wir an, die beobachtete Eigenschaft des Objektes sei
seine Farbe. In der Alltagswelt brauchen wir nur hinzuschauen,
um die Farbe zu sehen. Falls der Körper verschiedene Farben
haben kann und wir ihn als schwarz sehen, ist er eben schwarz.
Wenn wir ihn als weiß sehen, ist er weiß.

Wie läßt sich das mit Hilfe der Quantenphysik erklären?
Wenn keine Reduktion stattfindet, sind Objekt und Beobachter
miteinander verbunden. Es gibt nur Möglichkeiten. Eine Möglichkeit ist, daß der Körper weiß ist und der Beobachter weiß
sieht, und eine andere, daß er schwarz ist und der Beobachter
schwarz sieht.

Wenn sich also ein Quantensystem zu jedem einzelnen eines
von vielen möglichen Zuständen entwickeln kann und sich nach
den Gesetzen der Quantenphysik gleichzeitig zu allen möglichen
Zuständen entwickelt, müssen die Beobachter auch all diese
möglichen Zustände wahrnehmen können. Die Beobachter werden ein Teil des beobachteten Systems.

Diese Verbindung zwischen Beobachter und Beobachtungsgegenstand besteht, bis der Beobachter sieht, ob das Objekt
schwarz oder weiß ist. Dann geschieht nach Bohr und seiner
Schule ein Wunder. Das Problem der Messung ist gelöst, und die
Wahrscheinlichkeitswelle ist auf eins reduziert. Diese Kopenhagener Deutung ist, wie schon gesagt, die »übliche« Interpretation der Quantenphysik.

Der Physiker Bryce DeWitt, ein führender Vertreter der Hypothese paralleler Welten, meint, die Mehrheit aller Physiker
würde sich bei einer Umfrage zum Kopenhagener Lager bekennen, genau wie die meisten Menschen sich zu den Menschen-
rechten bekennen, ob sie sie je gelesen haben oder nicht. DeWitt
glaubt, die meisten Physiker wüßten gar nicht wirklich, daß sie
in der Überzeugung, dem üblichem Lager anzugehören, häufig
in ihren Interpretationen die Regeln der Quantenphysik ändern.

Die Kopenhagener Schule ist einfach zu offen; sie nimmt jeden auf. Sie postuliert ein sofortiges »Aufspalten-und-Reduzieren« der Wellenfunktion, sobald ein Beobachter mit dem System verbunden wird. Diese Vorstellung führt leicht zu Mißverständnissen und Verwirrung. Man kann nicht angeben, zu welchem Zustand die Reduktion führt. Alles, was man tun kann, ist jedem Zustand entsprechend der relativen »Höhe« des diesen Zustand darstellenden Wellenbergs ein statistisches Gewicht zuzuordnen. Daher hat die Welle mit dem höchsten Wellenberg, die am meisten Raum ausfüllt, die größte Wahrscheinlichkeit; sie kommt daher dem wirklichen »Geschehen« am nächsten.

Auch die anderen Möglichkeiten existieren noch. Aber dann kommt die Reduktion. Sie findet sich nicht im mathematischen Formalismus, der sogenannten Schrödingergleichung, die die zeitliche Entwicklung der Welle beschreibt, sondern ergibt sich aus einer nachträglichen Deutung des Geschehens. Das muß so sein, weil niemand genau weiß, was man mit der quantenmechanischen Wellenfunktion – der Wahrscheinlichkeitswelle – anfangen soll. Ist sie wirklich oder ist sie nur ein Produkt unserer Fantasie?

5. Die Bedeutung der Wellenfunktion in der Quantenmechanik

Eine quantenmechanische Welle ist nicht ganz das gleiche wie eine wirkliche Welle, auch wenn die beiden vieles gemeinsam haben. Der französische Physiker Louis de Broglie erdachte die Quantenwelle 1923, als er versuchte zu verstehen, warum Elektronen in Atomen nicht in den Kern fallen und ihre gesamte Energie abstrahlen. De Broglie versuchte das Rätsel zu lösen, wie sich Elektronen verhalten, wenn sie in ein Atom eingeschlossen sind.

Niels Bohr behauptete, Elektronen strahlten in Atomen dann keine Energie ab, wenn sie sich auf ganz bestimmten kreisförmigen Bahnen, den sogenannten Bohrschen Bahnen, bewegen. De Broglie ergänzte dieses durch die Vorstellung von einer Welle, die das Elektron dort, wo es eine Bohrsche Bahn gibt, mit sich trägt. Später entwickelte Erwin Schrödinger eine mathematische

Darstellung der Welle. Er hielt die Welle für elektromagnetisch, ähnlich einer Radio- oder Fernsehwelle. Seine Gleichung gehört heute in jede Vorlesung über Quantenphysik.

Die Welle erweist sich als unsichtbar

Die Welle erwies sich als nicht elektromagnetisch, und sie wurde auch nie beobachtet. Max Born interpretierte sie als Wahrscheinlichkeitswelle, also nicht als wirkliche Welle. Sie beschrieb den wahrscheinlichen Ort eines Objekts im Raum, aber nie den tatsächlichen.

Als Schrödinger seine mathematische Beschreibung eines Atoms mit zunächst zwei und dann drei Elektronen entwickelt hatte, ließ sich die atomare Struktur und die Art der von diesen Atomen emittierten Strahlung erfolgreich vorhersagen. Diese Beschreibung erklärt, wie Elektronen Energie abgeben können, ohne vom Kern verschlungen zu werden, was weder mit der Newtonschen Physik noch mit dem neuen Atommodell von Niels Bohr möglich war. Die Wahrscheinlichkeitswelle jedoch kann das Atom erstaunlich gut erklären. De Broglies und Schrödingers Beschreibung ist so erfolgreich, daß jeder Physiker sie zur Erklärung atomaren Verhaltens verwendet.

Diese Elektronenwelle von de Broglie und Schrödinger war schon so bald allgemein akzeptiert, daß die Vorstellung aufgegeben wurde, das Elektron sei im Inneren des Atoms. Wieder genügt ein Blick nach Kopenhagen, um den Grund zu erkennen. Das Dogma lautete ja: »Was man nicht beobachten kann, darüber soll man schweigen.« Da niemand je das Elektron als Teilchen im Atom beobachten kann – bei jedem Versuch der Beobachtung wird das Atom so zerrissen, daß das Elektron nicht länger im Atom ist –, braucht die Welle das Elektron nicht weiterhin huckepack zu tragen. Schafft den Quälgeist ab! forderten die Indoktrinierten.

Im Lauf der Zeit kam die Quantenwelle in Mode, und wie bei jeder Mode wurde das Alte bald vergessen. Vielleicht vergessen, aber für die, die sich nicht zur Bohrschen Deutung bekannten, nicht verloren. De Broglie wollte das Elektron sicher nicht als

Teilchen in der Welle aufgehen sehen. Für ihn trug die Welle einfach das Teilchen. Aber für die modischen Neuerer war das Teilchen verschwunden; die neue Welle wurde ein ebenso wichtiger Eckstein wie Heisenbergs Unschärfeprinzip.*

Des Kaisers neue Kleider:
Die Quantenwellenfunktion

Die Welle bewährte sich bei der Beschreibung von Atomen. Sie lieferte jedoch nicht das aus der Newtonschen Physik gewohnte Bild eines Atoms. Die Elektronen in den Atomen wurden nun nicht als winzige punktförmige Teilchen gesehen, sondern als Teilchen, die auf rätselhafte Weise von der Welle selbst erzeugt werden.

Aus der Sicht de Broglies (die später von David Bohm, Basil Hiley, Jean-Pierre Vigier und anderen übernommen wurde)[7] blieb das Elektron ein kleiner Festkörper, der von der de Broglie-Welle durchgeschüttelt wird. Diese Sicht ist experimentell nicht überprüfbar und deshalb auch nicht allgemein anerkannt, zumal sie zusätzlich annimmt, Welle und Teilchen seien getrennt und in einigen Fällen trennbar (was bisher noch nicht überprüfbar ist.)**

* Kapitel 3 beschreibt Heisenbergs Unschärfeprinzip genauer.
** Jean-Pierre Vigier und seine Mitarbeiter erregten bei der zuvor erwähnten New-Yorker Konferenz über Quantenmessungen viel Aufmerksamkeit. Vigier steht bei Auseinandersetzungen offensichtlich gern im Mittelpunkt. Er erzählte mir, er sei während der französischen Vietnamkrise ein Berater Ho Chi Minhs gewesen! Sicherlich machen seine früheren Beziehungen zur kommunistischen Partei ihn in den USA nicht gerade beliebt. Mir kommt ein Vorfall während der Konferenz in den Sinn. Sein Koffer mit den Folien für seinen Vortrag sollte natürlich zugleich mit ihm aus Paris ankommen. Aber der Koffer tauchte erst am letzten Konferenztag auf und war so in Unordnung, als ob er gründlich durchsucht worden wäre.

Vigier schlägt ein Experiment vor, das die Welle mit den Mitteln der Neutronen-Interferometrie vom Teilchen trennen soll – Physiker halten das bisher für unmöglich. Ein Neutron ist ein subatomares Teilchen im

Welle und Teilchen sind also irgendwie dasselbe. Wie verwandelt sich die Welle dann plötzlich in ein Teilchen? Eine Antwort besagt, ein Teilchen vollführe jedesmal, wenn es beobachtet wird, einen Quantensprung.

Macht das Universum Quantensprünge?

Bis jetzt ist die Frage, ob das Universum Quantensprünge macht, unentschieden. Die Kopenhagener Deutung bejaht sie. Ein Quantensprung – ein nichtstetiger Übergang von einem Zustand in einen anderen – muß bei jeder Messung auftreten. Für Anhänger der Kopenhagener Deutung bedeutet jede Meßreihe, daß das beobachtete Objekt von einer Beobachtung zur nächsten Quantensprünge durchführt.

Wie diese Sprünge auftreten, können die Anhänger Bohrs nicht deterministisch erklären. Diese Sprünge sind aus ihrer Sicht nötig, um Übereinstimmung mit den Vorhersagen der Quantenmechanik zu erreichen. Sie berechnen die Sprünge, indem sie die Wahrscheinlichkeiten für das Auftreten der Sprünge berechnen. Sie nehmen an, der Beobachter habe ein riesiges Gedächtnis, und für ihn gelten die Gesetze der Quantenmechanik irgendwie nicht.

Die Anhänger der Vorstellung von parallelen Universen sehen die Sache jedoch anders. Jedes parallele Universum speichert die Folge der Ereignisse bis zum jetzigen Augenblick. Keine parallele Welt ist wirklicher als eine andere, selbst wenn die Ereignisfolgen außergewöhnlich ausgefallen sind. Wenn es heißt: Hier ist Schluß! gilt das im Modell der parallelen Universen für eine in einem von ihnen aufgezeichnete Ereignisfolge – kein Universum

Kern fast aller Atome. Vigier glaubt, die Intensität eines Neutronenstrahls ließe sich so lange reduzieren, bis nur noch ein Neutron vorhanden ist. Nach der Quantentheorie interferiert das Neutron dann mit sich selber. Die Quantenwelle eines Neutrons müßte sich wie eine Welle, die durch zwei Kanäle läuft, teilen, während das Neutron selbst sich nach dieser Voraussetzung nur in einem dieser Kanäle bewegt. Vigiers Experiment prüft die Welle-Teilchen-Dualität durch Trennung des Neutrons von seiner Welle.)

ist besser oder schlechter als ein anderes; alle Ereignisfolgen unterliegen den Gesetzen der Statistik.

In parallelen Welten gibt es keine Quantensprünge – nur stetige Veränderungen; es wachsen sozusagen die Zweige der Möglichkeiten aus dem zentralen Stamm der Anfangsbedingungen eines Universums unter allen möglichen Universen.

Das Modell der parallelen Universen hat noch mehr Überraschungen auf Lager. Wenn wir das menschliche Gehirn für den Augenblick als eine einfache Antenne sehen – einfach nur als Aufnahmegerät, wie es zum Beispiel ein Tonbandgerät ist –, ergibt sich im Modell paralleler Welten eine Möglichkeit, die es aus Sicht der Kopenhagener Schule sicher nicht gibt. Es läßt sich nämlich aus dem Blickwinkel der Gegenwart eine Vergangenheit rekonstruieren, die mit der Gegenwart verträglich und ganz vernünftig ist. Dies ist vielleicht nicht die »wirkliche« Vergangenheit, aber niemand würde dies je wissen. Vielleicht läßt sich ein Rechenspeicher konstruieren, der im System paralleler Welten und nicht nach der Kopenhagener Auffassung operiert. Ein solcher Speicher eines Rechners in parallelen Welten könnte sich selbst beobachten, während in ihm zwei parallele und auf der Quantenebene interferierende Datenströme fließen – je ein Strom aus einem der parallelen Universen. Solch ein Rechner würde vermutlich statt heutiger Speicherchips Quanten des Magnetstroms verwenden. Er wäre jedoch makroskopisch und nicht atomar. Trotz seiner Größe würde er den Regeln der Quantenphysik gehorchen und nicht denen der klassischen Mechanik.

Ich bin mir nicht sicher, was die Anhänger der ursprünglichen Bohrschen Deutung zum Bau eines solchen Rechners sagen würden. Hier sind der Beobachter – der Speicher – und das Beobachtete identisch. Wie läßt sich der Betrieb des Geräts nach der Kopenhagener Deutung erklären? Danach gelten für den Beobachter die Gesetze der klassischen Physik und für das Beobachtete die der Quantenphysik. Damit wären wir offensichtlich mit einer Verletzung der Sicht Bohrs konfrontiert, wie sie von der Kopenhagener Schule vertreten wird.

Seit supraleitende Stoffe zur Verfügung stehen und die Bausteine der Rechner immer kleiner werden, scheint in naher

Zukunft eine neue Art quantenmechanischer Automaten möglich. Wir werden Fragen zu Gehirn, Gedächtnisspeicher, Rechnern und Ethik in Teil Sechs behandeln. In Teil Zwei erwägen wir, welcher Sinn dem Begriff der Einheit zugeschrieben werden kann, wenn wir es mit unendlich vielen Universen zu tun haben.

II. Eine Neubewertung:
Wie steht es mit der Einheit des Universums?

Das Universum – einige Informationen, die Ihnen das Leben dort erleichtern können.

Bevölkerung: Keine

Es ist bekannt, daß es eine unendliche Anzahl Welten gibt, einfach weil es unendlich viel Raum gibt, in dem sie enthalten sein können. Doch nicht jede von ihnen ist bewohnt. Es muß daher eine endliche Anzahl bewohnter Welten geben. Jede endliche Zahl, die man durch Unendlich teilt, ergibt fast nichts, was noch ins Gewicht fiele. Also kann man sagen, daß die Durchschnittsbevölkerung aller Planeten des Universums Null ist. Daraus folgt, daß auch die Bevölkerung des ganzen Universums Null ist und daß alle Leute, denen man von Zeit zu Zeit begegnet, lediglich Produkte einer gestörten Phantasie sind.

Douglas Adams, *Das Restaurant am Ende des Universums*

Wenn wir vorübergehend davon ausgehen, daß es kein einzelnes Universum geben kann, ohne daß gleichzeitig parallele Universen entstehen, stehen wir vor einem neuen begrifflichen Problem. Wir müssen nämlich überdenken, was wir mit Universum meinen. Bis man nach der Bedeutung der Quantenphysik und all ihrer Merkwürdigkeiten fragte, wie wir es in Teil Eins taten, und bevor der Einsteinsche Begriff der Relativität mit seinen Auswirkungen auf die Vorstellung von Raum und Zeit entwickelt wurde, die wir in Teil Drei betrachten werden, war unser Weltall das *einzige*. Es gibt keinen Plural von Weltall. Zwei Universen sind ein Widerspruch in sich. Wie kann es mehr als ein *Alles* geben?

Nach den Vorstellungen der neuen Physik ist das Universum nicht mehr das *All*, das es früher war. Paradoxerweise ist es gleichzeitig alles und nicht alles. Wie ist das möglich?

Das Weltall, unsere Heimat, die wir alle lieben und bewundern, die Gesamtheit aller Materie und Energie mit all ihren Wechselwirkungen, die sich auf der Bühne des Seins namens Raum und Zeit abspielen, *ist*, so wie wir bisher *ist* verstanden – alles in allem.

Doch dann kam das Quantum ins Bild und brachte alles durcheinander. Die Quantenphysik setzt die Existenz dessen voraus, was nicht ist, um zu erklären, was ist. Zudem beeinflußt das, was nicht ist, das, was ist. In diesem Sinne *ist* auch das, was nicht ist.

Vom Standpunkt der neuen Physik aus spielen Dinge, die nicht sind, für das, was ist, eine wichtige Rolle. Dieser Anspruch der Quantenmechanik ist vermutlich das größte Hindernis, wenn man verstehen möchte, womit sich die neue Physik befaßt.

In der alten, uns von Kindesbeinen an vertrauten Physik, ist ein Ding ein Ding. Unsere Vorhersagen über sein Verhalten stimmen mit seinem Verhalten überein. Wenn unsere Theorie stimmt, tut ein Ding genau das, was vorhergesagt wurde. Wenn unsere Theorie falsch ist, verhält sich das Ding anders als erwartet; dann werfen wir unsere Notizen in den Papierkorb und suchen nach einer neuen Theorie. Zwischen dem, was ein Ding tut, und dem, was wir über das Geschehen vorhersagen, besteht also nach der klassischen Theorie eine eindeutige Beziehung. Aber das war einmal. Die Zeiten haben sich geändert; wie die Welt, sind auch unsere Theorien komplizierter geworden.

In der neuen Physik wird ein Ding durch alle seine Möglichkeiten dargestellt, auch wenn sie gar nicht naheliegen. Ein Ding wie ein Elektron in einem Atom fliegt nicht mehr mühelos durch den Raum. Es scheint sogar überhaupt nicht mehr zu fliegen. Es taucht von Zeit zu Zeit an verschiedenen Orten auf, die wir nicht mit Sicherheit vorhersagen können. Oder es sitzt nur da, ohne wirklichen Raum einzunehmen, eine gespenstische Wolke, die den Kern umgibt. Man kennt ein Atom, wenn man alle möglichen Orte des Elektrons kennt. Und auch das reicht nicht aus, da ein Elektron zwei Erscheinungsformen hat. Wenn es eine Form annimmt, verbirgt es die andere. Es kann ein Teilchen sein, das zu einer bestimmten Zeit einen Ort einnimmt und eine unbekannte Energie trägt, oder es kann sich mit einer festgelegten Energie in ein Atom einnisten und als das Gespenst der sogenannten Quantenwellenwolke überhaupt keinen bestimmten Ort einnehmen. In Form eines Teilchens hat es keine Energie. In Form einer Wellenwolke hat es keinen Ort. Dies ist eine Fassung der *Wellen-Teilchen-Dualität*.

Was für das winzige Elektron gilt, trifft auch für alle anderen Körper innerhalb des materiellen Universums zu, weil alle Dinge aus Dingen bestehen, die Elektronen ähneln.

In einem solchen paradoxen Universum muß die Wissenschaft natürlich vorsichtig vorgehen. Ihre Aufgabe läßt sich mit der eines Kartographen vergleichen. Stellen wir uns vor, er wolle eine Karte für Autofahrer zeichnen. Dann deutet er jede Fahrstraße durch eine Linie an, und Erhebungen in der Landschaft markiert er durch Höhenlinien. Wenn die Karte fertig ist, sollten Autofahrer in der Lage sein, anhand der Karte zu bestimmen, wie weit sie fahren und wo sie abbiegen müssen und wo das Ziel liegt.

Vielleicht hat der Kartograph aber auch andere Verkehrsteilnehmer im Sinn, etwa Fahrradfahrer oder Fußgänger. Es macht einen Unterschied, ob Kartenbenutzer mit dem Auto oder dem Fahrrad durch die Stadt fahren oder zu Fuß gehen. Jede Fortbewegungsart braucht andere Information, damit der Weg gefunden und das Ziel gut erreicht wird. Den in diesem Fall sehr unterschiedlichen Bedürfnissen der Kartenbenutzer wird durch jeweils andere Karten Rechnung getragen. Die Verkehrsteilnehmer erleben je nach der Art ihrer Fortbewegung eine andere Wirklichkeit. Für Radfahrer sind die Fahrradwege und Nebenstraßen interessant, die sich durch die Stadt schlängeln und oft ganz erheblich von den Autostraßen abweichen. Entsprechend spiegelt jede Karte diesen Wechsel des Standpunktes wider. Deshalb brauchen die Benutzer für jeden möglichen Zweck eine eigene Karte. Die Karte der Radfahrer stimmt nicht mit der von Autofahrern überein. Wenn wir jedoch alle Karten zugleich betrachten, passen sie doch zusammen.

Ähnlich muß eine geeignete Karte der Quantenwelt alle Wege berücksichtigen, die ein Benutzer bei der Untersuchung des Universums verwenden wird. In der neuen Physik müssen Physiker alle Möglichkeiten bedenken, ohne sich durch vorgefaßte

Meinungen oder Newtonsche Gesetze leiten zu lassen. Anders als bei der Autokarte gibt es jedoch nicht nur einige wenige Wege von hier nach dort, sondern wir können unzählig vielen Wegen folgen, die alle an einem Ort und zu einer Zeit beginnen und alle an einem anderen Ort und zu einer anderen Zeit enden.

Die Beziehung zwischen dem, was wir vorhersagen, und dem, was wir beobachten, ist nicht ein-deutig, sondern unendlich-deutig. Wir brauchen unendlich viele Karten, um das Quantenuniversum zu durchqueren. Das ist offensichtlich eine knifflige Aufgabe.

Aber der menschliche Verstand kann diese Unendlichkeiten mit Hilfe der Mathematik erfassen. Natürlich sind die meisten von uns keine Mathematiker; wir stehen vor einem Rätsel und betrachten etwas ängstlich die eisigen Klippen des kalten Quantenuniversums. Doch wenn wir mutig mit unseren Quantenkarten die Höhen erklimmen und die von der Mathematik gebotene Sicht betrachten, finden wir den Anblick faszinierend.

Mehr denn je zuvor brauchen wir jedoch Karten, wenn wir die Aussicht genießen und in uns aufnehmen wollen. Diese Karten sind keine gewöhnlichen Karten, sondern Folien, die sich übereinanderlegen lassen. Dadurch gewinnen wir eine Einsicht, die uns Vorhersagen machen läßt. Die Unendlichkeit reduziert sich auf eine einzige Gleichung. Eine neue Karte des Raums unserer mathematischen Vorstellung entsteht, in der die Unendlichkeit ein bloßer Punkt ist.

Dies sind keineswegs mathematische Übungsaufgaben, erdacht, um unser Gehirn zu verwirren. Vielmehr erscheint es als nötig, den Begriff der Unendlichkeit einzuführen oder sich einen Raum, den sogenannten Superraum vorzustellen, der alle Möglichkeiten »enthält«, auch andere Universen. Zur Beschreibung der wirklichen Welt scheint das sogar unverzichtbar.

William, der englische Philosoph, der in Ockham geboren wurde und in München starb, entdeckte Anfang des 14. Jahrhunderts, wie verschwommen die Logik ist. Er meinte, man müsse jede Möglichkeit nutzen, alle unnötigen Annahmen auszuschließen. Gleichsam mit dem Rasiermesser müsse alles Überflüssige einfach wegrasiert werden. Seiner Meinung nach sollte das Universum viel einfacher sein. Vergessen wir William von

Ockhams Rasiermesser. Die Welt ist komplex; geben wir es ruhig zu.

Zur Bewältigung der Komplexität unseres Lebens brauchen wir neue Konzepte. Andere Universen sind genau das, was wir benötigen, um unsere schwierige Lage im Universum begreifen zu können.

Wenn wir parallele Universen verstehen wollen, müssen wir unsere Sprache und unsere Vorstellungskraft erweitern. In Teil Zwei überdenken wir unsere gegenwärtigen Vorstellungen vom Weltall und wie wir sie ändern müssen, um uns die Existenz paralleler Universen vorstellen zu können. Ein Schlüssel dazu ist die Einsicht, daß die Grundlage dieser neuen Physik die Widerspruchsfreiheit ist und nicht die Kausalität. Statt also das Verhalten physikalischer Materie aufgrund dessen vorherzusagen, was in der Vergangenheit passierte, fordern wir, daß grundsätzlich alles, was geschieht, im Einklang mit sich selbst sein muß. Um von Widerspruchsfreiheit reden zu können, müssen wir uns ansehen, wie parallele Universen unseren Begriff von der Unendlichkeit und der Selbstbezogenheit verändern. Wir müssen auch den *Superraum* – den Raum der Räume – betrachten und bedenken, wie er dann, wenn parallele Universen berücksichtigt werden, eine neue Sicht von Ordnung ermöglicht.

6. Die Sache mit dem Seienden

Von Komplexität wird heutzutage viel geredet, aber schon das Wort verwirrt. Es gibt nun einmal keinen einfachen Weg. Einstein sagte einmal: »Das Unverständlichste am Universum ist seine Verständlichkeit.« Für jemanden wie Einstein mag das zutreffen. Für andere Sterbliche, sogar für die begabtesten Physiker, bleibt es unverständlich.

Was fangen wir mit dieser Komplexität an? Nach einem der verborgenen Axiome der Physik verbirgt sich hinter allem Einfachheit. Die Lösungen aller Geheimnisse, die auf die Entdecker der Gesetze des Universums noch warten, sind einfach. Wenn das nur wahr wäre. Es erscheint so, als ob wir auf mehr und nicht weniger Unverständlichkeit zusteuern.

Bedauerlicherweise ist das »Sein« eine komplexe Sache. Ich stelle mir in diesem Buch die Aufgabe, so viel Licht in diese wunderbare Komplexität hineinzubringen, wie es meinem Einfallsreichtum und meiner Vorstellungskraft möglich ist. Nicht nur ist das Universum komplexer, als wir jemals dachten, es ist auch weit seltsamer und erstaunlicher, als wir jemals vermutet haben. Ich weiß, ich riskiere, mir den Zorn derjenigen zuzuziehen, die diese Rätsel durch einfache Mechanismen ersetzen möchten. Auch ich habe anfangs danach gestrebt; jetzt aber sehe ich das Universum als eine gigantische »magical mystery tour«, eine Zauberreise, die weit über die Verse der Beatles hinausgeht.

Unsere Verwirrung wird noch größer werden, denn wir brauchen weitere Begriffe wie den *Superraum* und die Unendlichkeit – jenen rätselhaften Begriff, der uns wie ein eifriger Fremdenführer immer weiterzieht, ohne daß wir anhalten und uns ausruhen können oder die Aussicht genießen können. Unendlich ist immer eins mehr als jetzt.

Unendlichkeit überall, aber kein Platz zum Denken

Viele Menschen haben große Schwierigkeiten, mit der gewöhnlichen Welt zurechtzukommen. Jeder von uns muß jeden Tag seine Pflichten erfüllen, einem Beruf nachgehen, das Bankkonto ausgleichen und eine scheinbare Unendlichkeit von Rechnungen bezahlen. Das ist vermutlich das, was sich die meisten von uns unter dem Begriff der Unendlichkeit – etwas, das immer weiter geht und nie aufhört – vorstellen.

Einige Wissenschaftler stoßen sich ebenso an den Unendlichkeiten, die in unseren Theorien des Universums an den unmöglichsten Stellen auftauchen. So hat ein Schwarzes Loch, wie wir in Teil Drei sehen werden, genau in seinem Mittelpunkt eine Unendlichkeit. Dort wird fast alles Berechenbare oder Meßbare so groß, daß es eine nicht mehr zu handhabende Größe ist – wie unsere Kreditkartenabrechnungen am Monatsende.

Auch bei der Beschreibung eines elektrisch geladenen Teilchens, etwa einem Elektron, lauern Unendlichkeiten. Sie entstehen bei der mathematischen Beschreibung von elektrisch gelade-

nen Teilchen, der sogenannten *Quantenelektrodynamik*. Aus
ihrer Sicht scheint sich das Elektron seiner eigenen Existenz
bewußt zu sein. Wie ein böser kleiner Junge, der sich hinter
verschlossenen Türen befriedigt, ist es mit sich selbst in Wechselwirkung. Dabei erzeugt es Unendlichkeiten – zum Beispiel
unendliche Energie. Aber wenn die Physikerin-Mutter nach
Haus kommt und die Atom-Tür öffnet und das Elektron beobachtet, hält sich der kleine Engel friedlich an die Gesetze des
Universums.

Physiker haben Tricks entdeckt, wie sie diese mathematisch
erzeugten Unendlichkeiten beseitigen können. Trotzdem sind sie
da und plagen uns, und immer, wenn wir etwas berechnen, an
dem die Quantenelektrodynamik der Elektronen beteiligt ist,
brauchen wir sie.

Das ärgert viele Wissenschaftler. Aus einem vielleicht perversen Grund stört es mich überhaupt nicht. Ich mag Unendlichkeiten. Ich glaube, Unendlichkeit ist nur ein anderer Name für
Mutter Natur. Die Natur bietet immerzu unendlich viele Möglichkeiten. Aber wir leiden unter dieser Welt der Kriege und der
Not und merken das manchmal gar nicht. Gelegentlich kommt
uns die Welt etwas armselig vor.

Und doch sollten wir die Hoffnung nicht aufgeben. Wenn
Quantenphysik und Relativitätstheorie zutreffen, sind Unendlichkeiten wirklich, genauso wirklich wie Mutters Apfelkuchen.

Warum aber müssen wir uns in diesem Buch um ein begriffliches Verständnis der Unendlichkeit bemühen? Weil es im
Modell der parallelen Universen unendlich viele Möglichkeiten
für Universen geben muß, damit diese Wirklichkeit werden
können. Ich glaube, die unendlich vielen von der Quantenphysik
vorhergesagten Möglichkeiten sind dieselbe Unendlichkeit wie
die von der Relativitätstheorie vorhergesagten Möglichkeiten,
die zu Beginn der Zeit bestanden*, als das Weltall, unsere
Heimat und all ihre Geschwister geschaffen wurden. So beschei-
den oder anspruchsvoll wir auch sein mögen, jedenfalls sind wir
Geschöpfe der Unendlichkeit.

---

* In Teil IV beschreibe ich, wie am Anfang der Zeit parallele Universen
erzeugt wurden.

Zur Erklärung des Zusammenhangs zwischen der Unendlichkeit und den parallelen Universen möchte ich in diesem Kapitel zwei anschauliche Beispiele geben und im nächsten Kapitel einen logischen Vergleich ziehen; bei allen dreien wird ein Gesichtspunkt der Unendlichkeit betont, der für unser Verständnis der parallelen Universen wichtig ist. Die Natur, so möchte ich in diesen Beispielen aufzeigen, erzeugt Unendlichkeiten genauso selbstverständlich, wie sie Bäume wachsen läßt.

Die erste Unendlichkeit: Eine gerade Linie

Es ist nicht allzu schwierig, die erste Unendlichkeit darzustellen. Stellen Sie sich eine einen Zentimeter lange Linie auf einem Blatt Papier vor; diese Linie soll das Universum darstellen. Das ist eine Abstraktion – Physiker abstrahieren bei komplizierten Sachverhalten gern. Jeder Punkt auf der Linie entspricht einem einzigen Teilchen im Universum.

Wissenschaftler haben die Anzahl der Teilchen im Universum geschätzt. Aufgrund astronomischer Beobachtungen läßt sich berechnen, daß das Milchstraßensystem – die Galaxie, in der sich unser Sonnensystem befindet – aus etwa 10^{11} Sternen besteht.[1] Wie verlorene Kinder sich in einer kalten Nacht zusammenkauern, neigen Sterne dazu, unter dem Einfluß, den die Schwerkraft auf Sternenlicht ausübt, Haufen zu bilden.

Auch Galaxien sammeln sich zu Gruppen, den Galaxienhaufen. Wir wissen nicht genau, warum. Zweifellos hat die Schwerkraft damit zu tun, aber die Ursache ist nicht leicht herauszufinden. Jeder Galaxienhaufen hat die 10^{14}fache Masse eines einzelnen Sterns wie unserer Sonne.

Die Masse eines einzelnen Stern läßt sich abschätzen. Da wir die Masse eines typischen Sonnenteilchens wie etwa eines Protons (eines Wasserstoffatomkerns) kennen, können wir daraus die Anzahl der Protonen innerhalb der Sonne – eines typischen Sterns mittleren Alters – bestimmen. Aufgrund dieser Beobachtungen haben Physiker die Anzahl der Teilchen im Universum auf etwa 10^{80} geschätzt.

Diese Zahl ist riesig. Es ist schwierig, sich eine Situation vorzustellen, mit der sie sich vergleichen ließe. Und doch, so schwierig dies auch einzusehen ist, übertrifft die Anzahl der Punkte an einer einfachen, nur einen Zentimeter langen Linie auf einem Blatt Papier diese gewaltige Zahl bei weitem.

Die Anzahl der Punkte auf dieser Linie ist sogar unendlich. Um das einzusehen, muß man sich ein Verfahren vorstellen, mit dem man die Punkte zählen und voneinander unterscheiden kann. Das wäre einfach, wenn man einen Punkt anfassen könnte. Es wäre ein Kinderspiel, wenn ein Punkt eine endliche Größe oder Masse oder beides hätte.

Aber ein Punkt nimmt überhaupt keinen Raum ein. Seine Masse ist nicht der Rede wert. Man kann ihm höchstens eine Zahl, etwa 0,5 oder $^2/_3$, zuordnen. Diese Zahl könnte zum Beispiel die Entfernung vom einen Ende der Linie zum fraglichen Punkt sein.

Sie fragen vielleicht: Aber warum sind es unendlich viele? Nun, stellen wir uns zwei Punkte vor, die sehr nahe beieinander liegen. Solange sie sich nicht berühren, den beiden Punkten also verschiedene Zahlen zugeordnet werden können und einer der Punkte vom Endpunkt der Linie weiter entfernt ist als der andere, läßt sich immer ein dritter Punkt dazwischen finden.

In der Sprache der Mathematik sagen wir, daß sich zwischen zwei beliebigen Zahlen immer eine Zahl finden läßt, die größer ist als die kleinere der beiden und kleiner als die größere der beiden. Nun wählen wir aus diesen drei Punkten die zwei mit dem geringsten Abstand aus. Da sie voneinander verschieden sind, läßt sich wieder ein Punkt dazwischen finden. Diese Suche nach dem dazwischenliegenden Punkt läßt sich fortsetzen, und jedesmal findet man zwischen den am engsten benachbarten Punkten einen weiteren. Die Idee, daß ein Punkt selber keinen Raum einnimmt, ist äquivalent zu der Vorstellung, daß zwei durch verschiedene Zahlen dargestellte Punkte nicht derselbe Punkt sein können. Da sich zwischen zwei beliebigen Punkten immer ein Punkt finden läßt, gibt es auf der Linie unendlich viele Punkte.

Unendlichkeit ist damit zu einem Begriff geworden. Sie läßt sich gedanklich als Vorgang erfassen, nicht als eigenständiges Ding. Unendlich ist immer eins mehr als jetzt.

Die zweite Unendlichkeit – alles wird gespiegelt

Betrachten wir ein weiteres Beispiel. Stellen Sie sich in Gedanken vor einen Spiegel. Parallel zu diesem stehe an der gegenüberliegenden Wand ein weiterer Spiegel. Die Spiegel sollen vollkommen reflektieren, jedes Photon (Lichtquant) wird also immer vom Spiegel zurückgeworfen. (Bei einem wirklichen Spiegel ist das nicht so. Der beste wirkliche Spiegel reflektiert etwa neunzig Prozent des auftreffenden Lichts.)

Natürlich sehen Sie sich selbst in einem der Spiegel. Aber der andere Spiegel »sieht« auch den Spiegel, in dem Sie sich selbst sehen. Er »sieht« auch das Spiegelbild des ersten Spiegels. Jedes Photon, das Ihr Abbild trägt und vom ersten Spiegel gespiegelt wird, wird auch vom zweiten Spiegel gespiegelt. Aber der erste Spiegel empfängt auch das Licht vom zweiten. So »sieht« er das Abbild des Abbildes, das zuerst von ihm selbst stammt und dann vom zweiten Spiegel wieder zurück auf ihn gespiegelt wird. Der zweite Spiegel »sieht« dieses Abbild – das Abbild des Abbildes des Abbildes.

So geht das Rennen ins Unendliche los. Immer eins mehr als jetzt. Wenn es gelingt, einen der Spiegel geringfügig zu verschieben, so daß er nicht mehr parallel zum anderen ist, kann man den Unendlichkeitseffekt erleben.

Es ist eine merkwürdige Erfahrung, wenn man sich in einem Spiegelsaal selbst unendlich oft gespiegelt sieht. Jedes Abbild ist ein exaktes Abbild des ersten Abbildes, aber jede Abbildung wird kleiner und kleiner, wenn sie die Abbildung der fernen Abbildung des anderen Spiegels spiegelt.

Dabei gewinnen wir die Einsicht, daß sich aus zwei Unendlichkeiten eine erzeugen läßt, falls die Zeichen Signale austauschen – ihre Beziehung also widerspruchsfrei ist. Jeder Spiegel ist auf den anderen bezogen. Da aber jeder das gleiche Bild zeigt, sind sie auf sich selbst bezogen, also völlig mit sich selbst in Übereinstimmung – und in keinerlei Widerspruch mit sich selbst.

7. Wie Dinge, die sind, von Dingen, die nicht sind, abhängen und wie wir gewöhnlich nicht wahrnehmen, daß etwas anders ist

Alle auf sich selbst bezogenen Paradoxien führen genau wie das Beispiel mit den parallelen Spiegeln zu einer Unendlichkeit. Ein auf sich selbst bezogenes Paradoxon kann uns helfen zu verstehen, wieso wir gewöhnlicherweise die anderen Universen nicht wahrnehmen, auch wenn sie Seite an Seite mit unserem eigenen existieren. Ich erläutere dies an einem Beispiel.

Stellen Sie sich eine kleine Karte vor. Auf der einen Seite stehe der Satz:

A. DER SATZ AUF DER ANDEREN SEITE DIESER KARTE IST RICHTIG.

Drehen Sie nun die Karte um. Auf der anderen Seite steht:

B. DER SATZ AUF DER ANDEREN SEITE DIESER KARTE IST FALSCH.

Eine Unendlichkeit tritt auf, wenn man in die Schleife hineingeht und den Sätzen eine Bedeutung gibt. Man liest jeden Satz für sich und leitet dann logisch seine Bedeutung ab. Dies führt zu einer dynamischen Bewegung, in der der Wahrheitsgehalt eines Satzes zwischen »ja« (für richtig) und »nein« (für falsch) hin und her pendelt.

Wenn der Satz A richtig ist, folgt aus ihm sofort die Richtigkeit von Satz B. Aber nach Satz B ist Satz A falsch. Plötzlich gibt es in unserer Wahrnehmung einen Quantensprung. Wir erkennen sofort, daß Satz A in bezug auf Satz B lügt. Da der Satz A besagt, Satz B sei richtig, Satz A jetzt aber falsch ist, muß Satz B falsch sein. Satz B lügt jetzt also in bezug auf Satz A, indem er ihn als falsch einstuft. Daher macht Satz A einen Quantensprung von falsch nach richtig. Dieses System von zwei Sätzen ist nicht widerspruchsfrei und sieht deshalb nur wie ein amüsantes Beispiel aus. Es wiederholt sich jedoch immer wieder bis in alle Ewigkeit. Die Unendlichkeit ist immer eins mehr als jetzt.

Spiegelungen in einem parallelen Universum

Diese Beispiele für Unendlichkeit spiegeln sich in der Theorie paralleler Universen; sie sind wichtig, wenn wir verstehen wollen, wie sich parallele Universen in unserem Weltall spiegeln. Das letzte Beispiel ist nicht widerspruchsfrei. Die Physik möchte aber widerspruchsfreie neue Regeln aufstellen. Die Regeln, die in parallelen Universen gelten, sind anscheinend widerspruchsfrei. (Damit Verwirrung vermieden wird, können Sie hier das Wort »Universum« mit dem Wort »Möglichkeit« gleichsetzen.) Diese Regeln stellen drei Prinzipien der neuen Sicht der Wirklichkeit der parallelen Universen dar. Kurz gesagt, hängt die Wirklichkeit des Hier-und-Jetzt von all dem ab, was Dort-und-Dann ist.

Von ihrer ganzen Unendlichkeit.

Diese Prinzipien sind

1. das Dazwischensein: Es gibt immer ein Dazwischen, und daher ist die Unendlichkeit wirklich.
2. die Spiegelung: Parallele Wirklichkeiten sind unendliche Spiegelungen einer beliebigen Wirklichkeit.
3. der Selbstbezogenheit: Eine widerspruchsfreie Beziehung erschafft aus parallelen Universen ein einziges Universum.

Das Dazwischensein oder Platz für noch eins

Nach dem ersten Prinzip, dem Dazwischensein, gibt es zu zwei Möglichkeiten immer eine dritte; dieser Vorgang hört nie auf. Aus der Sicht der Quantenwelt entstehen diese Möglichkeiten fortlaufend, wenn Dinge miteinander und wenn Beobachter mit den Beobachtungsgegenständen wechselwirken.

Betrachten wir ein einfaches Beispiel. Nehmen wir an, wir wollten den Ort eines Elektrons in einem Atom bestimmen. Dazu müssen wir als Beobachter mit dem Elektron wechselwirken, also eine komplexe Folge von Operationen durchführen, die es ermöglicht zu bestimmen, wo sich das winzige Teilchen aufhält.

In der klassischen Physik war dies wenig mehr als ein technisches Problem. Das Elektron hat einen Ort – es muß irgendwo sein –, und damit stellt sich die Aufgabe, ihn zu bestimmen. In der Quantenphysik jedoch hat das Elektron keinen bestimmten Ort, oder, anders gesagt, es ist an allen Orten zugleich; jede Möglichkeit muß in widerspruchsfreier Weise in einem eigenen Universum verwirklicht sein.

Wenn das Elektron gefunden ist, manifestiert sich jede Möglichkeit – jede der unendlich vielen – gleichzeitig. In jeder Möglichkeit oder, wie ich auch sagen könnte, in jedem Universum, verwirklichen sich ein einziges Elektron und ein einziger Standpunkt – Ihr eigener.

Die Welt war vor der Messung des Elektrons ein einziges Universum. Die Welt des Elektrons hat viele Universen. Nach der Beobachtung besteht die Welt aus vielen Universen, die alle mit dem Elektron in all seinen Universen korreliert sind. Der eine Verstand des beobachtenden Wesens spaltet sich unzählig oft auf; jeder Verstand beobachtet eine andere Welt.

Doch überraschenderweise geschieht nichts Besonderes. Man fühlt die Aufspaltung nicht, denn all dieses Aufspalten geschieht nur im Geist. Im Endergebnis werden alle Messungen zugleich wahr. Die meisten der Ergebnisse unterscheiden sich vermutlich nur um Haaresbreite. Das gewöhnliche Bewußtsein kann ein Ergebnis nicht vom anderen unterscheiden. Die Ergebnisse bilden ein Meer, eine Überlagerung, eine Ansammlung von Standpunkten; der Beobachter ist in jeder Komponente anwesend und nimmt nicht wahr, daß es unterschiedliche Standpunkte gibt.

Zwischen zwei beliebigen möglichen Ergebnissen, zwei beliebigen Universen, gibt es immer ein drittes Ergebnis. Der Sinn, den Beobachter einem Ergebnis geben, hängt von dieser Tatsache ab. Weil die beiden Ergebnisse so ähnlich sind, kommt es zu einer Resonanz. Genau wie ein hoher Ton – man denke an Oskar Matzerath – ein Weinglas zerspringen lassen kann, können zwei oder mehr Universen in Resonanz sein. Aus den beiden entsteht etwas Solides. Wenn die Ergebnisse nicht ähnlich und widerspruchsfrei wären, würden die Daten zufällig und beliebig erscheinen. Wenn uns die Erfahrung nachvollziehbar und verstehbar erscheint, liegt das an der Ähnlichkeit der Ergebnisse. Je ähnlicher die Beobachtungen sind, desto gesicherter erscheint

das Objekt. Die Wirklichkeit ist nicht mehr als eine sehr gute
Übereinstimmung.

Spiegelung

Das zweite Prinzip, die Spiegelung, stelle ich mir bildlich vor.
Parallele Universen sind dann Reflexionen dieses Universums in
parallelen Spiegeln. In jedem Spiegel gibt es mich und ein Objekt.
Ich und es, es und ich. Und in jedem Universum stellt sich die
Frage: Warum unterscheidet sich dieses Universum von allen
anderen Universen?

Wie im Spiegelsaal, in dem die Spiegel eine Kopie von mir
reflektieren, verdoppeln die parallelen Universen irgendwie etwas Wirkliches – ein wirkliches Universum. Aber was macht ein
Universum wirklicher als alle anderen?

Nehmen wir an, wir führten eine Liste, in der wir alle Universen vergleichen – alle unendlich vielen. In den meisten fänden
wir Duplikate von uns selbst, die sich kaum voneinander unterscheiden. Hier und dort gäbe es Unterschiede. Im einen trägt
mein Ebenbild vielleicht eine leuchtendgelbe Krawatte, während
meine Krawatte in einem anderen bräunlich ist.

Wie Diapositive, die man gleichzeitig betrachtet, überlagern
sich diese Universen und wirken wie ein einziges. Bei dieser
Überlagerung steckt unser Verstand in jedem einzelnen Exem-
plar, und da unser Verstand – zumindest wie wir ihn gewohnt
sind – nicht zwischen den Universen unterscheidet, nehmen wir
nicht wahr, daß jeder von uns eine unendliche Familie darstellt.
Im Falle des Elektrons wüßten wir zum Beispiel, daß das Elektron in einem bestimmten Atom ist, hätten aber keine Ahnung,
wo es sich innerhalb des Atoms befindet.

All die unendlich vielen Möglichkeiten für das Elektron, all
die unendlich vielen Universen, in denen das Elektron einen
einzigen Punkt besetzt und keinen anderen, lassen insgesamt
keine gesicherte Ortsangabe für das Elektron zu. Aber es ist in
einem stabilen Zustand mit festgelegter Energie. Bildlich gesprochen ist das Atom normal, das Elektron dagegen verrückt. Daher
können wir uns all die unzähligen Universen der möglichen Orte

zu einem einzigen Universum festgelegter Energie zusammengesetzt denken.

Die Vereinigung von Universen zu einem gewöhnlichen Universum erklärt unsere Gegenwart. Würden sie nicht verschmelzen, gäbe es keine Stabilität. Die Universen, die wir bewohnen,
enthalten offenbar Einzigartiges. Aber es scheint da ein versteck-
tes Prinzip zu wirken. So entspricht zum Beispiel die gesamte
Gravitationsenergie der Ausdehnungsenergie des Urknalls.
Nach Meinung einiger Wissenschaftler gibt es in der Tat einen
Leitgedanken, der den Kosmos so unglaublich präzise abstimmt.
Dies ist das sogenannte *anthropische Prinzip*.[2] Danach hat die
Natur aus den unzähligen Möglichkeiten, ein Universum zu
erzeugen, diese gewählt, damit wir erschaffen werden konnten.
Mit der Idee paralleler Universen geht die Natur also auf Num-
mer sicher. Sie erschafft alle Universen, auch die, in denen es kein
Bewußtsein gibt.

Was ist mit den anderen Universen? Sie sind Spiegelungen
unseres eigenen, haben aber etwas andere Werte. Wenn jedoch
alle Unterschiede berücksichtigt werden (wir reden vom Superraum aller Universen), scheint sich eine Ordnung einzustellen.
Diese Ordnung führt zur Bildung vieler Universen mit gerade
den Werten, die unser Universum Wirklichkeit werden lassen.

Genau diese Wirklichkeit ist nötig, wenn menschliches Bewußtsein und überhaupt Leben möglich sein soll. So ist auf eine
merkwürdige Weise die Unendlichkeit der Anzahl der Universen
das Mittel der Natur, eine ausreichend große Auswahl zu haben;
so stellt sie sicher, daß bewußte Wesen ihren Weg auf die
kosmische Bühne finden. Zu welchem Zweck, das bleibt uns
überlassen.

8. Selbstbezogenheit: Sein und Nichtsein

Das dritte Prinzip, das der Selbstbezogenheit, hilft uns zu verstehen, warum wir gewöhnlich nur eins der parallelen Universen
wahrnehmen, obwohl doch die Quantenmechanik die Existenz
von unendlich vielen vorhersagt, die Seite an Seite bestehen. Es
stellt sich heraus, daß die Wirklichkeit, die wir beobachten, von

uns abhängt – von unserer Wahl des Bezugspunkts. Letztlich ist die Wirklichkeit eine Frage der Selbstbezogenheit – was wir außerhalb unseres Selbst zu nennen uns entscheiden und was wir Selbst nennen.

Der Grund dafür liegt darin, wie die Quantenphysik die Entstehung von Wirklichkeit – die Gegenstände unserer Alltagserfahrung – vorhersagt. Nach den Regeln der Quantenmechanik können wir niemals gleichzeitig alles, was im Prinzip erkennbar ist, kennen und erfahren.

Wir wissen nicht, wie wir zu diesem perversen Wissensstand kommen. Natürlich wissen wir, wie wir mit den Regeln für das Spiel der Erkenntnis und der Existenz umgehen müssen. Das sind die Quantenregeln. Aber wir können nicht ergründen, warum sie so merkwürdig sind. Eins ist jedoch klar: Das Selbst spielt eine Rolle bei dem, was als Nicht-Selbst gesehen wird.

Die dafür zuständige Quantenregel ist Heisenbergs *Unschärfeprinzip*. Dieses Prinzip regelt das Spiel von Erkenntnis und Existenz. So wie es meistens verwendet wird, besagt es, man könne entweder den Ort oder die Bahn eines Körpers bei seiner Bewegung durch Raum und Zeit genau bestimmen, ganz prinzipiell aber nicht beides zugleich. Was ein Beobachter tut, wenn er den Ort eines Objekts bestimmt, veranlaßt notwendigerweise das Objekt, sich zu *spalten* und sich gleichzeitig auf vielen verschiedenen Bahnen zu entwickeln. Was der Beobachter unternimmt, um die Bahn eines Objekts zu bestimmen, macht es unmöglich, dessen Ort zu bestimmen – der Körper, dessen Bahn wohldefiniert ist, *spaltet* sich also auf und ist zugleich an vielen verschiedenen Orten.

Das alte Sprichwort, wonach ein Ding nicht zugleich an zwei Orten sein kann, ist nur zur Hälfte wahr. Zutreffender ist die Aussage, daß es sich, wenn sein Ort gerade beobachtet wird, nicht gleichzeitig an zwei Orten beobachten läßt. Tatsächlich läßt es sich gleichzeitig an unendlich vielen Orten beobachten. Man muß nur die Bahn des Körpers verfolgen; dann sind seine Orte alle da – und kein einzelner Ort läßt sich auszeichnen.

Vielleicht hilft es, ein Beispiel für die Komplementarität von Bahn und Ort zu betrachten. Mit einer Kamera läßt sich der Ort eines Körpers, etwa einer fliegenden Gewehrkugel, bestimmen.

Natürlich ist das Bild verschmiert, wenn die Belichtungszeit nicht sehr kurz ist. Je genauer man den Ort des Objekts »festzunageln« versucht, desto kürzer muß die Belichtungszeit sein. Aber man zahlt einen Preis für die genaue Ortsbestimmung. Die Gewehrkugel scheint dann auf dem Foto in Ruhe zu sein. Man weiß also überhaupt nichts über ihre Bahn – ihre Richtung im Raum.

Andererseits erhält man bei einer längeren Belichtungszeit eine verschmierte Linie, die die Bahn der Kugel zeigt. Man fotografiert dann den Weg, verliert aber den Ort des Objektes. Man gewinnt den Weg und verliert den Ort und umgekehrt.

Ähnlich lassen sich auch andere Eigenschaften von Quantenobjekten nicht gleichzeitig beobachten. Jedoch ist es wichtig, sich zu merken, daß das, was in diesem Universum nicht beobachtet wird (was sich nicht offenbart), in anderen parallelen Universen Seite an Seite mit den unseren existiert. So hängt das, was existiert, von dem ab, was nicht existiert. Oder es hängt von dem ab, was wir beobachten und auf das wir uns beziehen.

Die Welt ist letztlich doch komplementär

Wenn zwei oder mehr Eigenschaften eines Objektes nicht zugleich beobachtet werden können, nennt man diese Eigenschaften zueinander komplementär.

Es gibt viele Beispiele für Komplementarität. Die Spins, also die Drehimpulse, eines subatomaren Teilchens sind komplementär zueinander. Ein Kreisel mit einer horizontalen Drehachse muß sich in parallelen Universen auch um eine senkrechte Achse drehen. Ähnlich muß die senkrechte Achse eines Körpers in anderen Universen gleichzeitig auch von rechts nach links zeigen.

Wir gewinnen daraus die wesentliche Einsicht, daß jede Beobachtung eine Eigenschaft aus einer Menge möglicher Werte einer beobachtbaren Eigenschaft (in der Quantenphysik einfach Observable genannt) ans Licht bringt und zugleich dazu führt, daß die komplementäre Observable alle möglichen Werte gleichzeitig annimmt – aber nicht in ein und demselben Universum.

Diese anderen Werte sieht man bei der Beobachtung der ursprünglichen Observablen nicht. Sie sind jedoch in parallelen Universen beobachtbar.

Ein Beispiel: Eine Münze in vier Universen

Zur Erklärung kann wieder ein einfaches Gedankenexperiment helfen. Ich greife dieses Beispiel in diesem Buch öfter auf, um jedesmal einen anderen Aspekt paralleler Universen an ihm zu verdeutlichen. Stellen wir uns zunächst vor, es gebe nur vier parallele Universen. Damit alles so einfach wie möglich ist, stellen wir uns auch vor, es gebe in jedem Universum nur einen Beobachter und eine winzige Quantenmünze.

An dieser Münze sind nur zwei Größen beobachtbar, ihre Lage und ihre Farbe. Die Lage der Münze zeigt nämlich entweder Kopf oder Zahl, und ihre Farbe ist entweder rot oder grün. Diese Observablen, Farbe und Lage, sind zueinander komplementär. Wenn die Münze die Zahl zeigt, ist die Farbe unbestimmt. Ihre Farbe ist also in einem parallelen Universum rot und in einem anderen parallelen Universum grün, wenn sie in diesem Universum Kopf oder Zahl zeigt.

Ich möchte dies genauer erklären: Diese atomgroße Münze ist *keine* gewöhnliche Münze. Natürlich läßt sich bei einem Kupferpfennig gleichzeitig sowohl die Farbe als auch die Lage (Kopf oder Zahl) festlegen. Sowohl die Farbe als auch die Lage können in einem einzigen Newtonschen Universum existieren. Eine gewöhnliche Münze folgt, wie es sich gehört, Newtons Gesetzen und benötigt keine parallelen Welten, die alles komplizieren.

Aber die Quantenmünze ist sehr winzig. Sie folgt den Gesetzen der Quantenwelt; das Folgende erscheint dem nichtwissenschaftlichen Leser vielleicht wie ein Zaubertrick. Ich versichere Ihnen jedoch, daß ich Ihnen nicht das Fell über die Ohren ziehen will! Stellen Sie sich Lage und Farbe der Münze genauso vor, wie Sie sich Ort und Impuls eines Atoms vorstellen. Jeder Versuch, die Farbe der Münze zu beobachten, verhindert notwendigerweise den Versuch, ihre Lage zu beobachten und umgekehrt. Dies bedeutet, wenn wir zur Interpretation der Quantenmechanik parallele Universen zu Hilfe nehmen, daß Farbe und Lage nicht zugleich in einem einzigen Universum festgelegt sind.

Im Modell paralleler Universen sagen wir uns von all diesen Unsicherheiten los, indem wir alle Möglichkeiten als verschiedene, aber gleichartige parallele Universen verwirklichen. Außerdem lassen wir den Beobachter, der die gewählte Eigenschaft der Münze feststellt, Teil eines jeden dieser Universen sein. Dies ist bei Bohrs Kopenhagener Deutung der Dinge unnötig. Dort existiert der Beobachter immer in einem klassischen Newtonschen Universum – in diesem! Wenn der Beobachter ein Objekt betrachtet, nimmt das Objekt danach im selben Moment einen Wert an, der mit dem zusammenhängt, was beobachtet wurde. Dies ist aus der Sicht paralleler Universen nicht mehr der Fall.

Nun wird es knifflig. Es gibt, soweit es Beobachter und Münze betrifft, nur einen Beobachter und eine Münze. Jedes Universum stellt eine mögliche Beziehung zwischen dem Beobachter und der Münze dar.

Es gibt vier mögliche Fälle:

eins: die Münze zeigt Kopf
zwei: die Münze zeigt Zahl
drei: die Münze leuchtet rot
vier: die Münze leuchtet grün

Anscheinend gibt es jede Möglichkeit so, als ob die anderen nicht wirklich vorhanden wären. Hier kommt die Forderung nach Selbstbezogenheit in die Theorie hinein, und wir sehen, warum die Quantenphysik das Vorhandensein anderer Universen fordert.

Erstens muß man die Lage der Münze *sehen*, um sie erkennen zu können. Dazu braucht der Beobachter Licht. Um jedoch eine Einzelheit wie Kopf oder Zahl auf einer winzigen Quantenmünze zu erkennen, muß der Beobachter hochfrequentes Licht mit kurzer Wellenlänge verwenden. Solches Licht ist jenseits des normalen Farbbereichs. Dieses Licht hat eine beträchtliche Wirkung, wenn es auf die Münze trifft. Sicher sieht man, welche Seite oben liegt, aber wie im Beispiel der Kamera bei der Bestimmung von Bahn und Ort läßt sich die Farbe der Münze nicht erkennen.

Diese winzige Münze hat jedoch auch eine Farbe. Wenn man

sie mit niederfrequentem Licht bestrahlt, leuchtet sie rot oder grün. Dann aber kommt wie bei einem zu lange belichteten Foto eine Unschärfe hinein, und man kann nicht sagen, welche Seite der Münze nach oben zeigt. Man sieht nur eine Farbe. Die längeren Wellenlängen des Spektrums sichtbaren Lichts lassen uns die Farbe der Münze klar erkennen, aber sie ermöglichen uns nicht zu sagen, welche Seite der Münze nach oben zeigt, da die langen Wellenlängen zu lang sind, um auf der Münze feine Einzelheiten erkennen zu lassen.

Nehmen wir nun an, unser Beobachter entscheidet sich festzustellen, welche Seite nach oben zeigt.

Im ersten Universum stellt der Beobachter fest, daß die Münze Kopf zeigt. Nach den Regeln für parallele Welten sieht jedoch der Beobachter im zweiten Universum Zahl.

Der Beobachter eins, der Beobachter im ersten Universum, versucht, aus seiner Beobachtung schlau zu werden. Er objektiviert seine Erfahrung, indem er sich selbst in den Vorgang, die Lage jener Münze zu bestimmen, einbezieht. Er versetzt sich in den Zustand des Bewußtseins: Die Lage der Münze ist von mir verschieden.

Ähnlich beobachtet Beobachter zwei in Universum zwei, daß die Münze Zahl und nicht Kopf zeigt. Nach der gewöhnlichen Logik kann die Münze nicht zugleich Kopf und Zahl zeigen, wenn ihre Lage beobachtet wird.

Jeder Beobachter beobachtet in bezug auf sich selbst, daß er der einzige Beobachter ist; für ihn existiert kein anderes Beobachtungsergebnis.

In den parallelen farbigen Universen drei und vier jedoch entschloß sich derselbe Beobachter, die Farbe der Münze zu beobachten. Im Universum drei sieht der Beobachter die Münze rot leuchten, und im Universum vier leuchtet sie grün.

Der springende Punkt hier ist, daß sich *alle möglichen Pfade* für diese Handlung öffnen, sobald ein Beobachter handelt. Es gibt also vier verschiedene Universen, eins und zwei (mit der Beobachtung der Lage verknüpft), und drei und vier (mit der Beobachtung der Farbe verknüpft); sie existieren alle zugleich und sind alle von den anderen getrennt.

Wozu nun brauchen wir all diese Universen? Aus der Quantensicht benötigen wir sie wegen der Verbindung, die zwischen dem einen Satz von Beobachtungen und dem dazu komplementären Satz besteht. Die Farbe der Münze und ihre Lage sind, wie wir sehen, zueinander komplementär. Wenn die Farbe beobachtet wird und ein Beobachter davon überzeugt ist, in jedem der Universen drei und vier eine einzige Farbe zu sehen, ereignet sich in den Universen eins und zwei ein komplementäres Ereignis. In jedem dieser Universen ist der Beobachter davon überzeugt, die Münze nur in einer einzigen Lage zu sehen. Lage der Münze und der Beobachter ihrer Lage müssen gleichzeitig sein.

Offensichtlich ist es für ein Objekt unmöglich, in einem einzigen Universum zwei oder mehr einander ausschließende Eigenschaften gleichzeitig zu haben. Eine Münze, die zugleich Kopf und Zahl zeigt, wäre keine Münze, bei der eine Seite oben und die andere unten liegt. Was könnte sie sein? Nun, sie ist eine Münze, die Farbe zeigt. Jedes Universum ist also nichts anderes als die Summe der Übereinstimmungen in bezug auf das, was logisch konsistent ist, und sonst nichts. Alles logisch Inkonsistente erscheint als eine komplementäre Facette, die in sich selbst wieder logisch konsistent ist.

Wenn man also die Farbe einer Münze wahrnimmt, sieht man zugleich Kopf und Zahl. Man hält jedoch die zugleich beobachteten, einander ausschließenden Seiten der Münze nicht für unmöglich, sondern als wirkliche Eigenschaft erfahrbar – eben als Farbe der Münze. Dies entspricht dem zuvor diskutierten Beispiel, bei dem es um die Stabilität des Atoms ging. Damit das Atom stabil sein kann – also eine definierte Energie hat –, muß das Elektron als Wolke existieren. Alle Orte des Elektrons sind also gleichzeitig beobachtbar, damit das Atom vom Energiestandpunkt aus gesehen stabil sein kann.

Sowie irgendeine physikalische Eigenschaft der Münze, etwa ihre Lage, beobachtet wird, gibt es alle vier Universen. Universum eins ist jedoch in Wirklichkeit eine Überlagerung der Universen drei und vier. Ebenso ist Universum drei eine Überlagerung der Universen eins und zwei. Obwohl es also in diesem Beispiel vier Universen gibt, nehmen wir nie mehr als ein Universum wahr. Die komplementären Universen sind für die Beobachter in ihnen genauso wirklich wie jedes andere Universum. Sie hängen alle zusammen.

Die Existenz eines Universums hängt von der Existenz seiner parallelen Geschwisteruniversen ab. Es ist schon eine komische Welt, aber wenn wir der Quantenphysik Vertrauen schenken, muß sie notwendigerweise so sein.

9. Guck in die Luft – da ist Superraum!

Wo sind nun die anderen Universen, wenn es sie wirklich gibt? Wie weit sind sie von der Innenstadt entfernt, und gibt es in ihnen gute Wiener (mit Senf, ohne Mayo, bitte)? Warum soll ich mich um sie kümmern, wenn sie so weit weg sind, daß sie keine Rolle spielen? In der Tat, wer glaubt denn wirklich, daß es sie überhaupt gibt?

Ich glaube, daß sie *hier* sind, jetzt, und denselben Raum einnehmen wie wir. Der Raum ist viel merkwürdiger, als wir uns ihn je vorgestellt haben. Genau wie ein subatomares Teilchen, ein Elektron etwa, gleichzeitig an mehr als einem Ort sein kann, und doch niemals an mehr als einem einzigen Ort beobachtet wird, kann der Raum selbst gleichzeitig in mehr als einem *Raum* existieren und doch nicht anders gesehen werden, als wir ihn jetzt sehen.

In anderen Worten: Diese Räume, diese Universen, überlappen sich, sie passen zusammen, wie russische Puppen, von denen eine in der anderen steckt. Die Puppen – und das ist der einzige Unterschied – sind in diesem Fall jedoch alle gleich groß!

Ein Ding, das es in einem Raum gibt, existiert gleichzeitig genauso in allen Räumen, wie ja auch ein Elektron in einem Atom zugleich an unendlich vielen Orten existiert, aber dann, wenn es beobachtet wird, nur an einem einzigen Ort ist. Die Körper eines Raums durchdringen die anderen Räume wie Gespenster in der Nacht. Die Körper sind in ihren jeweiligen Universen jedoch vollständig und ganz.

Falls man sich so etwas überhaupt vorstellen kann, ist es jedenfalls sehr schwierig. Man kann dazu einen Raum einführen, der alle möglichen Räume enthält. Dieser Raum heißt

Superraum. Im Superraum ist immer Raum für noch ein Universum, einen anderen ganzen Raum. In ihm nehmen die Körper ihre eigene, aber getrennte Wirklichkeit an. Alle diese Wirklichkeiten bewegen sich wie das Wellengekräusel auf dem Wasser im Wind der Wahrscheinlichkeit.

Superraum! Im Stil eines Opernhauses

Der *Superraum* ist eine erdachte mathematische Struktur, mit deren Hilfe man sich Umstände vorzustellen versucht, in denen mehr als drei Dimensionen vorkommen. Auf diese Idee kamen die Physiker vor etwa dreißig Jahren, als sie versuchten, Relativitätstheorie und Quantenphysik zu vereinigen.

Der Superraum enthält genau wie ein gewöhnlicher Raum Punkte. Aber jeder Punkt im Superraum markiert den Ort jedes Körpers im Universum. Jeder Punkt im Superraum ist also ein maßstabgetreues Modell eines ganzen wohlbestimmten Universums. Natürlich ist ein solcher Raum etwas merkwürdig, und jeder hätte Schwierigkeiten, ihn sich vorzustellen; ich will trotzdem versuchen, Ihnen, so gut ich kann, ein Bild davon zu malen.

Der Superraum hat unendlich viele Dimensionen, und wie wir gesehen haben, ist der Umgang mit der Unendlichkeit nicht einfach. Der Superraum läßt sich jedoch veranschaulichen, indem man sich vorstellt, wie man einen Plan entwerfen könnte, der Theaterbesuchern ihren Platz anzeigt.

Dazu zeichnen wir zuerst parallele Linien auf ein leeres Blatt Papier; sie sollen die Reihen darstellen. Wir lassen Lücken für die Gänge und markieren, wo ein Zuschauer in einer Reihe sitzt, indem wir seinen Platz als einen Punkt einzeichnen, der maßstabgetreu den Abstand vom Gang markiert.

Wenn zum Beispiel der Platz der Besucherin A fünf Sitze vom Gang entfernt ist, können wir das Modell maßstabgerecht zeichnen, indem wir jedem Platz einen Zentimeter zumessen und den entsprechenden Punkt fünf Zentimeter vom Anfangspunkt der Linie einzeichnen. Wenn Opernbesucher B in derselben Reihe sitzt, aber sieben Plätze vom Gang entfernt, würde man das Verfahren wiederholen und jetzt sieben Zentimeter vom Gang ein Zeichen machen.

Das Verfahren bewährt sich bei zwei Personen in einer Reihe eines Theaters. Man braucht für den Ort jeder Person eine eindimensionale Linie. Person A ist fünf Stühle vom Gang entfernt, und Person B ist sieben Stühle vom selben Gang entfernt.

Dieses Verfahren läßt sich für jede Person in der Reihe wiederholen. Das Modell für die Sitzreihen des Theaters ist recht einfach. Für jeden Zuschauer gibt es auf dieser Geraden einen Punkt. Für zehn Zuschauer zum Beispiel werden zehn Punkte gemacht. Verglichen mit dem Universum ist eine Stuhlreihe, in der Personen sitzen, ein Kinderspiel. Das Problem sind höchstens die vielen Punkte.

Es gibt noch eine andere Möglichkeit, die Personen in der Reihe mit nur einem Punkt darzustellen, nämlich die Superraum-Methode. Dabei erhöht sich die Zahl der Dimensionen des Modells um eins. Die Reihe stellt sich jetzt nicht als eindimensionale Linie, sondern als ein zweidimensionales Quadrat dar.

Vielleicht fragen Sie: Warum sollte man sich diese Mühe machen? Mit einer eindimensionalen Linie kann man ja viel leichter umgehen als mit einem zweidimensionalem Quadrat. Aber es bringt auch Vorteile, wenn das Modell mehr Dimensionen hat. Ein einziger Punkt innerhalb des zweidimensionalen Quadrats gibt uns nämlich sofort an, wo zwei Personen sitzen.

Stellen wir uns vor, Sie wollten den Platz der beiden Opernbesucher A und B mit nur einem einzigen Punkt markieren. Wenn A fünf und B sieben Sitze vom Gang entfernt ist, könnten Sie einen Punkt zeichnen, der fünf Zentimeter vom einen Rand und sieben Zentimeter von einer benachbarten Seite entfernt ist.

Ein einzelner Punkt eines höherdimensionalen Raums wird in einem niederdimensionalem Raum durch eine größere Anzahl von Punkten dargestellt. Deshalb gibt uns ein Punkt innerhalb eines Quadrats an, wo zwei Personen sitzen.

Wenn Sie als Modell für die Sitzreihe einen Würfel wählen, können Sie mit einem einzelnen Punkt den Ort von drei Personen in der Reihe angeben. Der Abstand des Punkts zur Grundfläche würde angeben, wo Person A sitzt, der Abstand von der nördlichen Wand den Sitzplatz von B und der Abstand von der westlichen Wand den von C.

Jedesmal, wenn einer weiteren Person der Reihe ein Platz zugeschrieben wird, erhöht sich die Dimension des Modells um eins. Bei einer mit zehn Personen voll besetzten Reihe braucht man dann einen zehndimensionalen Raum, um mit einem einzigen Punkt den Ort aller zehn Theaterbesucher festlegen zu können.

Wenn außer dem Platz auch die Reihe angegeben werden soll, braucht man einen zwanzigdimensionalen Raum, um den Platz der zehn Theaterbesucher eindeutig zu kennzeichnen. Wenn man zusätzlich angeben will, in welchem Rang des Opernhauses die Besucher sitzen, wären dreißig Dimensionen nötig, aber nur ein Punkt. Obwohl die Dimensionen des Raums immer mehr werden, enthält ein Punkt alle Informationen.

Da es in einem Universum über 10^{80} Teilchen gibt, muß das Modell des Superraums mehr als 3×10^{80} Dimensionen haben. (Der Faktor drei berücksichtigt die drei Dimensionen gewöhnlichen Raums.)

Wenn wir all diese Dimensionen ähnlich behandeln, wie wir es mit den wenigen bei den Theaterbesuchern machten, ist ein Universum mit allen seinen Teilchen im Superraum nur ein Punkt.

Unschärfe im Superraum

Nach dem Unschärfeprinzip der Quantenphysik jedoch kann man den Ort eines Körpers im Universum nie genau kennen, wenn sein Impuls genau bekannt ist. Die Messung wäre nur mit sehr extrem hochenergetischen Geräten möglich*, weil sonst der

---

* Man braucht zum Orten subatomarer Teilchen hochenergetische Geräte, weil die Genauigkeit so hoch sein muß. Um einen Körper innerhalb eines Bereichs von wenigen Milliardstel eines Zentimeters zu lokalisieren, braucht man Photonen, deren Wellenlängen ebenfalls winzig sein müssen. Um den Ort eines subnuklearen Teilchens festzulegen, braucht man Gammastrahlen, deren Wellenlängen noch viel kürzer sind. Je kürzer die

Ort eines Körpers nicht festgelegt werden kann. Dies wäre nicht nur technisch unmöglich, sondern wenn die genauen Orte aller Objekte des Universums bekannt wären, führte das auch zu extremer Unrast.

Heisenbergs Unschärfeprinzip sagt uns, daß die Kenntnis des Ortes eines Teilchens zu völliger Unsicherheit über den Impuls der Teilchen führt. Der Impuls ist ja das Produkt von Masse und Geschwindigkeit. Ein Körper mit einem hohen Impuls kann Schaden verursachen, wenn er auf andere Körper stößt. Wenn der Impuls unbestimmt ist, haben einige der Teilchen explosive Energien. Selbst wenn nur ein kleiner Bruchteil von 10^{80} Teilchen explosive Energien hat, reicht das zur Vernichtung des ganzen Universums aus.

Um uns eine gutwillige Welt zu sichern und um Energie zu bewahren und nicht in Gottes Schöpfung umherirren zu lassen, dürfen die Orte der Körper in dem Universum, das wir bewohnen, nicht genau bestimmt sein. Jetzt fragt sich, was das bedeuten könnte. Niemand weiß das mit Sicherheit. Ich deute das in diesem Buch so, daß ein einziges Universum stabiler Energie aus unendlich vielen parallelen Universen besteht, deren Teilchen einen genau bestimmten Ort haben. In jedem dieser parallelen Universen hat jeder Körper einen flüchtigen Ort, aber weder einen wohldefinierten Impuls noch eine wohldefinierte Energie.

Jedes dieser Universen fluktuiert und ist sehr instabil. Körper scheinen zu verschwinden und aufzutauchen, wie die Fotoblitze der Hobbyfotographen bei einem nächtlichen Fußballspiel. Doch wenn man unendlich viele dieser instabilen Universen in denselben Raum bringt, hat man – siehe da! – ein stabiles Universum.

An dieser Stelle wird das Superraummodell nützlich. Wir brauchen das Modell, weil es in Wirklichkeit eine Wolke von Universen gibt. Wir leben in einer Wolke von Universen des Ortes. Wir brauchen alle die Punkte der Wolke, damit das Universum stabil ist, genauso, wie wir ein einziges Elektron in

Wellenlänge, desto mehr Energie ist nötig. Die Energie eines Photons ist umgekehrt proportional zu seiner Wellenlänge.

einem Atom als Wolke sehen müssen, damit die Energie des Atoms stabil ist.

Und wenn Newton doch recht hat? Dummer Superraum!

Wenn die klassische Physik im Universum wirklich gelten würde, wäre der Superraum eine dumme Sache. Alles, was man darin sehen könnte, wäre ja ein einzelner Punkt, der sich bewegt, wenn die Teilchen des Universums ihre Lage verändern. Er wäre nur eine üppigere Version der »Reise nach Jerusalem«, bei der die Spieler immer auf der Suche nach einem Platz sind.

Da die Quantenphysik zur Beschreibung des Universums nötig ist, sagt uns ein einzelner Punkt im Superraummodell nicht nur nichts, was wir nicht schon wissen, sondern er reicht nicht einmal aus, um das zu beschreiben, was wir als Wirklichkeit wahrnehmen. Ein Versuch, unsere Wirklichkeit mit unserem alltäglichem dreidimensionalen Raum zu beschreiben, würde uns den Wald vor Bäumen nicht sehen lassen. Der gewöhnliche Raum hat zu wenig Raum. Sogar im Superraum braucht man eine Wolke von Punkten, in der jeder Punkt ein paralleles Universum darstellt. Ohne die Wolke könnte kein einziges Universum wirklich stabil bleiben.

In der Quantenphysik ist die Lage komplizierter als in der klassischen Physik, denn sie beschäftigt sich mit Darstellungen – Wolken, Wellen, Verteilungen – von Teilchen und nicht mit den Teilchen selber. Die Aufgabe ist weder hoffnungslos noch unergiebig. Wenn man einen Superraum verwendet, ist es, wie sich herausstellt, einfacher, sich mit einer Wolke oder einer Welle zu befassen als mit vielen Teilchen.

Einige Physiker sind jedoch der Ansicht, parallele Universen und ein Superraum seien dafür überhaupt nicht notwendig. Sie halten die Quantenphysik für nicht mehr als eine raffinierte Erweiterung der klassischen Physik. Sie weisen darauf hin, daß der Superraum zur Beschreibung statistischer Schwankungen nötig ist, die von unserer Unwissenheit in bezug auf den Ort der Teilchen herrühren. So gesehen besetzen die Teilchen eben doch zugleich Raum, Zeit, und Materie. Diese Physiker vertrauen auf die Wirklichkeit der physikalischen Welt, und dafür können wir sie wirklich nicht tadeln! Schließlich erscheint Ihnen und mir die Welt als ziemlich solide.[3]

Der griechische Philosoph Ptolemäus glaubte, die Erde sei im Mittelpunkt der Welt. Er meinte, alle himmlischen Körper bewegten sich auf perfekten Kreisen und die Erde sei der Mittelpunkt all dieser Vollkommenheit. Planeten, Mond und Sonne umkreisten also die Erde. Weil die Beobachtung ergab, daß diese mutmaßlichen *Kreise* deutlich von der wirklichen Kreisform abweichen, behauptete er, die Planeten liefen auf kreisförmigen Schleifen, deren Mittelpunkte die Erde auf vollkommenen Kreisen umlaufen. So konnte der Himmel Vollkommenheit bewahren.

Diese Schleifen wurden Epizyklen genannt. Weil man sich die offensichtlichen Diskrepanzen zwischen den von Ptolemäus geforderten Kreisen und den beobachteten wirklichen Planetenbahnen nicht erklären konnte, akzeptierte man die Notlösung der Epizyklen, auch wenn sie niemandem gefiel. Sie waren einfach notwendig, wenn die ptolemäische Grundlage aller Himmelsbewegungen gültig bleiben sollte. Durch die Entdeckungen von Kopernikus, Kepler und Newton wurden die Epizyklen später überflüssig und daher mit dem leistungsfähigen Barbiermesser des William von Ockham »abrasiert«.

Der Physiker Ballentine hält parallele Universen für so überflüssig wie Epizyklen. Für ihn reicht ein Universum aus, auch wenn es durch die Quantenregeln verwickelter wird. Ballentine glaubt, die Quantentheorie lasse sich nicht zur Beschreibung eines einzelnen Systems verwenden. Sie beschreibt vielmehr eine fiktive Ansammlung von Möglichkeiten. So gesehen ist die Quantenmechanik nur eine statistische Theorie, in der die Objekte der Statistik selbst nicht wirklich sind. Die wirkliche Welt ist da, aber die Theorie ist unfähig, sie zu beschreiben.

Wahrscheinlich ist der herausragendste Verfechter der Theorie paralleler Universen der Physiker Bryce DeWitt von der Universität von North Carolina. In einem inzwischen berühmten Artikel, der zuerst in ›Physics Today‹ veröffentlicht wurde[4], beschreibt er »Quantenmechanik und Wirklichkeit« aus der Sicht paralleler Universen. Dies war eine der ersten allgemeinverständlichen Darstellungen der Theorie – obwohl sie für Physiker geschrieben war. DeWitt glaubt, die Lösung des Dilemmas der Unbestimmtheit sei ein Universum, in dem alle möglichen Ergebnisse eines Experiments wirklich vorkommen. In einem weiteren Artikel in ›Physics Today‹[5] setzte er sich 1971 mit mehreren Andersdenkenden, darunter auch Ballentine, auseinander, indem er Argumente gegen ihre Argumente anführte. DeWitt fügte hinzu, seiner Ansicht nach müsse die Anzahl der möglichen Universen nicht unendlich sein – etwa 10^{100} würden ausreichen.

DeWitt weist darauf hin, wie merkwürdig Ballentines Vergleich der parallelen Universen mit Epizyklen ist. Everett, der Erfinder des Konzeptes paralleler Welten, verglich in seiner Dissertation die Sinneswahrnehmung jener, die den Gedanken des Aufspaltens für absurd halten, mit derjenigen der Anti-Kopernikaner zur Zeit Galileis, die die Bewegung der Erde nicht spürten. Everett verwendete also dasselbe Argument wie Ballentine, um zu zeigen, daß es parallele Universen geben kann, obwohl sie anscheinend nicht erfahrbar sind.

Aus Ballentines Sicht ist die Quantenphysik als eine Art statistischer Physik nur noch ein anderer Zweig der klassischen Physik. Obwohl wir in einer solchen klassischen Physik praktisch nur solche Größen wie Temperatur und Druck messen können, lassen sich theoretisch die genaue Lage und der Impuls von Teilchen bestimmen, weil diese Größen Mittelwerte von Messungen an sehr vielen Teilchen sind, die untereinander und mit ihren Behältern wechselwirken. Ballentine erhebt deshalb gegen das Modell der parallelen Welten den Einwand, daß diese verborgenen Größen nicht gemessen werden können.

DeWitt weist darauf hin, daß Quantenphysik und statistische Physik sich *im Prinzip* stark unterscheiden, wenn es darum geht, herauszufinden, was erkennbar oder erreichbar ist. Während Ballentine annahm, die vielen Verzweigungen, die von der Theorie paralleler Welten vorhergesagt werden, seien fiktive Gebilde, die Moglichkeiten und auch nur Möglichkeiten für einen einzigen Körper oder ein einziges Universum beschreiben, wurde kein einziger Körper je durch eine Verzweigung beschrieben. Wo ist die wirkliche Welt? fragt Ballentine. Sie ist hier, irgendwo, aber wir wissen nicht, wo. Die Verzweigungen sind jedoch nicht wirklich, wenn man sich vorstellt, daß sie alle gleichzeitig auftreten. Nur eine Verzweigung ist wirklich.

Aus der Sicht DeWitts ist jede Verzweigung mehr als eine Möglichkeit, nämlich Wirklichkeit. Im Schauplatz der parallelen Welten enthält jeder Zweig sowohl einen Körper oder ein Universum wie auch einen Beobachter des Körpers oder Universums. In jedem Zweig ist Information über die anderen Zweige grundsätzlich unerreichbar. DeWitt formuliert es in einer Beschreibung subatomarer Elektronen in parallelen Universen so:

> Obwohl diese Elektronen durch denselben [mathematischen Formalismus, der nur auf ein einzelnes Elektron hinweist,] beschrieben werden, bewohnen sie wirklich jeweils andere, nicht dieselben Welten, und ich ziehe es vor, sie mir als verschieden vorzustellen. Wenn ich in einem Flugzeug sitze, das gerade abstürzt, mache ich mir darum Sorgen und nicht um andere Leute! In einer entspannteren Laune nehme ich natürlich meine anderen Ichs gern ernst, auch wenn ich niemals wissen kann, was sie tun.

Da wir Menschen niemals alle Teilchen im Universum verfolgen können, halten wir uns, so meint Ballentine, an statistische Mittelwerte, führen also Bücher über Daten, die angeben, wo die Dinge vermutlich sind. Es ist nicht so, daß diese Objekte keinen Ort haben; wir kennen ihn einfach nicht. Während die Teilchen im einzigen Universum, das es je gab, ihren Ort ändern, wäre eine Wolke von Punkten nötig, um sich die möglichen Bewegungen der wirklichen Teilchen vorzustellen. Auf diese Weise läßt sich mit Hilfe der Thermodynamik oder der statistischen Mechanik von Gasen eine Luftströmung oder eine wirkliche Wolke von Wasserdampf beschreiben.

DeWitt und Everett halten die Quantenphysik zur Beschreibung der wirklichen Welt für vollkommen ausreichend. Ballentine und andere sind nicht dieser Ansicht.

Ordnung im Superraum: Das Bewußtsein erwacht

Wenn wir Ockhams Rasiermesser stecken lassen und den Superraum dieser vorgestellten unverbundenen parallelen Universen – die Physiker statistische Gesamtheiten oder Ensembles nennen und die von der klassischen statistischen Physik vorhergesagt wurden – untersuchen, bewegt sich jeder Punkt im Superraum rein zufällig, wie bei einer modernen Videoschau, bei der mehrere Bilder gleichzeitig erscheinen, aber keinen Sinn ergeben.

Wenn wir jedoch ein Universum und seine unendlich vielen parallelen Universen im Superraum im Rahmen einer mathematischen Beschreibung der Quantenmechanik sehen, stellt sich Ordnung ein. Diese Ordnung zeigt sich nicht in der Bewegung eines einzelnen Punktes. Die Punkte bewegen sich entsprechend der Quantenphysik im Superraum nicht gleichmäßig. Sie leuchten einfach auf, wie Leuchtreklamen. Während jedes einzelne Ein- und Ausblenden zufällig ist, bewirkt das ständige Ein- und Ausblenden eine geordnete Bewegung.

Diese Ordnung können wir mit Hilfe der Mathematik der Superräume verstehen.

Ähnlich wie Hänsel und Gretel sich im Wald verirren, können wir in der bequemen Alltagswelt mit drei Raumdimensionen und einer Zeitdimension schnell vom Weg abkommen. Die Dinge könnten so schön und kompliziert erscheinen, daß wir anfangen, uns zu fragen, wie es dem gesunden Menschenverstand überhaupt möglich ist, das Universum zu begreifen.

Warum nur ist das Weltall so merkwürdig, wenn parallele Universen doch die einzige Möglichkeit sind, Relativitätstheorie und Quantenphysik erfolgreich zu vereinigen – also die einzige mögliche Weltanschauung, in der es ein einziges »vernünftiges« und objektives Universum gibt?

Ich möchte diese Frage so beantworten: Nur so ist Bewußtsein, die Wahrnehmung der Illusion möglich. Lassen Sie mich diesen etwas geheimnisvollen Punkt erklären.

Ich glaube, Bewußtsein hat in einem klassischen physikalischen Universum keinen Platz. Es gehört nicht in ein Universum, das wie eine Maschine abläuft. Wenn es in einer solchen Welt

Bewußtsein gäbe, wäre es in der Tat ein Nebenprodukt der Stofflichkeit – eine Erscheinung, die nicht mehr Bedeutung hat als ein im Raum schwebender Stein – es wäre in jeder Hinsicht tot.

Die Quantenphysik besagt, daß das, was wir zur Beobachtung auswählen, das beeinflußt, was wir beobachten. Daher haben wir in einer Quantenwelt eine Wahlmöglichkeit – und das ist für mich gleichbedeutend mit Bewußtsein. Damit es Bewußsein gibt, muß es eine Wahl geben.

Wie zeigen sich die Wahlmöglichkeiten? Dazu muß es Bewußtsein oder Geist oder Verstand geben. Anders gesagt gibt es also Widerspruchsfreiheit, wenn es dann, wenn es Bewußtsein gibt, auch Wahlmöglichkeiten gibt und es im Bewußtsein Wahlmöglichkeiten gibt. Bewußtsein gibt es meiner Meinung nach in parallelen Universen in Form flüchtiger Energie. Das Universum, das wir wahrnehmen, besteht aus der Überlappung solcher Energieblitze. Sie erzeugen genauso sicher, wie sie Materie erzeugen, auch Bewußtsein. Die Existenz von Materie und ihre Wahrnehmung sind ein und dasselbe.

Deshalb ist das Bewußtsein eines fühlenden Wesens, das eine Wirklichkeit wahrnehmen kann, in der Lage, in parallele Universen hineinzureichen und diese Wirklichkeit zu wählen.

Hier steckt eine subtile Falle. Sobald eine Wahl getroffen wird, ist der, wer die Wahl trifft, unweigerlich selbst gefangen. Der Wählende muß in das gewählte Universum eingehen, mit ihm eins werden. Dieser Gedanke stört mich. Er nagt an mir. Haben wir denn überhaupt eine Wahl, wenn dies wahr ist? Bleibt eine Wahl, falls jedesmal, wenn ich wähle, alle meine parallelen *Ich*s auch wählen? Wenn jede Wahl alle Möglichkeiten wählt, dann ist die Wahl eine Illusion. Es gibt keine freie Wahl, weil alle möglichen Ergebnisse einer Wahl verwirklicht werden. Vielleicht sind wir letztlich doch Maschinen, nur in mehr Dimensionen, als es uns in einem einzigen Universum bewußt ist. Ich bitte den Leser, diese Möglichkeit zu erwägen.

10. Eine Maus, eine Münze
und eine Quantenverschwörung

Als Einstein über die übliche Kopenhagener Deutung der Quantenphysik nachdachte, war er, wie Sie vielleicht wissen, recht skeptisch. Ihn störten vor allem die dramatischen Veränderungen der Eigenschaften eines physikalischen Objektes, die der einfache Vorgang der Beobachtung verursacht – das, was man jetzt *Reduktion der Wellenfunktion* nennt. Er beschrieb seine Gefühle recht anschaulich, als er sagte, er könne einfach nicht glauben, daß eine Maus allein durch Hinschauen drastische Veränderungen im Universum bewirkt. Für Einstein versagt die Quantenphysik als vollständige Theorie, weil sie nicht berücksichtigt, wie ein Beobachter Information erhält.

Der Physiker Philip Pearle, Professor am Hamilton College in New York, empfand in Übereinstimmung mit Einstein, daß die Quantenmechanik als vollständige Theorie versagt habe.[6] Er verfolgte einen der Gedanken Einsteins weiter, wonach die Quantentheorie nur ein Ensemble von möglichen Ergebnissen beschreibt. Sie sei also nur eine statistische Theorie. Für Pearle ist wie für William von Ockham die Vorstellung zu künstlich und zu unwirtschaftlich, eine Reduktion des Zustands der Welt könne nur dann plötzlich eintreten, wenn eine Messung durchgeführt wird, und die Welt müsse sich sonst weiter als unendlich viele wirkliche Welten entwickeln.

Der Physiker Mendel Sachs, Professor an der Universität of New York in Buffalo, empfand ebenfalls die Notwendigkeit einer alternativen Theorie[7] und schlug eine andere Deutung vor als die der parallelen Welten. Sachs wollte der Quantenphysik einen nichtlinearen Mechanismus hinzufügen. Solche Lösungen aber passen nicht in einen Superraum. Seine Theorie sagte auch Ergebnisse vorher, die die Quantenmechanik nicht vorhersagt. Er beruft sich auf eine Übereinstimmung zwischen den Ergebnissen einer Beobachtung, die aus vielen Beobachtungen besteht, und dem Ergebnis einer einzigen Beobachtung. Genau wie Einsteins Theorie sich der Newtonschen Gravitationstheorie nähert, wenn die gemessenen Entfernungen im Vergleich zu astronomischen Entfernungen klein sind, so würde die Theorie von

Sachs, wenn sie denn vollständig wäre, die Quantentheorie enthalten.

Als Antwort auf die Überlegungen von Pearle und Sachs ließ sich Bryce DeWitt auf den Versuch ein, die Theorie so zu verändern, daß es bei der einen Welt bleibt, in der wir leben.[8] Anstatt aber den Formalismus zu verändern, sollte man, so schlug er vor, nach der Bedeutung des Formalismus fragen. Im Fall der berühmten Diracgleichung[9], die reiner mathematischer Intuition entsprang, fand der Physiker Paul Adrien Maurice Dirac Lösungen, die die Existenz einer anderen Art von Materie, der Antimaterie, andeuteten, die zuvor nie beobachtet worden war. Als Diracs Formalismus ernstgenommen wurde, bestätigten Experimente später die Existenz des Anti-Elektrons, Positron genannt, der ersten uns bekannten Antimaterie. DeWitt meinte, man solle trotz der Schwierigkeiten, die sich bei der Beobachtung paralleler Welten ergeben, Diracs Beispiel folgen.

Everett, der Erfinder der Theorie paralleler Universen, fügte in Erwiderung auf Einsteins Beispiel mit der Maus hinzu, daß es aus der Sicht seiner Theorie nicht so sehr die Maus ist, die das Universum verändern kann, sondern die Maus selber wird dadurch verändert, daß sie in den Versuch einbezogen wird.

Parallele Universen treten immer dann auf, wenn eine Beobachtung stattfindet. Das gilt für jede Beobachtung, ganz gleich, ob sie von einer Maus, einem Floh, oder einer Amöbe gemacht wird. Wenn eine Quantenmessung ausgeführt wurde, wird das Ergebnis von einem Gedächtnisspeicher registriert – im Fall der zuvor erwähnten Münze in vier Universen zum Beispiel im Bewußtsein des Beobachters. Obwohl die Münze nur ein Fantasieprodukt ist, ermöglicht sie es mir, in einfacher Form zu beschreiben, wie sich die Sichtweise einer Maus oder eines Flohs von der eines Menschen unterscheidet, wenn es um die Beobachtung paralleler Universen geht.

Eine Verschwörung der Universen

An unserer Quantenmünze konnten wir, wie Sie sich erinnern werden, nur zwei Eigenschaften beobachten. Sie hat, wie die Physiker sagen, zwei komplementäre Observable: *Farbe* und *Lage*. Wir können entweder sehen, daß sie rot oder grün ist *oder* ob Kopf oder Zahl oben liegen. Wenn wir eine Farbe sehen, läßt sich nicht sagen, ob Kopf oder Zahl oben liegen; und wenn wir sehen, was oben liegt, können wir ihre Farbe nicht bestimmen.

Nach der Theorie paralleler Universen ist die Münze in einem unbestimmten Zustand, bis ein intelligentes Wesen, eines, das den Unterschied zwischen Farbe und Lage kennt und fähig ist, diesem Unterschied Sinn zu geben, die Münze beobachtet. Wenn dieses Wesen sich entscheidet, ob es Farbe oder Lage beobachten will, spalten Beobachter und Münze sich auf und treten in vier mögliche Universen ein:

Universum 1. Kopf und der Beobachter sieht Kopf.
Universum 2. Zahl und der Beobachter sieht Zahl.
Universum 3. Rot und der Beobachter sieht Rot.
Universum 4. Grün und der Beobachter sieht Grün.

Sicherlich kann man auch über die Maus oder den Floh nachsinnen und sich fragen, was geschieht, wenn einer von ihnen die Münze beobachtet. Sicherlich ist es der Maus gleichgültig, ob die Münze die Zahl zeigt oder ob sie rot ist. Wenn es um ein Stück Käse oder den Schnurrbart einer Katze ginge – das wäre vermutlich etwas anderes. Entscheidend ist, daß der Beobachter in der Lage sein muß, den Unterschied zu erkennen, und wenn die Maus das nicht kann, findet keine Aufspaltung statt.

Diese Antwort mag willkürlich erscheinen. Welchen Platz hat der Verstand in der Physik? Dies ist ein größeres Problem, wenn es nur ein Universum gibt – in dem ein Bewußtsein eine physikalische Messung herbeiführt –, als wenn es parallele Universen gibt. Lassen Sie mich das erläutern.

Der entscheidende Gedanke, Kern aller Quantenparadoxien, ist *die Verschwörung* der Universen der Möglichkeiten, also die Quantenverschwörung. Wenn ein Beobachter Rot sieht, nimmt er die Münze in Universum 3 wahr. Jedoch ist Universum 3 selbst eine Verschwörung – eine Überlagerung der Universen 1 und 2. Die gleichzeitigen Erfahrungen der Beobachter in Universen 1 und 2 *sind* das, was mit Universum 3 gemeint ist. Im Universum 1 entschloß sich der Beobachter, auf die Lage der Münze zu achten, und ebenso im Universum 2. In jedem dieser Universen wählte der Beobachter intelligent – er wollte die Lage der Münze sehen. In jedem dieser Universen ist alles in Butter, koscher und logisch. Diese Universen der Lage haben keine Vorstellung von Farbe.

Ähnlich ist eine andere Verschwörung* im Gange, wenn der Beobachter Grün sieht und Universum 4 wahrnimmt – die der Universen 1 und 2. Diese Unterschiede der Verschwörung werden von den Physikern *Phasenunterschiede* genannt.

Die Universen 1 und 2 sind beide notwendig. Beide existieren, ohne voneinander zu wissen. Sie werden zusammen als Universum 3 (falls Rot beobachtet wird) oder als Universum 4 (falls Grün beobachtet wird) erfahren. Die Mathematik der Quantenphysik ist dann so einfach wie das Addieren oder Abziehen zweier Zahlen. Addieren Sie die Universen 1 und 2, und Sie erhalten Universum 3. Ziehen Sie sie voneinander ab, und Sie erhalten Universum 4.

Auf eine recht ähnliche Weise ist Universum 1 eine Verschwörung der Universen 3 und 4. Genauso ist es auch mit Universum 2 – nur die Phase ist anders.

Wie kann das sein, wenn es nur eine Münze und einen Beobachter gibt? Die Antwort ist, daß wir alle als Verschwörungen paralleler Universen existieren. Alle unsere Erfahrungen, von denen wir sagen, daß sie hier und jetzt stattfinden, gibt es auch in anderen Universen. Unser Wissen über das Wirkliche und das dort draußen führt zu unseren individuellen Erfahrungen. Die Fähigkeit zu entscheiden, was was ist, wann wann ist und wo wo ist – unsere Erfahrungen und unser Wollen, die uns

---

* Der Unterschied zwischen den Verschwörungen ist mathematischer Art. Die Beziehung zwischen Universen wird mit dem mathematischen Ausdruck *Phase* bezeichnet. In diesem einfachen Beispiel läuft dies nur darauf hinaus, daß wir die komplexen mathematischen Wellenfunktionen, die die beiden Universen darstellen, addieren oder eine von der anderen abziehen. Es ist nur der Unterschied zwischen den Phasen der Universen 1 und 2, der zum Unterschied zwischen den Universen 3 und 4 führt.

mit der Materie durch Raum und Zeit führen –, kann sich nach der Deutung der Quantenphysik, die sich auf parallele Universen beruft, nur dann einstellen, wenn eine Verschwörung die verschiedenen Wahlmöglichkeiten in verschiedenen Universen verschmelzen läßt.

Die Maus, die die Münze beobachtet, spaltet sich nicht in vier Mäuse auf, weil die Maus nicht in der Lage ist zu entscheiden, was Lage oder Farbe ist. Die Maus sieht eine Münze, mehr nicht. Man kann sich, wenn man will, die Maus und die Münze in vier Universen existierend vorstellen – aber die Verschwörung ist für die Maus vollständig. Die vier Universen der Maus sind eins.

Nicht so für uns. Wir können Entscheidungen treffen und wenn wir es tun, dann spalten wir uns. So neigt die Welt, in der wir leben und die bis jetzt durch frühere Spaltungen schon recht schizophren geworden ist, dazu, im Lauf der Zeit noch schizophrener zu werden.

Obwohl Einstein von der Fähigkeit der Maus, parallele Universen einfach durch Beobachtung zu erzeugen, gar nicht sehr angetan war, war er möglicherweise selbst in dieser Beziehung etwas schizophren, da er durch seine Einsicht in eine Lösung der von ihm erdachten Gleichungen der Allgemeinen Relativitätstheorie direkt zur Entdeckung paralleler Welten Anlaß gab. Einstein selbst lehrte uns, wie Zeit und Raum sich zu einem Tanz zusammenfinden, auf den jeder Rock- und Rolltänzer hätte neidisch sein können. Durch diese Windungen der Raumzeit und ihre daraus folgenden Verknotungen wurde ein neuer Zugang zu parallelen Universen entdeckt. Diese Geschichte wird im Teil drei erzählt.

III. Innen und Außen:
Zeitkrümmung und Raumwindung

Vier Dimensionen hat der Raum
Nein, nicht nur drei sind sie,
Und für das Hypothenusenquadrat
Stehen alte Sätze nicht mehr parat.
Es tut mir weh, ich faß es kaum
Adieu, nun geh, du Schulgeometrie.

Die Zeit ist jetzt gekrümmt, hab acht!
Gebeugt geht schwer das Licht
Und so versteh ich die Situation
(Es hilft mir wenig die Intuition):
Ein Brief, der heute schon gebracht,
Wird morgen erst erdicht't.

Kurz ist der Weg, du, Einstein, weißt's,
Auf Geraden lang nicht mehr.
So groß ist gar die Krümmngsrate,
Daß Licht läuft auf der Lemniskate.
Sobald du dich nur recht beeilst,
Verspätest du dich sehr.

W. H. Williams, *bei einem Essen zu Ehren*
von Albert Einstein anläßlich seines Besuchs
am Caltech in Pasadena (1924)

Was hielt Einstein von parallelen Universen? Er schrieb 1935 zusammen mit Nathan Rosen einen Artikel[1], in dem er ausführte, wie sich möglicherweise innerhalb eines kugelförmigen Raumbereichs, der durch die Schwerkraft eines massereichen großen Körpers in seiner Mitte stark unter Druck steht, ein paralleles Universum finden ließe. Einstein und Rosen verfolgten ihre Theorie nicht viel weiter. Doch ihre Arbeit – bekannt als die Entdeckung der Einstein-Rosen-Brücke – schuf die Voraussetzungen für den nächsten Schritt in der Entwicklung der Allgemeinen Relativitätstheorie, nämlich die Entdeckung der Schwarzen Löcher.

Obwohl Einstein vermutete, die Relativitätstheorie könne

andere Universen vorhersagen, war er, wie wir in Teil Zwei sahen, recht unzufrieden mit den Vorhersagen der Quantentheorie. Trotz seines Unbehagens hätte er die Dissertation des Physikers Hugh Everett jedoch möglicherweise mit Freude gelesen, wenn er lange genug gelebt hätte.* Everett war Student in Princeton, an der Einstein seine letzten Jahre verbrachte. Everett zog als erster parallele Universen als eine ernstzunehmende Möglichkeit in Betracht, mit deren Hilfe sich möglicherweise erklären ließe, wie Quantenmechanik und Relativitätstheorie vereint werden könnten. Wie Everett feststellte, sagen beide Theorien andere Universen vorher. Vielleicht, so meinte Everett, ließ sich darin doch ein Hinweis auf die Vereinbarkeit von Quantentheorie und Relativitätstheorie sehen.

Noch heute verfolgt uns das Problem der Verträglichkeit von Relativitätstheorie und Quantenphysik. Das Gespenst der Unvereinbarkeit hält uns zum Narren. So, wie wir gegenwärtig die Physik verstehen, scheinen wir in die unverschämteste Science-fiction hineingeraten zu sein. Die folgenden Fragen sind nur Beispiele für die vielen Themen, die erörtert werden müssen, wenn diese beiden Welten der modernen Physik endlich versöhnt werden sollen.

So fragen wir zum Beispiel: Was ist innerhalb und was ist außerhalb des Universums? Hat das Universum eine Energie? Sind Zeit und Raum abhängig vom Beobachter? Bedingen die Verzerrungen von Raum und Zeit durch die Relativität, daß man in der Zeit reisen kann? Was geschieht, falls Zeitreisen wirklich möglich sind, wenn ich in der Zeit zurückgehe und meinen fünfjährigen Großvater umbringe? Welche Auswirkungen haben parallele Welten auf Zeitreisen, falls es sie gibt? Kann man über die Zeitschranken hinaussehen, wie es die alten Philosophen und Wahrsager, Nostradamus etwa, erträumten?

Wie also können wir mit Hilfe der anspruchsvollsten Theorien, die der menschliche Geist erfunden hat, zu einer widerspruchsfreien Sicht des Universums kommen? Nach der Quan-

---

* Vielleicht hatte er sogar die Möglichkeit, eine vorläufige Fassung zu lesen, da Everett seine Promotion nur zwei Jahre nach den Tode Einsteins, 1957, abschloß.

tenphysik muß man sich immer, wenn ein Beobachter eine
Eigenschaft eines physikalischen Systems mißt, mit dem befassen, was ein Beobachter bewirkt. Irgendwie, so wird stillschwei-
gend gefordert, müssen sich Beobachter oder Meßgerät außerhalb des beobachteten physikalischen Systems befinden.

Aus der Sicht der Allgemeinen Relativitätstheorie jedoch sind
Materie und Energie, das, woraus das Universum besteht, eng
mit Raum und Zeit verbunden. Deshalb ist, wenn wir uns mit
dem Weltall befassen, nicht klar, was innen und was außen ist.
Irgendwie existiert alles, was zählt, nicht nur in Raum und Zeit,
sondern es *erzeugt* auch die Raumzeit selbst. Vielleicht kann
man sich das Ganze auch andersherum vorstellen: Die Raumzeit
erzeugt Materie und Energie. Da Raum und Zeit bei allen
Messungen wesentliche Koordinaten sind, muß eine widerspruchsfreie Vereinigung die quantenphysikalische Messung,
also die Beobachtung, mit der Sicht der Raumzeit der Allgemeinen Relativitätstheorie verbinden.

Die Verbindung dieser Theorien ähnelt der Suche nach dem
Täter in einem verwickelten Kriminalroman von Agatha Chri-
stie. Es gibt viele Verdächtige, auch die Verzerrung von Raum
und Zeit, die Materie, die Auswirkungen der Beobachtung und
die Quantenwellenfunktion, deren Bedeutung noch ungeklärt
ist. Hier stellt sich ein tiefes begriffliches Problem, das gleichzeitig einen Hinweis gibt. Beide Theorien verdächtigen nämlich
aufs neue ein und dasselbe – die parallelen Universen. Sie bieten
anscheinend genau das, was zur Lösung aller Begriffsprobleme
nötig ist – und bergen vielleicht noch weitere Überraschungen.

In Teil Drei betrachten wir die Hinweise der Relativitätstheorie auf die Existenz paralleler Universen. Unsere Reise führt uns
jedoch zu vielen neuen Begriffen und zu neuen Möglichkeiten
des Nachdenkens über das physikalische Universum. Dazu gehören Begriffe wie imaginäre Zeit, imaginärer Raum, Zeitkrümmung, Raumkrümmung, Null-Zeit, Teilchen, Tachyonen, Singularitäten und andere, die wir in diesem Teil des Buchs behandeln werden. Diese Begriffe sind nicht einfach. Daher habe ich
mich bemüht, jeden neuen Begriff durch ein kleines Gedanken-
spiel oder ein Beispiel zu veranschaulichen. Dabei habe ich
versucht, alle Mathematik so einfach wie möglich darzustellen,

oder sie für mathematisch interessiertere Leser in die Fußnoten aufzunehmen. Falls Sie Schwierigkeiten mit dem Verständnis haben, sollten Sie das scheinbar Unverständliche einfach überspringen. Zum Verständnis der Teile Vier, Fünf und Sechs ist nichts aus Teil Drei unbedingt notwendig. Falls Sie diese Ideen begreifen, ist es natürlich um so besser, denn sie sind alle fantasievoll und anregend. Ich möchte, wie gesagt, zeigen, daß die von der Quantenphysik vorhergesagten parallelen Universen genau dieselben sind, die die Allgemeine Relativitätstheorie vorhersagt.

In der Allgemeinen Relativitätstheorie werden Energie, Zeit, Raum und Materie in engem Zusammenhang gesehen. Die Energie eines Systems hängt zum Beispiel davon ab, wieviel Energie es in einem gegebenen Raumvolumen gibt. Aber da der Raum sich ausdehnt, bis er das ganze Universum umfaßt, lassen sich Innen und Außen anscheinend nicht länger trennen. Dies ist sehr störend, wenn man die ganze Raumzeit für geschlossen hält, wie es einige von der Allgemeinen Relativitätstheorie abgeleitete Theorien andeuten.

Wie läßt sich die Energie des Universums messen, wenn es für das Universum kein Außen gibt? Wie kann es überhaupt Beobachter des Universums geben, wenn Beobachter doch außen sein müssen, damit sie messen können? Eine mögliche Antwort besagt, es gebe keine vom Universum getrennten Beobachter. Dann kann das Universum also nur beobachtet werden, wenn man sich gleichzeitig selbst beobachtet.

Wenn wir diese Fragen erörtern wollen, die den Zusammenhang zwischen Quantenphysik und Relativitätstheorie herstellen, weil wir sehen möchten, inwieweit die Relativitätstheorie die Existenz paralleler Universen vorhersagt, müssen wir uns aus physikalischer Sicht mit dem beschäftigen, aus dem das Universum besteht. Das sind Raum, Zeit und Materie. Die Spezielle Relativitätstheorie vereinigt zwei von ihnen in der Raumzeit und bezieht dadurch den Beobachter auf eine zuvor ungeahnte Weise ein.

Aus der Relativitätstheorie lernen wir, daß Raum und Zeit vom Beobachter abhängen – sie sind keine allgemeinen, sondern relative Begriffe. Wegen dieser Abhängigkeit können zwei Ereignisse, die für einen Beobachter räumlich und zeitlich verschieden sind, für andere, relativ zum ersten bewegte Beobachter in einer anderen Beziehung stehen.

Solche Rätsel der Relativitätstheorie wie das Zwillingsparadoxon (bei dem ein Zwilling mit nahezu Lichtgeschwindigkeit zu einer fernen Galaxie in eintausend Lichtjahren Entfernung hin und zurück fliegt und dabei nur wenige Jahre älter wird, während der andere Zwilling zu Hause bleibt und Hunderte oder gar Millionen von Jahren altert, so daß der heimatverbundene Zwilling bei der Rückkehr des Reisenden längst begraben ist) sagen uns, daß das Verlangsamen bewegter Uhren und das Schrumpfen bewegter Maßstäbe anzeigen, wie wenig regelmäßig das Uhrwerk in unserem mutmaßlich einzigen Universum geht. Die Relativitätstheorie sagt noch mehr aus. Sie behauptet, es gebe keinen Raum ohne Zeit. In gewisser Weise sind Raum und Zeit verschiedene Aspekte ein und derselben Sache.

Wenn Einsteins Allgemeine Relativitätstheorie hinzukommt, wird die dritte Zutat, die Materie, mit dem Kuchen der Raumzeit vermengt. Nicht nur bilden Raum und Zeit als Raumzeit eine Einheit, sondern auch die Materie selbst gehört untrennbar dazu. Wie ein großer Gugelhupf schließt die Raumzeit Blasen ein, die ohne den sie umgebenden Teig bedeutungslos wären. Ohne Materie gibt es keine Raumzeit. Eins definiert das andere und umgekehrt.

Materie ist jedoch mehr als das. Sie verzerrt die Raumzeit – sie faltet, knickt und krümmt sie, so daß Zeit und Raum nüchternen Wissenschaftlern recht verrückt erscheinen. Es läßt sich nicht einmal entscheiden, ob es die Materie ist, die Raum und Zeit verzerrt, oder ob die Verzerrungen der Raumzeit die Materie erschaffen. Es ist die alte Frage, mit der schon die antiken Philosophen fragten, ob es zuerst das Huhn oder das Ei gab.

Wie schafft es die Materie, Raum und Zeit zu verzerren? Durch die Schwerkraft. Die Schwerkraft *ist* die Anwesenheit von Materie, *ist* die Verzerrung der Raumzeit. Nach Einstein ist das alles ein und dasselbe. Eine winzige Falte in der Zeit verursacht eine riesige Schwerkraft. Zum Beispiel verzerrt die Erde den Lauf einer Uhr zu Ihren Füßen im Vergleich zu einer anderem an Ihrem Kopf um einige Bruchteile einer Nanosekunde. Das genügt, um Sie auf dem Planeten zu halten. Je massiver ein Objekt, desto größer ist die Zeitverzerrung in seiner Umgebung. Wenn ein Stern sehr viel Masse hat, verzerrt er sowohl den Raum als auch die Zeit. Wenn solche starken Verzerrungen auftreten, werden, so besagt die Relativitätstheorie, Löcher in die Raumzeit gerissen, die möglicherweise zu parallelen Universen führen.

Die Allgemeine Relativitätstheorie sagt also bei maximaler Verzerrung des Raumes und der Zeit durch die Materie ein neues Ungeheuer in der Welt vorher – ein Schwarzes Loch, den verzerrtesten Bereich der Raumzeit, der irgendwann oder irgendwo auftreten kann. Und rotierende Schwarze Löcher bilden Brücken, die unser Universum mit parallelen Universen verbinden. Sogar ein nichtrotierendes Schwarzes Loch baut eine Brücke, die unsere Welt mit einer anderen parallelen Welt verbindet. Wenn wir in ein Schwarzes Loch schauen, erkennen wir, wie solch eine Brücke gebaut wird.

Warum sehen wir keine Schwarzen Löcher, wenn es sie doch im Universum gibt? Es wird sogar behauptet, dieses Universum sei selbst ein Schwarzes Loch![2] Vielleicht sind alle fundamentalen Teilchen wie Elektronen Schwarze Löcher. Wenn Elektronen Schwarze Löcher sind (und sie haben schließlich einen Spin), dann scheint es notwendig, ihre Verbindungen zu anderen Universen zu berücksichtigen, wenn ihr Verhalten in diesem Universum erklärt werden soll. Genau das müssen wir tun, wie aus der Quantenphysik folgt.

Eine Verbindung zwischen der Relativitätstheorie und der Quantentheorie ergibt sich dann, wenn es Materie gibt und jemand sie beobachtet. Ohne Materie gibt es nichts zu beobachten. Und ohne einen Beobachter gibt es kein Universum – denn wer würde sonst wissen, daß es ein Universum ist? Sowohl die Relativitätstheorie, die die Wirkungen der Materie beschreibt, als auch die Quantentheorie, die den Beobachter fordert, verweisen auf eine Verbindung zwischen den Theorien. Diese Verbindung aber sind parallele Universen.

11. Relativität und die Zeit als Raumdimension

Parallele Universen und eine neue Zeitvorstellung sind durch die Relativitätstheorie verbunden. Diese Verbindung könnte sogar ein Hinweis auf ihre Existenz sein und ein Grund dafür, daß sie so schwierig nachzuweisen sind. Unsere gegenwärtige Zeitwahrnehmung ist vielleicht nicht mehr als das Gleis, das uns in einem Universum hält. Sowie wir parallele Universen entdecken, wird sich unsere gegenwärtige beschränkte Zeit- und Raumwahrnehmung wandeln. Wenn wir wissen wollen, wie diese Veränderung aussehen wird, müssen wir betrachten, was die Relativitätstheorie über Raum, Zeit und Materie sagt.

Fangen wir mit der Zeit an. Welche Verbindung besteht zwischen der Zeit und parallelen Universen? Was ist Zeit? Und, falls wir das wissen, was ist Raum? In diesem Kapitel befassen wir uns mit den Begriffen von Zeit und Raum, wie sie die Relativitätstheorie beschreibt. Im nächsten Kapitel betrachten wir dann, wie sich die Zeit als imaginäre Raumdimension darstellen läßt, oder auch der Raum als imaginäre Zeitdimension. In beiden Fällen erweitert die neue Sicht der Zeit unsere Wahrnehmungsfähigkeit, so daß parallele Universen mehr als nur ein Gedanke sind.

Ur-Zeit

Physiker halten die Zeit fast fraglos für eine Grundgröße. Am einfachsten ist es, sie sich als Raumdimension vorzustellen. So können Physiker die Bewegung von Objekten in einer speziellen mathematischen Sprache beschreiben, die keine Übersetzung braucht. Diese universelle Beschreibung der Bewegung von Objekten geschieht mit Hilfe der *Bewegungsgleichungen*. Die Bewegungsgleichungen brauchen in diesem Zusammenhang nicht übersetzt zu werden, da sie für alle Beobachter, die sich relativ zueinander bewegen, dieselben sind. Das führt zum Hauptgedanken der Relativitätstheorie – zur Demokratie der Beschreibung. Die Gesetze der Bewegung sind für alle Beobachter gleich, wenn man sich die Zeit als Raumdimension vorstellt.

Die Zeit ist jedoch nicht wirklich eine Dimension in dem Sinn, wie man von den Ausmaßen eines Raums oder eines Möbelstücks spricht. Damit die Zeit in der Demokratie der Bewegungsgleichungen als Dimension benutzt werden kann, muß sie eine imaginäre Raumdimension sein.

Wie ich zum ersten Mal die Raumzeit sah

Ich erinnere mich daran, wie ich begann, Einsteins relativistische Beschreibung von Raum und Zeit zu verstehen. Leider geschah dies nicht in meinen ersten Studienjahren; damals war ich so verwirrt wie jeder andere. Das Verständnis kam etwas später, als ich an der Universität von Kalifornien in Los Angeles promovierte. Auch dann habe ich es erst wirklich begriffen, als ich Gelegenheit hatte, selbst Studenten zu unterrichten. Indem ich Studenten half, die mit ihren Übungsaufgaben Probleme hatten, merkte ich, wie einfach diese Theorie ist, wenn ich nur bereit war, meine Alltagsvorstellung von der Zeit aufzugeben. Neue Ideen müssen offenbar wie jede Kunstform eingeübt werden, bevor sie zu einem Teil des Denkens werden.

Die entscheidende Einsicht kam für mich über die Anschauung. Ich sah geradezu als geometrisches Bild, wie Raum und Zeit einen vierdimensionalen *Raum* bilden.

Es überrascht mich immer wieder, daß heutzutage so wenig neue Physik in Form von Bildern gelehrt wird. Zweifellos rührt ein großer Teil der Probleme mit der Quantenphysik und ihren Paradoxien von dem Mangel an Bildern her. Dennoch gibt es gute Gründe, warum sie nicht mit Bildern veranschaulicht wird. Selbst Einstein konnte sich von seiner Speziellen Relativitätstheorie zunächst kein Bild machen. Er mußte sich an einen seiner Lehrer wenden, als er sich seine eigene Theorie veranschaulichen wollte. Und dieser Lehrer erdachte die erste visuelle Begleitung zu Einsteins Weltraumsonate.

Die übliche Zeitdimension

Diese Sichtweise stammt unmittelbar aus der Schulgeometrie; wir verdanken sie Hermann Minkowski, einem von Einsteins Lehrern an der Eidgenössischen Technischen Hochschule (ETH)* in Zürich. Nur ein Jahr vor seinem Tod (Minkowski starb 1909 im Alter von vierundvierzig Jahren), hielt Minkowski den vermutlich ersten allgemeinverständlichen Vortrag über Einsteins Theorie, die er auf seine Weise veranschaulichte. Er hielt diesen Vortrag bei der Jahresversammlung der Gesellschaft Deutscher Naturforscher und Ärzte, die Wissenschaftlern Gelegenheit gab, ihren Fachbereich einem größeren Publikum vorzustellen. Minkowkis Vortrag hieß »Raum und Zeit«.

Wie sich die Zeit als vierte Dimension sehen läßt

Minkowskis einführende Bemerkungen von 1908 klingen auch heute noch zutreffend. Er sagte[3]:

> Meine Herren! Die Anschauungen von Raum und Zeit, die ich Ihnen entwickeln möchte, sind auf experimentell-physikalischem Boden erwachsen. Darin liegt ihre Stärke. Ihre Tendenz ist eine radikale. Von Stund an sollen Raum für sich und Zeit für sich völlig zu Schatten herabsinken, und nur eine Art Union der beiden soll Selbständigkeit bewahren.

Einstein selbst sagte[4], durch Minkowskis Beitrag nähmen

> die den Forderungen der (Speziellen) Relativitätstheorie genügenden Naturgesetze mathematische Formen an, in denen die Zeitkoordinate genau dieselbe Rolle spielt wie die drei räumlichen Koordinaten.

Dies läßt sich besser verstehen, wenn klar ist, was Einstein vor Minkowskis Beitrag schon erreicht hatte.

---

* An dieser Hochschule war Einstein bei der Aufnahmeprüfung durchgefallen. Trotzdem konnte er schließlich sein Physikstudium an der ETH abschließen.

Die Demokratisierung von Raum und Zeit

Einstein hatte gezeigt, daß die Gleichungen, die mechanische und optische Phänomene beschreiben, dann, wenn sie von einem Beobachter gesehen werden, der sich relativ zu ihnen bewegt, nicht dieselben Gleichungen sind, die ein ruhender Beobachter erhält. Zum Beispiel sind die Gleichungen, die die zwischen einem sich bewegenden elektrisch geladenen Teilchen und einem von einem elektrischen Strom durchflossenen Draht herrschende Kraft beschreiben, ganz andere, als wenn man sie aus der Sicht eines mit dem Teilchen mitbewegten Beobachters oder aus der Sicht eines ruhenden Beobachters gewinnt.

Für einen ruhenden Zuschauer ist die Kraft, die auf das bewegte Teilchen wirkt, vollständig auf das im Draht vom Strom erzeugte magnetische Feld zurückzuführen. Aber für einen Betrachter, der sich mit dem Teilchen bewegt, gibt es keine vom magnetischen Feld des Drahtes erzeugte Kraft. Die Kraft ist vollständig auf die elektrischen Ladungen im Draht zurückzuführen.

Doch die Kraft muß, unabhängig davon, wer sie beobachtet, dieselbe sein. Einsteins Relativitätstheorie veränderte die Gleichungen und zeigte, wie sich die Beschreibungen des ruhenden und des bewegten Beobachters vereinbaren lassen. Die neuen Gleichungen sind für beide Beobachter unter der Bedingung gleich, daß die Lichtgeschwindigkeit für alle Beobachter unabhängig von ihrer Relativbewegung gleich ist. Da es dabei um die Relativbewegung der Beobachter und ihre mathematischen Beschreibung ging, blieb der Name *Relativitätstheorie* haften.

Das entscheidende Problem, das Einstein mit seiner Relativitätstheorie löste, war die Vereinheitlichung des Wissens über elektrische und optische Erscheinungen mit dem über mechanische Phänomene, die aus der Sicht eines bewegten im Vergleich zu der eines ruhenden Beobachters gesehen werden. Nun wußte man, daß ein mit konstanter Geschwindigkeit bewegter Beobachter die Bewegungen der mechanischen Dinge in seiner Umgebung untersuchen kann.

Ein relativistisches Ballspiel

Nehmen wir zum Beispiel an, der Beobachter sei in einem
Zug, der mit einer Geschwindigkeit von fünf Kilometern pro
Stunde fährt, und er wolle mit seinem Freund am anderen
Ende des Wagens Ball spielen. Sie werfen den Ball mit einer
Geschwindigkeit von sieben Kilometern pro Stunde. Da der
Waggon gut isoliert ist, wird ihr Spiel durch keinerlei Wind-
stöße gestört. Mitreisende würden ihr Spiel (wobei der Ball
immer mit der gleichen Geschwindigkeit von sieben Kilome-
tern pro Stunde geworfen wird) für ein ganz gewöhnliches
Spiel halten.

Für jemanden außerhalb jedoch – etwa die auf einem Bahnsteig Wartenden –, die das Ballspiel im gut beleuchteten vorbei-
fahrenden Zug beobachten, sähe das anders aus. Beim Wurf
vom vorderen zum hinteren Teil des Zuges würde der Ball
scheinbar langsamer fliegen (zwei Kilometer pro Stunde). Zurück jedoch würde er scheinbar schneller fliegen (zwölf Kilometer pro Stunde).

Es läßt sich leicht einsehen, daß der Ball, der im Wagen mit
derselben Geschwindigkeit hin und her fliegt, sich bezüglich
eines Beobachters außerhalb des Wagens mit verschiedenen
Geschwindigkeiten bewegt. Man braucht dazu nur die Geschwindigkeit des Zuges zu berücksichtigen.

Wenn der Ball in die Richtung geworfen wird, in die der Zug
fährt, addieren sich die Geschwindigkeiten des Zuges und des
Balles. In der entgegengesetzten Richtung wird die Geschwindigkeit des Zuges von der des Balles subtrahiert. Vom Bahnsteig aus
gesehen, hängt so die Geschwindigkeit des Balles von der Richtung ab, in der er sich im fahrenden Zug bewegt. Im Zug jedoch
bewegt sich der Ball in beide Richtungen mit derselben Geschwindigkeit.

Wenn der Ball in ein Photon – ein Lichtteilchen – verzaubert
wird, macht das Photon andere Erfahrungen. Die Geschwindigkeit des Photons wird unabhängig von der Richtung und vom
Beobachter nach Einstein immer dieselbe Geschwindigkeit c
sein. Sowohl der Beobachter auf dem Bahnsteig als auch die
Mitreisenden im Zug sehen, wie sich das Photon immer mit

genau der gleichen Geschwindigkeit bewegt, ganz gleich, wie schnell der Zug fährt.

Das nun läßt sich überhaupt nicht leicht vorstellen. Zeichnungen von Fußbällen oder Billardkugeln befriedigen den Leser vermutlich wenig, vom Autor oder anderen Physikern ganz zu schweigen. Es ist einfach merkwürdig. Kein Wunder, daß ich als Student damit so viele Schwierigkeiten hatte. Das Ergebnis widerspricht in der Tat der Erwartung. Wenn man die beste Antwort sucht, kann man seiner Intuition nicht vertrauen. Das Problem läßt sich überhaupt nur lösen, wenn man auf alle physikalischen Bilder verzichtet, in denen Raum und Zeit getrennt sind. Man muß bewegte Dinge neu zeichnen. Aber die *Dinge*, die neu gezeichnet werden, sehen dann nicht mehr gleich aus. Sie werden zu vierdimensionalen Objekten, anstatt sich in drei Dimensionen durch die Zeit zu bewegen.

Wie sieht ein vierdimensionaler Körper aus?

Wie sieht ein vierdimensionales Objekt aus? Nun, Sie wissen, wie ein dreidimensionales Objekt aussieht. Stellen Sie sich einen Fußball vor. Er ist rund und aus Leder zusammengenäht. Dreidimensional gesehen ist das normal. In vier Dimensionen jedoch schaut der Fußball aus wie ein langer Schlauch. Die Länge des Schlauchs rührt von der vierten Dimension her. Der Schlauch beginnt zu dem Zeitpunkt, in dem der Fußball angefertigt wurde. Ein Bündel von Fäden kommt zusammen und bildet schließlich die Umrisse des Balles – der Anfang des Schlauchs. Die Bewegungen des Balls hinterlassen eine Spur – eine lange Spaghettinudel, die sich durch die Zeit zieht.

Zeit ist Raum ist Zeit ist ...

In dieser sehr einfachen Umwandlung haben Raum und Zeit ähnliche Kennzeichen. Das eine wird zum anderen und umgekehrt. Vielleicht widerspricht auch dies Ihrer Erwartung. Aber etwas Nachdenken zeigt Ihnen, daß Ihnen dies schon bei gewöhnlichen Geschwindigkeiten, wie sie etwa ein Zug erreicht, ganz vertraut ist. Auf die Frage nach der Entfernung zur Nachbarstadt antworten Sie vermutlich mit einer Zeitangabe, indem Sie zum Beispiel sagen, sie betrüge fünfzig Minuten mit dem Zug. In Wirklichkeit teilen Sie also die Entfernung zwischen den Städten durch die mittlere Geschwindigkeit des Zuges. Daher ist eine fünfzig Minuten entfernte Stadt unter der Annahme, daß der Zug in der Stunde hundertzwanzig Kilometer, also zwei Kilometer pro Minute, zurücklegt, vermutlich etwa hundert Kilometer entfernt.

Solche Umwandlung von Raum in Zeit und umgekehrt, die mit Hilfe der konstanten Lichtgeschwindigkeit berechnet wird, ist mittlerweile für alle, die mit der Relativitätstheorie vertraut sind, so üblich, daß man in ihren Gleichungen kaum noch das Symbol für die Lichtgeschwindigkeit entdeckt. Wenn Sie alle Bewegungen auf die Lichtgeschwindigkeit beziehen, also die Geschwindigkeit aller Objekte als Bruchteile der Lichtgeschwindigkeit angeben, gibt es keinen Grund mehr, das Symbol c zu schreiben. In dieser neuen Sicht der Dinge werden Raum und Zeit stark relativiert. Ein Milliardstel einer Sekunde ist zum Beispiel dasselbe wie dreißig Zentimeter. Dies liegt daran, daß Licht in einer Milliardstel Sekunde eine Entfernung von dreißig Zentimetern (0,299792 Meter, um fast exakt zu sein) zurücklegt. Wenn die Geschwindigkeit auf die Lichtgeschwindigkeit bezogen wird, sind daher dreißig Zentimeter und ein Milliardstel einer Sekunde dasselbe. Man verwendet also nicht Meter und Sekunden als Maßstäbe, sondern entweder Meter oder Sekunden; die andere Größe ist dann festgelegt.

So gesehen ist der Mond knapp zwei Sekunden entfernt. Nach einer Sekunde sind Sie etwa 300 000 Kilometer von dem Ort entfernt, an dem Sie jetzt sind. Die Entfernung, die Sie gerade zurückgelegt haben, wird natürlich als Zeit gemessen. Wenn Sie nur dasitzen und dies lesen, machen Sie im Raum eine recht lange Reise. Die Sonne ist etwa fünfhundert Sekunden entfernt, und der Planet Pluto ist etwa fünf oder sechs Stunden Licht-Luftlinie von uns entfernt.

Aus dieser Sicht von Raum und Zeit hat unser Sonnensystem einen angenehm mittelmäßigen Durchmesser von zehn oder zwölf Stunden. Unser nächster benachbarter Stern ist jedoch kaum nur um die Ecke. Er ist etwa vier Jahre von uns entfernt. (Das ist in jedem Fall eine lange Zeit, ganz gleich, wie sie gemessen wird.)

Obwohl ein Beobachter immer dieselben Entfernungen und Zeitspannen mißt, messen zwei Beobachter, die sich relativ zueinander bewegen, verschiedene Werte. Dadurch wurde das Photonen-Ball-Spiel im Zug zu einem Paradoxon. Dadurch auch wurden Raum und Zeit zur Raumzeit – zu einem stetigen Fluß, in dem sich nichts bewegt und nichts je stillsteht.

12. Wirkliche Zeit, Nullzeit, imaginäre Zeit und reeller Raum und imaginärer Raum

Nichts bewegt sich, nichts steht still. Dies ist das paradoxe Universum der Raumzeit. Alles ist eingefroren. Die Geschichte eines Menschenlebens liegt da wie ein riesiger in Plastik gegossener Tausendfüßler, der am einen Ende ein winziges Baby ist und am anderen Ende alt und schwach. Alle Aufs und Abs des Lebens sind eingefrorene Zuckungen im Wurm.

So gräßlich das klingen mag, diese Sichtweise machte die Physik der Raumzeit zu einem Zweig der Geometrie. Das schadet ja nichts, kennen wir sie doch vom alten Euklid her als gräßlich genug. Hier jedoch passierte etwas Neues und Aufregendes. Vielleicht war auch die ganze Physik – das, was im Universum ist – lediglich Geometrie.

Dann demokratisierte Einstein die Gleichungen der Physik, indem er sie in bezug auf die Raumzeit schrieb. Immer wenn Physiker, wie es Einstein gelang, einen Satz von Gleichungen finden, die trotz der von verschiedenen Standpunkten aus wahrgenommenen Unterschiede der Beobachtung dieselben physikalisch beobachtbaren Phänomene erzeugen, sprechen sie von einer *invarianten* Beziehung. In einer Invarianz sehen sie immer einen Hinweis auf einen tiefen, zuvor geheimen allgemeinen Zusammenhang.

Invarianz in der Geometrie

In der gewöhnlichen Geometrie gibt es viele invariante Beziehungen. Wenn Sie zum Beispiel einen Halbkreis zeichnen (einen Halbmond) und dann von einem beliebigen Punkt des Kreisbogens aus zwei Geraden zu den Enden des Durchmessers ziehen, haben Sie ein rechtwinkliges Dreieck gezeichnet. (Versuchen Sie es. Nehmen Sie einen Zirkel oder ein großes Geldstück und zeichnen Sie einen Halbkreis. Ziehen Sie einen Durchmesser – die Linie durch den Mittelpunkt des Kreises. Nun ziehen Sie von mehreren Punkten des Kreisbogens aus zwei gerade Linien zu den beiden Enden des Durchmessers. Was erhalten Sie?)

Alle Dreiecke, die sich so in den Halbkreis einschreiben lassen, daß ihre Scheitel auf dem Halbkreis liegen, haben als Hypothenuse den Durchmesser des Kreises. Die Hypothenuse ist also invariant. In der gewöhnlichen Geometrie führen Invarianzen immer zu neuen Einsichten*, etwa zu der, daß die rechten Winkel aller Dreiecke auf einem Kreis liegen.

Invarianz in der Raumzeit

Jetzt wenden wir uns der Geometrie der *Raumzeit* zu und verwenden dieses Dreieck ganz anders. In der Raumzeit erhält die Dreiecksinvarianz eine neue und sehr wichtige Bedeutung. Sie sagt uns zum Beispiel, warum Beobachter, die sich relativ zueinander bewegen, zwischen Ereignissen, die in ihrem Leben gleichzeitig sind, nicht dieselbe Zeitspanne wahrnehmen. Aber damit greife ich vor. Ich werde Ihnen gleich zeigen, wieso dies der Fall ist.

Minkowski hatte die erstaunliche Einsicht, daß die von Ein-

---

* Gewöhnlich lernt man im Geometrieunterricht den Satz des Pythagoras, der zwischen den Längen der Seiten eines rechtwinkligen Dreiecks eine prägnante und einfache Beziehung herstellt. Wenn wir nämlich über den Seiten des rechtwinkligen Dreiecks Quadrate zeichnen, deren Seiten also so lang sind wie die Dreiecksseite, ist die Summe der Flächen zweier dieser Quadrate gleich der Fläche des dritten. Dieses dritte Quadrat ist das über der Hypothenuse – der dem rechten Winkel gegenüberliegenden Seite. Die Formel lautet $a^2 + b^2 = c^2$. Hier sind die Seiten a und b zum rechten Winkel benachbart, und c ist die dem rechten Winkel gegenüberliegende Seite.

stein gefundene Invarianz Ähnlichkeit mit der Gesetzmäßigkeit des rechtwinkligen Dreiecks in der gewöhnlichen Geometrie hat. Wenn man nämlich, so stellte Minkowski fest, die Zeit als eine Raumdimension betrachtet, führen rechtwinklige Dreiecke, bei denen die eine Seite der Zeit entspricht und die anderen den Raumkoordinaten, zu einer Raumzeitinvarianz, die der Invarianz für rechtwinklige Dreiecke innerhalb eines Halbkreises entspricht. Dazu ist nur eine geringfügige Anpassung nötig: Die Zeit muß als *imaginäre* oder neue Dimension des Raumes gesehen werden.

Dies war die Minkowskische Sicht der Raumzeit. Wenn man einmal auf die Idee gekommen ist, daß der Raum eine weitere Dimension haben könnte, eine imaginäre Dimension, eröffnen sich viele neue Sichtweisen. Dann wird auch die Idee paralleler Universen viel leichter verständlich. Sie können an anderen Orten des imaginären Raums existieren. Wie würden uns diese parallelen Universen erscheinen? Als wir selbst und unser Universum im Lauf der Zeit.

Vielleicht kommt manchen Lesern dieses Spiel mit solchen imaginären Ideen wie der eines imaginären Raumes wie kindliche Fantasie vor. Ich bin sicher, daß wir alle Filme gesehen oder Gespräche geführt haben, in denen jemand sagte, der Raum habe noch andere Dimensionen oder sogar imaginäre Dimensionen. Solche Unterhaltungen verlaufen gewöhnlich sehr angeregt: »Ach wirklich? Das ist ja toll!«

Für Physiker aber, die über solche Sachen nachdenken, wird die Vorstellung leichter annehmbar, wenn man ihnen zeigt, welche Experimente sie zur Bestätigung durchführen können. Der imaginäre Raum ist ein nützlicher Begriff, da er zu einer neuen Sicht der Zeit führt – derselben Zeit, die wir als unser vergängliches Leben erfahren.

Außerdem ist, wie Einstein einmal bemerkte, »die Vorstellungskraft wichtiger als das Wissen«. Einstein führte in der Tat eine neue Denkweise in die Physik ein. Zuerst läßt man der Fantasie freien Lauf, und dann überlegt man sich, was an diesen Spekulationen beobachtbar ist. Oder man beobachtet zuerst die Natur und versucht dann, aus dem Experiment eine Theorie abzuleiten.

Lassen Sie uns im Moment nur mit der Idee »spielen«, daß der Raum sowohl die vertrauten reellen als auch neue imaginäre Dimensionen hat. Zunächst fragen wir danach, was eine imaginäre Raumdimension ist.[5]

Imaginärer Raum

Nehmen wir an, Sie gehen vom einen Ende des Zimmers, in dem Sie gerade sind, zum anderen. Sie versuchen, in einer geraden Linie von Osten nach Westen zu gehen. Gehen Sie nun in Gedanken senkrecht dazu von Süden nach Norden. Sie können sich sicher vorstellen, daß Sie gerade zwei Seiten eines rechtwinkligen Dreiecks abgegangen sind, und Sie könnten zurück zum Ausgangspunkt kommen, indem Sie von Ihrem jetzigen Standpunkt aus quer durch den Raum zurück zum Ausgangspunkt gehen. In diesem Fall sind beide Seiten des Dreiecks, das Sie abgeschritten sind, wirklich – sie existieren im Raum.

Stellen Sie sich jetzt ein etwas merkwürdiges Zimmer vor, in dem Entfernungen, die Sie nach Osten oder Westen gehen, gewöhnliche räumliche Entfernungen sind, Entfernungen aber, die in Nord-Süd-Richtung führen, sollen der Zeit und nicht der Entfernung entsprechen. Wenn Sie also nach Norden gehen, bewegen Sie sich vorwärts in der Zeit, aber nicht im Raum, und wenn Sie nach Süden gehen, bewegen Sie sich rückwärts in der Zeit, aber wieder nicht im Raum.

Sicherlich merken Sie, daß Sie sich, so schnell Sie auch gehen, nicht nur im Raum, sondern auch durch die Zeit bewegen. Aber stellen Sie sich vor, daß Sie die Zeit genauso unter Kontrolle haben wie den Raum. Ihr Zimmer wäre eine Art Zeitmaschine. Immer wenn Sie nach Norden gehen, geht die Zeit weiter. Immer wenn Sie nach Süden gehen, geht die Zeit rückwärts. Wann immer Sie nach Osten oder Westen gehen, bewegen Sie sich im Raum, aber nicht in der Zeit. Nur wenn Sie Entfernungen diagonal etwa nach Nordosten oder Südwesten abschreiten, bewegen Sie sich sowohl im Raum als auch in der Zeit. Wenn Sie sich nun vorstellen, Sie schritten die Seiten eines Dreiecks ab, so daß die Entfernung, die Sie nach Osten und Westen gehen, eine der Dreiecksseiten ist, und die Zeit, die Sie brauchen, um nach Norden und Süden zu gehen, eine andere Seite des Dreiecks darstellt, haben Sie eine Vorstellung davon, was ein Dreieck in der Raumzeit ist.

Was ist nun der Unterschied zwischen einem Raumdreieck und einem Raumzeitdreieck? In einem Raumdreieck sind beide Schenkel im realen Raum, sind also reell, während im Raumzeitdreieck eine der Seiten im imaginären Raum ist. Wie Sie sich sicher denken können, ist die Zeit die imaginäre Raumdimension.

So merkwürdig es erscheinen mag, die Geometrie – die mathematischen Beziehungen zwischen den Schenkeln – eines Raumzeitdreiecks ist dieselbe wie die eines Raumdreiecks. Der einzige Unterschied ist, daß bei diesem Dreieck eine Seite im vorgestellten, imaginären Raum liegt und die andere im wirklichen, realen. Der imaginäre Raum ist das, was mit der inzwischen berühmten Idee gemeint ist, die Zeit sei die vierte Dimension. So kann man also in der Raumzeit ein rechtwinkliges Dreieck zeichnen und etwas ganz Außergewöhnliches erhalten.

Das wirklich Merkwürdige ist bei all diesem das so erhaltene Bild. Wenn die Zeit zu einer Raumdimension gemacht wird, friert alles ein. Dann gibt es keine vergangenen Augenblicke. Sie sind nur Linien und Punkte in einem Raumzeitdiagramm. Von hier zur Ewigkeit ist es nur eine Linie.

Eine Veränderung der Zeit

An dieser Stelle in der ganzen imaginären und reellen räumlichen Passivität zeigt die Relativitätstheorie, wie sich die Zeit ändert. Genau wie die Entfernung, die ein Stadtbewohner auf dem Weg von einer Straße zur anderen zurücklegt, davon abhängt, wie er die Straßen überquert, hängt auch die Zeit, die ein Raumzeitreisender verbringt, von seiner Bahn ab. Zwei Raumzeitreisende könnten von einem Platz zum anderen gelangen und aus der Sicht eines dritten Beobachters zugleich ankommen. Und doch könnten sie je nach ihrer Geschwindigkeit verschieden lange brauchen.

So fantastisch dies auch klingen mag, so haben doch viele Experimente mit atomaren und subatomaren Objekten diese seltsamen Ergebnisse bestätigt. Die Zeit ist also relativ: Sie hängt von den Relativgeschwindigkeiten der Zeitbeobachter ab. Sie hängt davon ab, wie das Raumzeitdreieck gebildet wird.

Solange die imaginäre oder Zeitseite eines Raumzeitdreiecks länger ist als sein reeller Schenkel, ist auch die Hypothenuse imaginär oder zeitartig.* Was aber geschieht, wenn die imaginäre Seite dieselbe Länge hat wie die raumartige Seite oder kürzer ist als sie? Was würde das bedeuten? Um das zu verstehen, stellen wir uns vor, wir machten einen Spaziergang.

In der Raumzeit längs der fünften Avenue

Nehmen wir an, New York sei eine Stadt in der Raumzeit, nicht nur im Raum. Eine Fahrt entlang der fünften Avenue (wo der Verkehr meistens schneller fließt) entspricht der Bewegung im

---

* Hier mag für Leser mit einem Hang zur Mathematik eine kurze Erklärung nützlich sein. Erinnern Sie sich, daß alles, was sich bewegt, auf die Lichtgeschwindigkeit bezogen wird. Wenn man also fragt, wie lang die Zeitseite eines Raumzeitdreiecks ist, hängt die Antwort natürlich von der verbrachten Zeit ab. Diese Zeit ist in Sekunden, Minuten, Jahren, Millisekunden, Mikrosekunden, Nanosekunden usw. meßbar. Wenn wir zum Beispiel Sekunden als Maßstab wählen, ist die Zeitseite um so länger, je länger die verbrachte in Sekunden gemessene Zeit ist.

Aber wir messen Entfernungen nicht länger in Metern oder Kilometern, sondern beziehen sie auf die Lichtgeschwindigkeit. Wenn also die Zeitseite in Sekunden gemessen wird, wird für die Raumseite angegeben, welche Entfernung das Licht in einer Sekunde zurücklegt. Sie wird Lichtsekunde genannt. Wenn die Zeit in Jahren angegeben wird, entspricht dem die in Lichtjahren angegebene Entfernung.

Daher läßt sich an einem Raumzeitdreieck mit einer Zeitseite, die länger ist als die Raumseiten, ablesen, daß das Objekt mehr Sekunden als Lichtsekunden zurücklegt. Der Körper kam also in der Zeit weiter als im Raum, was bedeutet, daß es sich langsamer bewegt als das Licht.

imaginären Raum (Zeit), aber nicht der Bewegung im reellen Raum. Wenn wir die Stadt längs der zweiundfünfzigsten Straße von Westen nach Osten durchqueren, entspricht das der Bewegung im reellen Raum, aber ohne wirkliche Bewegung im imaginären Raum (Zeit). Wenn wir quer über die Straße geben, bewegen wir uns gleichzeitig in beiden Räumen.

Nun ist es vielleicht zu verwirrend, sich die Bewegung im Raum und die Bewegung in der Zeit getrennt vorzustellen. Aus dem wirklichen Leben wissen wir, daß jede Bewegung im Raum Zeit braucht. Die meisten von uns können sich sowieso kaum eine Bewegung im Raum vorstellen, ganz gleich, ob er nun reell oder imaginär ist. Aber kann man sich in der Zeit bewegen, ohne sich im Raum zu bewegen? Eine Bewegung allein in der Zeit ist sogar einfacher zu erleben als vorzustellen. Sie tun es gerade jetzt. Die Bewegung in der Zeit ist das, was wir als Stillsitzen bezeichnen. Wenn wir sitzen, sagen wir, die Zeit vergehe. Aus dieser Sicht bewegen wir uns mit Lichtgeschwindigkeit durch eine als Zeit bezeichnete imaginäre Raumdimension.

Ein gewöhnliches Teilchen

Das ist eine starke Aussage; lassen Sie uns einige Beispiele betrachten, damit wir sie besser verstehen. Nehmen wir zunächst an, ein Bewohner der Raumzeit New York lege eine Entfernung von drei Häuserblöcken quer durch die Stadt von Westen nach Osten und von fünf Mikrosekunden von Süden nach Norden zurück. Eine Mikrosekunde ist ein Millionstel einer Sekunde. Nehmen wir an, ein Häuserblock sei etwa dreihundert Meter lang. (In Manhattan sind sie nicht wirklich so lang. Sie scheinen es nur im Berufsverkehr und bei Regen zu sein.) Da dies Raumzeit-Manhattan ist, entspricht wie in Ihrem imaginären Zimmer die Bewegung in Nord-Süd-Richtung einer Bewegung in der Zeit und nicht im Raum, wohingegen die in West-Ost-Richtung nur in der Zeit und nicht im Raum erfolgt. Da Licht sich mit der Geschwindigkeit von einem Häuserblock pro Mikrosekunde bewegt, hat unser Bewohner gerade eine

Entfernung von drei Blocks oder drei Licht-Mikrosekunden in West-Ost-Richtung zurückgelegt.

Da er außerdem fünf Mikrosekunden nach Norden gegangen ist, hat er gerade zwei Seiten eines Raumzeitdreiecks angeschritten. Wir sagen dann für ihn eine Geschwindigkeit von drei Fünfteln der Lichtgeschwindigkeit voraus – das Verhältnis der Längen der Seiten des Raumzeitdreiecks.

Nehmen wir an, er sei am Ausgangspunkt geboren worden und am Endpunkt gestorben – ein zugegebenermaßen sehr kurzes Leben. Das Überraschende ist, daß die Hypothenuse des Dreiecks sich als Zeit herausstellt – als imaginärer Raum. Sie erweist sich als eben die Zeit, die er mit ihrer Beobachtung verbrachte. Seine Lebensdauer ist aus seiner Sicht die Länge der Hypothenuse des Dreiecks. Folglich würde er nur für vier Mikrosekunden leben, obwohl seine Lebensdauer aus der Sicht der Bewohner, die sich im Raumzeit- Manhattan nicht von Osten nach Westen bewegen, fünf Mikrosekunden betrug.

So viel zu einer Person, die länger im imaginären Raum lebt als im reellen oder, anders gesagt, sich mehr in der Zeit als im Raum bewegt. Solch eine Person wird sich immer langsamer als mit Lichtgeschwindigkeit bewegen und ihr Leben im längeren imaginären Raum (wirkliche Zeit) und im kürzeren reellen Raum zubringen. Physiker bezeichnen Teilchen, die sich so verhalten, als *Bradyonen*. (Das Wort ist vom griechischen *bradys*, langsam abgeleitet.) Ein Bradyon ist ein Teilchen, das sich langsam bewegt.

Ein Gespenst der Nullzeit

Jetzt betrachten wir eine Person, die drei Licht-Mikrosekunden (also drei Häuserblocks) weit von Osten nach Westen und drei Licht-Mikrosekunden weit nach Norden geht. Nehmen wir an, sie sei zu Beginn ihrer Wanderung geboren worden und am Ziel gestorben. Was können wir über diesen flüchtigen Mitmenschen sagen, wenn wir bedenken, daß drei Mikrosekunden eine Entfernung im imaginären Raum sind? Ein Beobachter sah ihn drei Mikrosekunden lang leben und eine Entfernung von drei Licht-Mikrosekunden zurücklegen. Nach seiner eigenen Beobachtung hat er jedoch überhaupt nicht gelebt! Es gab ihn nur für die Zeit Null* (die Hypothenuse des Raumzeitdreiecks).

Das Ergebnis schockiert. Gab es ihn oder nicht? Könnte es je ein Teilchen geben, daß sich so verhält? Nach der Relativitätstheorie ist er übrigens auch nirgendwo hingegangen, denn nach seiner eigenen Rechnung ist ja keine Zeit verstrichen. Vermutlich überrascht es Sie, aber Nullzeit-Teilchen gibt es wirklich. Wir erleben sie sogar täglich. Nicht nur in physikalischen Laboratorien, obwohl es auch dort sicherlich viele gibt, sondern in unserem alltäglichem Leben. Sie sind sogar so häufig, daß wir sie vollständig ignorieren und nur beachten, wenn sie sich nicht einstellen, und dann machen wir uns Sorgen. Sie sind die Lichtteilchen, das Licht, das wir mit unseren Augen sehen; die Physiker nennen sie Photonen.

Als ich zuerst bemerkte, daß Photonen in unserer Welt (und soweit sich sagen läßt, auch in jeder anderen Welt) keine Zeit verbringen, war ich schockiert, erstaunt und überaus verwundert. Die biblischen Wunder finden hier in der modernen Physik im großen Maßstab ihre Fortsetzung. Nicht nur wurde, wie wir in Teil Vier sehen werden, das Universum aus dem Nichts erschaffen, und nicht nur wurde zum Beginn der Zeit aus Licht Materie geschaffen, sondern das Licht verbringt, wie ein Schöpfer, der sich für das Geschaffene gar nicht interessiert, keine Zeit in dem Universum, daß es geschaffen hat.

Wir sehen Licht. Wir berechnen, wie lange ein Photon braucht, um von einem Platz zum anderen zu gelangen. Es legt in jeder Sekunde eine Lichtsekunde zurück, in jeder Stunde eine Lichtstunde, und in jedem Jahr ein Lichtjahr. Es bewegt sich immer mit Lichtgeschwindigkeit, und gerade das macht es so reizvoll. Es kann nirgendwo hin, und es kann nach seiner eigenen Logik nicht einmal einen Augenblick lang an einem Ort existieren.

Für das Licht sind Geburt und Tod eins. Diese Eigenschaft der

* Hier müssen Sie den Satz von Pythagoras $a^2 + b^2 = c^2$ anwenden. Die imaginäre Seite des Dreiecks hat die Länge $a = 3i$ und die reelle die Länge $b = 3$. Mit der Dreiecksbeziehung folgt $3i \times 3i + 3 \times 3 = -9 + 9 = 0$. Daher hat die Hypothenuse die Länge $c = 0$.

Nullzeit-Teilchen führt dazu, daß Photonen auf der Grenze zwischen fest, körperlich und ätherisch möglich sind. Photonen sind alles zugleich.

Ein Teilchen, das gleich viel Zeit im Raum und im imaginären Raum verbringt, muß sich darum immer mit Lichtgeschwindigkeit bewegen. Dies sind Nullzeit-Teilchen. Nullzeit nun bedeutet Null imaginärer Raum. Und da Null Null ist, auch Null reeller Raum.

Superman in imaginärer Zeit

Nehmen wir weiter an, eine Person gehe drei Mikrosekunden lang nach Norden und todesmutig fünf Häuserblocks oder fünf Licht-Mikrosekunden nach Osten. Wir zeichnen dann ein Raumzeitdreieck, dessen reelle Seite länger ist als seine imaginäre Seite. Welchem Wesen würde dieses Dreieck entsprechen? Die zugehörige Hypothenuse ist keine Nullzeit-Hypothenuse. Diese Hypothenuse entspricht auch nicht einer Zeit, also einem imaginären Rauminterval. Diese Hypothenuse ist ein reelles Rauminterval – einer reellen Länge von vier Straßenblöcken oder vier Licht-Mikrosekunden.* Imaginärer Raum bedeutet Bewegung in der Zeit ohne Bewegung im reellen Raum – also einfach Stillstand, während wirkliche Zeit vergeht. Was könnte dann eine reelle Raum-Hypothenuse bedeuten? Die Antwort ist: Bewegung im wirklichen Raum ohne jede Bewegung in der wirklichen Zeit. Wir bezeichnen solch eine Bewegung als *imaginäre Zeit*. Obwohl ein stationärer Beobachter sieht, wie sich dieses Wesen sowohl im Raum als auch in der Zeit, also im reellen Raum und in imaginärer Zeit, bewegt, bewegt es sich nach seiner eigenen »Armbanduhr« nur in imaginärer Zeit. Die imaginäre Zeit ist dasselbe wie der reelle Raum. Sie wird von dem Wesen selbst als Bewegung allein im Raum gesehen. Wenn wir ihre Geschwindigkeit bestimmen, ergibt sich $^5/_3$, also zwei

---

* Verwenden Sie wieder die Dreiecksbeziehung $a^2 + b^2 = c^2$. Hier ist $a = 3i$, $b = 5$, also erhalten wir $3i \times 3i + 5 \times 5 = -9 + 25 = 16 = 4 \times 4$. Daher ist die Hypothenuse $c = 4$.

Drittel mehr als Lichtgeschwindigkeit. Sie bewegt sich schneller als Licht! Schauen Sie nur hoch, es ist – na, Sie wissen schon.

Einstein zeigte nun, daß es keine Teilchen geben kann, die schneller werden als das Licht, weil ein Teilchen nicht aus der Ruhe auf Lichtgeschwindigkeit beschleunigt werden kann. Das stimmt. Es würde unendlich viel Energie erfordern. Aber ein Teilchen, das schon schneller *ist* als das Licht, wird von der Relativitätstheorie nicht ausgeschlossen. Es ist nur noch eine weitere Merkwürdigkeit. Physiker nennen diese Teilchen *Tachyonen*. (Das Wort *tachys* bedeutet schnell. Wir kennen es aus aus Worten wie Tachykardie, dem Herzjagen, oder Tachometer, Geschwindigkeitsmesser). In diesem Fall bezeichnet Tachyon ein Teilchen, das schneller ist als ein Photon, also mehr als Lichtgeschwindigkeit hat.

Tachyonen sind also Teilchen, die sich aus ihrer eigenen Sicht in imaginärer Zeit bewegen, genau wie Photonen Teilchen sind, die sich in Null-Zeit bewegen, und Bradyonen sind Teilchen, die sich in reeller Zeit bewegen. Teilchen in imaginärer Zeit erleben die Zeit nicht auf die gleiche Weise wie wir. Wir erfahren ja reelle Zeit, die in der Relativitätstheorie dasselbe ist wie imaginärer Raum.

Da imaginärer Raum reelle Zeit ist, muß imaginäre Zeit irgendwie als reeller Raum erfahren werden. Daher könnte sich ein Tachyon in imaginärer Zeit genauso bewegen wie Bradyonen im reellen Raum.

Es ist kein Kunststück, ein Bradyon im reellen Raum (imaginärer Zeit) zu bewegen. Stehen Sie nur auf und holen Sie eine Tasse Kaffee. Sitzen Sie wieder bequem? Jetzt haben Sie gerade ein Bradyon (Ihren Körper) im imaginären Raum (reeller Zeit) und im reellen Raum (imaginärer Zeit) bewegt. Haben Sie gemerkt, wie einfach es war, in der imaginären Zeit rückwärts und vorwärts zu gehen (vom Stuhl zur Küche und zurück). In reeller Zeit ist dies nicht so einfach, fürchte ich.

Tachyonen nehmen keine reelle Zeit wahr. Sie sind daher in der Lage, in ihrer imaginären Zeitdimension so mühelos rückwärts und vorwärts zu gehen, wie Sie zu Ihrem Sessel hin und zurück gehen. Aber wir würden Tachyonen in reeller Zeit wahrnehmen.

13. Einsteins parallele Universen

Die tiefe Einsicht, die Minkowski in Einsteins Relativitätstheorie gewann, gestattete eine neue und möglicherweise geheimnisvolle Einsicht in das Wirken der Natur. Die Eigenschaften physikalischer Stoffe lassen sich, so scheint es aufgrund geometrischer Überlegungen, ableiten – falls man bereit ist, imaginäre Zahlen zu berücksichtigen. Sie kommen in der Physik nicht nur hier vor, sondern auch in einer quantenphysikalischen Theorie der Materie.

Dadurch werden alle Raum- und Zeitmessungen bewegter und ruhender Dinge mit geometrischen Messungen gleichgestellt, für die man lediglich irgendein Metermaß benötigt. Metermaß ist natürlich bildlich gemeint, denn man muß ja Dreiecksseiten in der Raumzeit messen.

Minkowskis Einsichten in die Geometrie der Raumzeit jedoch beruhten auf den Ideen von Pythagoras und Euklid, die sich hauptsächlich mit Räumen befaßten, die so flach waren, wie sie sich damals die Erde vorstellten.

Falls Pythagoras recht hatte, ist die Raumzeit flach

Die von Euklid und Pythagoras entwickelte Geometrie ist deswegen nützlich, weil sie immer anwendbar ist, wenn die Fläche, auf die ihre Figuren gezeichnet werden, so flach ist wie ein Pfannkuchen und nicht gekrümmt wie ein Fußball oder ein Sattel. Euklids Strahlensätze und der Lehrsatz des Pythagoras gelten also, solange man die Erde als flach ansehen kann; sie gelten jedoch nicht für so große Entfernungen, bei denen die Raumkrümmung wichtig wird. In einem flachen Raum gelten also die Regeln der alten Geometrie, in einem gekrümmten nicht.

Landvermesser arbeiten tagtäglich mit rechten Winkeln und dem alten Satz des Pythagoras. Nehmen wir an, sie wollten messen, wie breit ein See ist. Sie messen dann zum Beispiel längs eines Ufers eine Strecke und senkrecht dazu längs des anderen Ufers eine andere, so daß ein Dreieck entsteht, dessen Hypothenuse quer über den Teich die Punkte verbindet, deren Entfernung sie nicht direkt messen können. Aus den beiden Dreiecksseiten läßt sich dann mit Hilfe des Satzes von Pythagoras die Breite des Sees berechnen. Der See ist so klein, daß die Erdkrümmung die Messungen nicht verzerrt. Wenn die Vermesser jedoch die Breite des Ozeans bestimmen wollten, erhielten sie auf diese Weise ein falsches Ergebnis, weil in dem Fall die Erdkrümmung von derselben Größenordnung ist wie die Entfernung, die sie messen wollen.

Falls Sie also wissen möchten, ob ein Raum flach ist, brauchen Sie darin nur ein rechtwinkliges Dreieck zu zeichnen und nachzumessen, ob der Satz von Pythagoras zutrifft. Wenn er es tut, ist der Raum flach, wenn nicht, ist er gekrümmt. Wenn der Raum gekrümmt ist, stimmt die Formel nicht.

Und wie ist es mit einem Dreieck in der Raumzeit, wenn die Raumzeit gekrümmt ist? Dort gelten alte Formeln nicht, weil die Materie dort Raum und Zeit verzerrt. Wenn sie stark genug verzerrt sind, tauchen in der Raumzeit Löcher auf. Und durch diese Löcher gelangen wir in parallele Welten. Schauen wir uns jetzt an, wie Einstein zu diesem Schluß kam.

Wir veranschaulichen uns einen gekrümmten Raum

Zunächst überlegen wir, was wir meinen, wenn wir einen Raum gekrümmt nennen. Ein gekrümmter Raum mag zuerst merkwürdig erscheinen, aber auch er beruht auf ganz gewöhnlichen Erfahrungen mit der Welt, auf der wir leben. Ich sage *auf*, weil der Planet, auf dem wir leben, ein wichtiges Beispiel für einen gekrümmten Raum ist. Er ist einer Kugel so ähnlich wie praktisch möglich. Und auf Kugeln gilt der Satz des Pythagoras nicht.

Es ist hilfreich, sich die Unterschiede zwischen einem Dreieck auf einer Kugel und einem auf einer anderen Fläche deutlich klarzumachen. Dann läßt sich besser verstehen, was in einer gekrümmten Raumzeit passiert.

Stellen wir uns also zunächst vor, wir reisten vom Nordpol des Planeten zum Äquator nach Süden, dann einige Kilometer den Äquator entlang und dann wieder zum Nordpol zurück. Schon

kurzes Nachdenken zeigt, daß das von uns beschriebene Dreieck nicht ganz mit einem Dreieck im flachen Raum überein-
stimmt. Ganz offensichtlich hat ja dieses Dreieck zwei rechte
Winkel, während ein rechtwinkliges Dreieck im flachen Raum
nur einen hat. Außerdem sind die beiden zum Äquator senkrechten Seiten zunächst parallel, während sie sich im Nordpol
schneiden. (Sie erinnern sich vielleicht: Im flachen Raum
schneiden sich zwei parallele Geraden nie.)

Da das Dreieck also auf einer gekrümmten und nicht auf
einer ebenen Fläche liegt, lassen sich die Formeln für ebene
Dreiecke nicht anwenden. Aber Mathematiker befassen sich
sowieso meistens mit den Abständen zweier Punkte. Sie wollen wissen, wie weit es von einem Punkt der Kugel zum anderen ist. Da es auf einer Kugel viele Wege gibt, um von einem
Punkt zum anderen zu kommen, möchten sie auch wissen,
welches die kürzeste Verbindung zweier Punkte ist. Sie wollen
wissen, welche Beziehungen zwischen den »Seiten« eines Dreiecks auf der Kugel und seiner Hypothenuse gelten. Segler und
Piloten bestimmen die von ihnen zurückgelegten Entfernungen
mit Instrumenten, die es ihnen erlauben, Kartenfehler zu
korrigieren. Oft verwenden sie Navigationshilfen, etwa das
Loranverfahren, oder sie erhalten ihre »Ortung« mit Hilfe eines Satelliten.

Nun lassen sich direkt auf die Kugeloberfläche zwei zueinander senkrechte Linien zeichnen, die Ihnen wohlvertraut
sind, nämlich die Längen- und Breitengrade. Die Breitengrade
stehen auf den Längengraden senkrecht und umgekehrt.
Merkwürdigerweise schließen sie sich, wenn man sie verlän-
gert, zu einem Kreis. Die Längengrade laufen alle durch die
Pole. Jeder Längenkreis beschreibt also einen Großkreis. Alle
Großkreise haben genau gleichen Umfang, und sie haben alle
die Kugelmitte als Mittelpunkt. Die Breitenkreise umlaufen die
Erde alle in Ost-West-Richtung (oder, wenn Ihnen das lieber
ist, in West-Ost-Richtung). Ihr Umfang ist nicht gleich, und
ihre Mittelpunkte stimmen nicht überein, sondern liegen auf
der Erdachse, die vom Nordpol zum Südpol läuft.

(Im Gegensatz zur Ebene, in der die Geraden unendlich lang
sind, laufen die Geraden in gekrümmten Räumen oft in sich

selbst zurück. Wir werden bald sehen, wie gekrümmte Linien sich in der Raumzeit als Schwerkraft bemerkbar machen.)

Die Tatsache, daß die Breitenkreise nicht alle den gleichen Umfang haben, wirkt sich auf die Geometrie und auf die Beziehungen untereinander aus. Statt einer einfachen Beziehung zwischen der Diagonalen und den zueinander senkrechten Seiten eines Dreiecks* ändern sich die Größenverhältnisse auf den Breitenkreisen wegen ihrer unterschiedlichen Länge immer wieder.

Nehmen wir zum Beispiel an, Sie reisten bei 45 Grad nördlicher Breite von Westen nach Osten und wollten wissen, wie weit Sie gekommen sind. (Diese Reise würde Sie über die Nordhalbkugel führen. Wenn Sie in Portland, Oregon, abreisen, kommen Sie durch St. Paul, Minnesota, und Halifax, Nova Scotia, reisen weiter über den Nord-Atlantik, durch Bordeaux, Frankreich, Venedig, Italien, Bukarest, Rumänien, über den Aralsee nach Rußland, über die Wüste Gobi in der Mongolei, durch die nördliche Spitze Japans unterhalb der Aleuten und wieder zurück nach Portland.) Die gesamte zurückgelegte Entfernung wäre proportional zu den 360 Grad eines Kreises. Sie ist ja auch gleich dem Umfang des Kreises, auf dem Sie reisten.

Diese Reise ist kürzer als eine Reise längs des Äquators. Der Unterschied in den Entfernungen entspricht dem oben erwähnten Skalenfaktor und hängt von der jeweiligen Breite ab. Eine Reise von 360 Grad bei 45 Grad Breite ist etwa 70 Prozent so lang wie eine Umrundung des Äquators.

Nehmen wir nun an, Sie wollten so schnell wie möglich und auf dem kürzesten Wege von Portland in Oregon nach Bordeaux in Frankreich reisen. Ist die Reise, die Sie bei konstanter Breite von 45 Grad durch St. Paul und Halifax führte, auch die kürzeste? Die Antwort ist Nein. Die kürzeste Reise weicht, wie sich zeigen läßt, von einer Reise mit konstanter Breite ab. Die kürzeste Reise ist ein Anschnitt eines Großkreises, also eines Kreises, dessen Mittelpunkt im Mittelpunkt der Erde liegt.

Tatsächlich führt der kürzeste Weg nach Norden mitten durch die Hudson-Bucht, die bei einer Breite von 60 Grad durchquert

---

* Wie sie die Formel $a^2 + b^2 = c^2$ für ebene rechtwinklige Dreiecke angibt.

wird, über die Stadt Povungnituk, durch die Ungara-Bucht, etwas weiter nördlich über Tingmiarmuit in Grönland und dann leicht südlich über Cork in Irland nach Bordeaux. Die Entfernung beträgt dann insgesamt etwa 75 Grad eines Großkreises (etwa 8 388 Kilometer). Der Weg, bei dem die Breite konstant ist, entspricht etwa 90 Grad des Bogens eines Großkreises (10 066 Kilometer). Falls Sie einen Globus haben, können Sie das leicht bestätigen. Nehmen Sie einen Faden und spannen Sie ihn um den Globus, wobei Sie ein Ende in Portland festmachen. Versuchen Sie nun die kürzeste Fadenlänge zu finden, die von Portland nach Bordeaux reicht, wobei der Faden auf dem Globus bleibt. Diese Länge ist ein Abschnitt eines Großkreises, und Sie werden feststellen, daß der Faden recht genau dem von mir angegebenen Weg folgt.

Wenn Sie die kürzeste Entfernung zwischen zwei Punkten im Raum mit der kürzesten Entfernung in der Ebene vergleichen, merken Sie, wie stark der Raum gekrümmt ist. Die kürzeste Entfernung zwischen zwei Punkten heißt *Geodätische*.

Im flachen Raum sind die Geodätischen Geraden. Sie haben schon oft gehört, daß die kürzeste Entfernung zwischen zwei Punkten eine Gerade ist. Das trifft zu, wenn Sie von Geraden in der Ebene reden. In der Ebene sind die Geraden Geodätische – die kürzesten Verbindungen zwischen zwei Punkten auf der Oberfläche. Auf einer Kugel sind die Geodätischen Abschnitte der oben beschriebenen Großkreise. In anderen Räumen sind sie nicht immer so leicht zu veranschaulichen. Wenn die Krümmung der Raumzeit berücksichtigt wird, lassen sich die Geodätischen nur schwer veranschaulichen, aber leicht erfahren. Diese Erfahrung ist der sogenannte »freie Fall«, und für Astronauten, die hoch über unseren Köpfen die Erde umkreisen, sind die Geodätischen der Raumzeit ein alltäglicher Teil ihres Lebens.

Wenn ein Astronaut den Globus in mehreren Hundert Kilometern Höhe umkreist, spürt er keine Schwerkraft, weil er im Zustand des sogenannten »freien Falls« ist. Sein Weg durch die Raumzeit erscheint als eine Spirale, bei der die Zeit der Achse der Spirale entspricht und der Radius der Spirale der Entfernung zwischen dem Astronauten und der Erde. Die kürzeste

Entfernung zwischen zwei Punkten dieser Umlaufbahn ist die Spur, die dieser Spirale folgt. Wenn der Astronaut der Erde näherkommt, verengt sich die Spirale. Wenn er sich von der Erde entfernt, weitet sie sich. Die Raumzeit ist also gekrümmt, und die Krümmung ändert sich.

Einsteins Kurven

Ich bezweifle ernsthaft, daß Einstein je auf den Gedanken gekommen wäre, die Schwerkraft durch die Geometrie zu erklären, wenn er nicht die Einsicht in die Raumzeit gehabt hätte, die er seinem Lehrer Hermann Minkowski verdankt. Von Minkowski lernte Einstein, daß die Zeit als imaginärer Raum gesehen werden kann (dadurch konnte er mit der Raumzeit umgehen wie mit dem gewöhnlichen flachen Raum), solange die Raumzeit flach ist und der Satz von Pythagoras gilt. Diese Überlegungen verhalfen Einstein zu einer wichtigen Einsicht.

Einstein war sich bewußt, wie verwirrend sein Versuch war, die Physik auf die Geometrie zurückzuführen. Die Vorstellung, unser Leben sei lediglich eine Kurve in der Raumzeit und all die Ereignisse unseres Leben nicht mehr als Punkte auf diesen Kurven, vermittelte vielen Menschen ein unbehagliches Gefühl der eigenen Unwichtigkeit. Einsteins Ideen trafen deshalb vermutlich auf stärkere Ablehnung, als wir es uns vorstellen können.

Er schrieb einmal[6]:

> Ein mystischer Schauer ergreift den Nichtmathematiker,wenn er von vierdimensional hört, ein Gefühl, das dem vom Theatergespenst erzeugten nicht unähnlich ist. Und doch gibt es keine allgemeinere Aussage darüber als die, daß unsere gewohnte Welt ein vierdimensionales zeiträumliches Kontinuum ist.

Mir ist deshalb klar, wie verwirrend es für die meisten meiner nichtwissenschaftlichen Leser ist, wenn sie sich wie Einstein darüber klarwerden, daß die Physik vom lediglich Beobachtbaren und physikalisch Greifbaren zu einem Teil der Mathematik geworden ist. Einstein selbst hatte mit der von ihm erschaffenen

Mathematik seine Schwierigkeiten. Er arbeitete meist intuitiv und sah manchmal über seinen eigenen Horizont hinaus.

Einstein auf krummen Wegen

Wie kam Einstein zu seinen mathematischen Einsichten? Vermutlich durch die Erkenntnis, daß es für die Schwerkraft in einer flachen Raumzeit – einer Raumzeit, in der der Satz von Pythagoras gilt – keine Erklärung gibt.

Nun scheint die Schwerkraft ja gar nicht beonders schwierig zu erklären zu sein. Was könnte Einstein im Sinn gehabt haben? Ist sie nicht einfach wie ein großer Magnet, der uns alle auf der Erde hält? Oder hat sie etwas mit der Erddrehung zu tun? Vielleicht würden wir alle in den Raum fliegen, falls die Erde aufhörte, sich zu drehen. Diese Idee wurde mit ziemlichem Erfolg in dem Film *Der Mann, der die Welt verändern wollte* weitergesponnen.

Wir alle merken die Schwerkraft, wenn wir auf eine Waage steigen. Unser Gewicht beweist uns, daß wir uns tatsächlich auf diesem sich wirbelnden Planeten befinden. Von Zeit zu Zeit machen wir uns wohl alle Sorgen um unser Gewicht. Aber das Gewicht ist nicht wirklich das Problem. Wir würden nichts wiegen, wenn wir wie die Astronauten im Weltraum herumsausten. Und auf dem Mond würden wir nur ein Sechstel so viel wiegen wie hier.

Nach Newton ist die Schwerkraft eine unsichtbare Kraft, die zwischen allen Körpern wirkt. Jeder Körper im Universum zieht jeden anderen Körper aufgrund seiner Schwerkraft an. Die Schwerkraft hält uns auf der Erde. Sie hält die Planeten auf ihren Bahnen um die Sonne. Sie hält den Mond und die Erde als Partner zusammen, wobei beide um ihren gemeinsamen Schwerpunkt kreisen. Daran aber dachte Einstein wohl kaum. Er dachte nicht geradlinig. Sein Verstand ging krumme Wege.

Zweifellos störte ihn ein kleines Problem, als er versuchte, die Schwerkraft geometrisch zu beschreiben. Dann stellt sich nämlich die Frage: Was passiert, wenn sich ein Beobachter in bezug auf einen anderen Beobachter beschleunigt bewegt? Er wußte, daß sich die Wirkung der Schwerkraft zumindest lokal, also in der unmittelbaren Umgebung eines Körpers, durch eine Beschleunigung in einer geeigneten Richtung kompensieren läßt. Die Astronauten spüren bei ihren Erdumkreisungen überhaupt keine Schwerkraft, weil sie gegenüber der Erde beschleunigt werden, während sie sie mit etwa 29 000 Kilometern pro Stunde umkreisen.

Er wußte auch, daß die Wirkung der Schwerkraft genau dieselbe sein kann wie die einer konstanten Beschleunigung. Ein bekanntes Beispiel ist das Gedankenexperiment, bei dem man sich vorstellt, man stünde in einem vollständig schalldichten Fahrstuhl ohne Türen oder Fenster. Der Fahrstuhl steht auf einer Rakete, die ihn nach oben beschleunigt. Der Fahrstuhl ist dann bald im freien Raum, weit weg von der Erde. Man spürt, wie der Boden kräftig gegen die Füße drückt. Wenn man einen Gegenstand, den man in den Händen hält, losläßt, schwebt er zuerst ruhig, bis der Boden des Fahrstuhls dagegenstößt. Die Auswirkungen der nach oben gerichteten Beschleunigung sind, wie kurzes Nachdenken zeigt, genau dieselben wie die der Schwerkraft daheim auf der Erde.

Diese Entsprechung läßt sich gut an der gekrümmten Oberfläche unseres Planeten veranschaulichen. Zur Verdeutlichung müssen wir verstehen, was Beschleunigung im Bild der Raumzeit bedeutet. Wenn ein Gegenstand sich mit konstanter Geschwindigkeit von einem Ort zum anderen bewegt, läßt sich das durch eine Gerade veranschaulichen, die sich durch Raum und Zeit erstreckt. Diese Gerade kann man sich auf ein Blatt Papier gezeichnet denken. Nun stellen Sie sich die Zeit wieder einmal als Raumdimension vor. Das Blatt Papier ist flach; es entspricht also einem zweidimensionalen Raum – in anderen Worten einer Ebene. Wenn dieses Blatt vor Ihnen liegt, entspricht jede Linie, die von unten nach oben führt, der Zeitdimension und jede Linie quer dazu einer einzigen Raumdimension. Die Linien kreuzen sich in einem Winkel von neunzig Grad. Das ist eine flache Karte der Raumzeit.

Wir betrachten wieder unseren Gegenstand, der sich mit konstanter Geschwindigkeit bewegt. Nehmen wir an, die Linie, die die Bewegung des Gegenstands darstellt, erstreckt sich auch von unten nach oben. Dann bewegt sich der Gegenstand also durch die Zeit, bleibt aber im Raum an derselben Stelle. Er ruht. Wenn er jedoch durch eine diagonal über die Seite gezogene Gerade dargestellt wird, bewegt er sich sowohl im Raum als auch in der Zeit. Die Diagonale beschreibt einen Gegenstand, der sich mit konstanter Geschwindigkeit bewegt.

Wenn wir aber eine Kurve zeichnen, entspricht das einem beschleunigten Gegenstand. Da die Beschleunigung der Schwerkraft entspricht und die Krümmung einer Kurve der Beschleunigung, entspricht also die Krümmung der Schwerkraft. So argumentierte Einstein.

Stellen Sie sich nun vor, Sie reisen vom Äquator zum Nordpol. Ein paar Kilometer von Ihnen entfernt, auch vom Äquator aus, macht sich Ihr Freund auf den Weg zum Nordpol. Jeder von Ihnen geht geradewegs nach Norden – so gerade, wie es auf der gekrümmten zweidimensionalen Oberfläche unseres Planeten möglich ist, nach Norden. Obwohl Sie beide auf Geodätischen marschieren, bemerken Sie, wie Sie sich, je mehr Sie sich dem Nordpol nähern, einander immer näher kommen. Wegen der Krümmung beschleunigen Sie sich in gewissem Sinn aufeinander zu. Wenn Sie nicht wüßten, daß die Oberfläche des Planeten gekrümmt ist, würden Sie vielleicht sagen, eine »Schwerkraft« zöge Sie zueinander.

In eben diesem Sinne können wir uns die Schwerkraft als Krümmung des Raums vorstellen. Sie ist wohlbemerkt keine Krümmung allein des Raums, sondern von Zeit und Raum. Weil wir uns auf unserem Planeten recht langsam bewegen, ist die Gravitation, die wir gewöhnlich auf dem Planeten Erde erfahren, mehr eine Krümmung der Zeit als eine des Raums. Anders gesagt entspricht die Schwerkraft einer Verdrehung der Zeit – einer Verzerrung in der Bewegung der Zeit, wie wenn man in einem Gebäude von einem höheren in ein niedriger gelegenes Zimmer geht.

Die Messung der Zeitverzerrung

Können wir die Zeitdifferenz zwischen zwei Orten messen? Die Antwort ist: Ja. Der Vorgang heißt *gravitative Rotverschiebung*; ihre Wirkung auf Uhren wurde zuerst von den Physikern R. V. Pound und G. A. Rebka an der Harvard Universität gemessen.*
Die Rotverschiebung ist die Farbänderung, die bei einem strahlenden Körper beobachtet wird, der sich von uns entfernt. Aus der Farbe können wir die Wellenlänge oder die Frequenz einer Lichtwelle bestimmen. Eine Farbverschiebung zum Roten hin entspricht einer Abnahme der Frequenz. Leuchtende Körper erscheinen uns roter, wenn sie sich von uns entfernen, und blauer, wenn sie sich uns nähern.** Etwas Ähnliches beobachtet man, wenn ein Krankenwagen mit heulenden Sirenen an uns vorbeifährt. Während er sich uns nähert, ist der Ton höher, und nachdem er vorbeigefahren ist, niedriger.
Entsprechendes passiert, wenn ein glühender oder strahlender Gegenstand in ein Schwerefeld kommt. Ein glühender Gegenstand erscheint uns roter, wenn das Schwerefeld stärker wird, und blauer, wenn das Feld schwächer ist. Ähnlich verschiebt sich die Frequenz von allem, was schwingen kann, sobald es in ein Schwerefeld kommt. Uhren ticken in einem starken Schwerefeld langsamer – das entspricht der Rotverschiebung – und in einem schwächeren schneller – das entspricht der Blauverschiebung. So wurde die Zeitverzerrung zuerst gemessen. Pound und Rebka stellten zwei Zeitmesser auf, einen im Keller eines Gebäudes der Harvard-Universität und einen fünfundzwanzig Meter höher im Dachgeschoß des Gebäudes.
Diese beiden Uhren sollten, so ist zu erwarten, falls unsere geometrische Vorstellung zutrifft, aufgrund der Raumzeitkrümmung durch das Schwerefeld nicht dieselbe Zeit anzeigen. Pound und Rebka überlegten sich also, wie sie ein Zeitsignal vom Keller zum Dach schicken konnten. Dieses Signal sollte sehr kurz sein,

---

* Das Experiment von Pound und Rebka wird in *Gravitation* von Misner, Thorne und Wheeler (San Francisco, 1973) besprochen.
** Die Änderung der Farbe läßt sich nur bei Gegenständen erkennen, die sich sehr schnell bewegen.

aber doch einen ganz kleinen Augenblick lang dauern. Diese Zeitdauer würde mit der von der Kelleruhr gemessenen übereinstimmen, aber wegen der Rotverschiebung nicht mit der Uhr im Dachgeschoß.

Die von Pound und Rebka gemessene Zeitverzerrung war ganz winzig. Am erstaunlichsten war eigentlich, daß sie überhaupt meßbar war. Das Ergebnis war eine äußerst kleine Verlängerung des Signals (wirklich eine Mini-Zeitverzerrung). Im Vergleich mit der Uhr im Dachgeschoß dauerte eine Sekunde der unteren Uhr etwa zehn hoch minus vierunddreißig Sekunden länger.

Obwohl diese Zeitverzerrung äußerst klein ist, ist sie doch Ursache der Schwerkraft. Die starke Anziehung, die uns auf dem Planeten hält, ist diese winzige Zeitverzerrung. Je größer sie wird, desto stärker wirkt die Schwerkraft auf uns. Dieses Experiment bestätigte die Verlangsamung der Zeit, wie sie von Einsteins geometrischer Theorie der Raumzeitkrümmung vorhergesagt worden war.

Wieso wies gerade die Rotverschiebung darauf hin, daß die Zeit im Keller langsamer verlief? Wie ich schon früher ausführte, muß es eine Differenz der Zeitkrümmung geben, wenn es ein Schwerefeld gibt. Da die Schwerkraft bei uns nach unten wirkt, muß die Zeitkrümmung zu unseren Füßen etwas stärker sein als an unserem Kopf. Je höher wir steigen, desto geringer wird sie. Je tiefer wir sind, desto stärker wird die Zeitkrümmung und desto langsamer ticken die Uhren und desto langsamer laufen physikalische Vorgänge ab. Aufwärts vergeht die Zeit schneller, abwärts langsamer. Wir alle bewegen uns auf diesem Planeten, ohne daran zu denken, daß die Erde eine Zeitmaschine ist und deshalb Uhren im Keller langsamer laufen als im Dachgeschoß.

Krumme Wege in der Zeit
lassen auf parallele Universen schließen

Ich möchte Sie kurz an die Richtung erinnern, in der wir reisen. Wir versuchen all dieses Einsteinsche »Zeug« mit parallelen Universen in Verbindung zu bringen. Die Brücke zwischen der Schwerkraft und den parallelen Welten bildet eine Lösung der von Einstein aufgestellten mathematischen Gleichungen für eine gekrümmte Raumzeit. Die in den Gleichungen verborgene Krümmung führt zu Überraschungen. Diese Überraschungen zeigen sich als das, was Mathematiker *Singularitäten* nennen. Das sind Bereiche der Raumzeit, in denen in der Materie der Raumzeit gigantische Verzerrungen, möglicherweise sogar Risse, auftreten. Bei einer Singularität wird der Wert der physikalischen Größen unendlich. Solche Singularitäten gibt es im Mittelpunkt der sogenannten *Schwarzen Löcher*. In einem Schwarzen Loch werden Raum und Zeit stark gedehnt. Zeitintervalle dehnen sich so weit, daß Licht fast zum Stillstand kommt, wenn es sich einem Schwarzen Loch nähert. Licht bewegt sich also im Mittelpunkt eines Schwarzen Lochs nicht mehr, und die Gesetze der Physik spielen verrückt. In der Nähe dieser Verzerrungen befinden sich die Tore zu anderen Universen. Das erste dieser Tore wurde von Einstein und Nathan Rosen entdeckt; es heißt jetzt Einstein-Rosen-Brücke und verbindet zwei verschiedene Universen. Wie es das macht, sehen wir im nächsten Kapitel.

Wenn es also die Schwerkraft gibt, gibt es auch eine Krümmung der Raumzeit. Dann aber gibt es, soweit wir das heute sagen können, auch Schwarze Löcher, Tore zu parallelen Universen.

14. Schwarze Löcher: Tore zu parallelen Universen

In den letzten beiden Kapiteln sahen wir, wie eine geometrische Sicht der Raumzeit Einsicht in die Struktur des Universums vermitteln kann, wie die Zeit als imaginäre Raumdimension gesehen werden kann und wie eine Krümmung in der Raumzeit als Ursache der Schwerkraft gesehen werden kann. Bemerkenswerterweise leben wir in einem Universum, das, obwohl es uns im Alltagsleben meist ganz gewöhnlich vorkommt, doch in seinem Kern eine Struktur hat, die Raum und Zeit krümmt.

Wir sehen die Schwerkraft als eine im Weltall wirkende Kraft, die uns auf die Oberfläche unseres Planeten bannt und Sterne in ihren Bahnen um ihre galaktischen Zentren hält.

All das ist jedoch nichts anderes als geradlinige Bewegung in der gekrümmten Raumzeit. Wir alle bewegen uns entlang solcher »Geraden«, sogenannter Geodätischen, ohne je wahrzunehmen, daß die Raumzeit, in der wir uns bewegen, stark gekrümmt ist. Die einzigen Hinweise auf die Krümmung, die wir normalerweise sehen oder fühlen, ist die Schwerkraft, die uns auf der Erde hält.

Wenn Objekte sich im Vergleich mit der Lichtgeschwindigkeit langsam bewegen, erfahren sie die Schwerkraft vor allem aufgrund der Zeitkrümmung. Sie ist mehr als die Raumkrümmung Ursache der gewöhnlichen Schwerkraft. Anders gesagt ist das, was wir Schwerkraft nennen, wenn wir es hier auf der Erde erfahren, eigentlich die Erfahrung eines Lebens in einer gekrümmten Zeit.

Raumverzerrungen

Gibt es auch eine Raumverzerrung? Ja, denn Raum und Zeit sind eins. Aber wir sind uns der Raumverzerrung kaum bewußt. Warum erfahren wir die Raumverzerrung nicht so stark wie die Zeitverzerrung? Die Antwort ist: Wir bewegen uns zu langsam durch den Raum. Oder, in unserem geometrischen Bild: Wir bewegen uns sehr viel schneller durch die Zeit als durch den Raum.

Wie schnell bewegen wir uns durch die Zeit? Die Antwort ist: Mit Lichtgeschwindigkeit.

Diese letzte Aussage läßt sich auf mehrere Weisen verstehen. Wenn Sie mögen, stellen Sie sich vor, Sie selbst seien völlig in Ruhe. (Sie befinden sich ja wahrscheinlich auch in Ruhe, während Sie dieses jetzt lesen.) Sie fühlen diese »Ruhe«, weil fast alles um Sie herum mit derselben Geschwindigkeit durch die Zeit rast wie Sie selbst. Nach der Relativitätstheorie erleben wir die Welt immer dann als normal, wenn wir uns mit konstanter Geschwindigkeit durch die Raumzeit bewegen. Eine Sekunde ist so lang wie die andere. Ein Meterstab ist genauso lang wie ein anderer. Erst wenn es eine Relativbewegung gibt, sehen wir die Dinge anders.

Wenn wir uns die Zeit als imaginäre Entfernung vorstellen, bewegen wir uns in jeder Sekunde eigentlich durch einen imaginären Raum. Wir nehmen die Lichtgeschwindigkeit als Maßstab, messen also Entfernungen nach der Strecke, die das Licht zurücklegt. Das Licht ist unser Maßstab, weil einzig seine Geschwindigkeit im Universum konstant ist. In einer Sekunde legt das Licht im imaginären Raum 300 000 Kilometer zurück; zwischen zwei Sekunden liegt also diese ungeheure Entfernung – eben die Entfernung, die Licht in dieser Sekunde zurücklegt.

Wenn wir dies bei unserer Reise durch die Raumzeit in unserem gewöhnlichen Leben als Leitfaden nehmen, begreifen wir, wie schwierig es ist, die Zeit umzudrehen. Es ist, als ob man versucht, auf einer Autobahn zu wenden, während man mit höchster Geschwindigkeit fährt. Schon die Trägheit läßt uns geradeaus weiterfahren.

Deshalb finden wir es schwierig, die Raumverzerrung nachzuweisen. Wir bewegen uns nicht weit oder schnell genug durch den Raum, um Abweichungen von einer Geraden bemerken zu können. Es ist wie bei einem Spaziergang in unserer Wohngegend. Sie erscheint uns bis auf einen gelegentlichen Hügel als flach. Am Meer oder in der Ebene sehen wir vielleicht gut den Horizont. Auch er erscheint völlig flach und ist doch gekrümmt – er folgt der Erdkrümmung, die wir an einem klaren Tag ja oft auch wahrnehmen können. Aber nur aus einem neuen Blickwinkel (wie ihn zum Beispiel die Astronauten gewinnen konnten) läßt sich die Raumkrümmung wirklich in all ihrer Schönheit ausmachen. Dann ist die Erde ganz deutlich rund.

Obwohl die Erdkrümmung deutlich sichtbar ist, ist die von der Erde erzeugte Raumkrümmung praktisch unsichtbar. Sie zeigt sich als kleiner Unterschied zwischen dem Sog der Schwerkraft, der auf unsere Füße wirkt, und dem Sog an unserem Kopf, wenn wir auf der Oberfläche unseres Planeten stehen. Dieser Unterschied ist sehr gering, weil die Erde wenig Masse hat, wenn man sie nach kosmischem Maßstab mißt – dem Maßstab, in dem Schwarze Löcher wichtig werden.

Wenn wir uns vorstellen, die Erde würde schrumpfen – Physiker sprechen von kollabieren –, sähe alles etwas anders aus. Dann wäre die Raumkrümmung deutlich zu erkennen.

Wie die Raumkrümmung ein Schwarzes Loch erzeugt

Unser Planet hat eine Masse. Er enthält etwa 6×10^{24} Kilogramm Materie. Das ist eine gewaltige Zahl. Sechs Millionen Milliarden Milliarden Kilogramm. Aber kosmisch gesehen ist die Erde doch nur ein winziges Klümpchen Masse. Die Sonne ist viel größer. Sie enthält etwa 333 000mal so viel Masse wie die Erde. Diese Menge heißt eine Sonnenmasse. Unsere Galaxis ist noch gewaltiger. Sie enthält etwa 200 Milliarden Sonnenmassen. Im Vergleich damit ist unser Planet nur ein kleiner Fleck.

So gesehen ist unser Planet auch nicht sehr groß. Sein Durchmesser beträgt etwa 12 000 Kilometer. In der Sonne könnten wir von einem Sonnenpol zum anderen fast 110 Erden übereinandertürmen.

Selbst wenn unser Planet nur eine »winzige« Masse hat, könnten wir ihn uns unter ganz besonderen Bedingungen in einen viel, viel kleineren Raumbereich hineingepreßt denken. Unter diesen Umständen würde der Raum um die Erde herum verzerrt. Was würden wir dann beobachten?

Stellen wir uns dazu vor, die Erde würde schrumpfen, behielte aber dieselbe Masse. Die Vorstellung fällt nicht leicht, aber man bedenke doch, daß Atome vor allem leerer Raum sind und durch leeren Raum voneinander getrennt werden. Wenn wir Materie zusammenpressen, nehmen wir von diesem Raum etwas weg, behalten aber alle Materie. Stellen wir uns zunächst vor, die Erde würde auf die Hälfte ihres heutigen Durchmessers schrumpfen. Als erstes würden wir bemerken, daß die Schwerkraft viermal so groß ist. Das bedeutet, daß jeder von uns viermal so viel wiegen würde wie jetzt.

Aber die Schwerkraft zieht an unserem Kopf immer noch fast genauso stark wie an unseren Füßen. Die Zeitkrümmung wäre also viermal so stark und die Raumkrümmung immer noch nicht allzu spürbar.

Wenn wir den Planeten weiter zusammenpressen, finden wir, daß sich die Gravitationswirkung jedesmal, wenn wir den Radius halbieren, um einen Faktor vier vergrößert. In bezug auf die Raumkrümmung ist die Tatsache viel wichtiger, daß wir das

Gefühl bekommen, wir würden zerrissen, weil der Unterschied in der Schwerkraft an unseren Füßen und an unseren Köpfen (angenommen, wir stehen) immer größer wird. Dieser Unterschied in der Kraft wird die *Gezeitenwirkung der Gravitation* genannt. Wenn wir die Erde zusammenpressen könnten, bis sie einen Radius von nur etwa einem halben Zentimeter hätte, würde sich etwas völlig Neues bemerkbar machen. Dann nämlich würde die Erde ein Schwarzes Loch. Könnte die Erde in einen Punkt gepreßt werden, würde der Unterschied zwischen der auf unsere Füße und der auf unsere Köpfe wirkenden Kraft unendlich groß.

Nehmen wir an, jemand beobachtet all dies vom Mond aus. Auch ihm kämen seine Beobachtungen recht merkwürdig vor. Kurz bevor die Erde zu einer kritischen Größe von etwa 0,4438 Zentimeter zusammenschrumpft, wird die die Erde umgebende Raumzeit so verzerrt, daß es aussieht, als ob ein Körper, der zur Erde fällt, die Erde niemals erreicht. Das Schrumpfen der Erdoberfläche von einer Kugel mit einem Radius von etwas mehr als 0,448 Zentimetern zu einer mit einem etwas kleineren Radius schiene dann ewig zu dauern. Und es würde so aussehen, als ob Objekte, die auf die Erde zufallen, immer langsamer werden, je mehr sie sich der Erde nähern.

Was ist ein Schwarzes Loch?

Die Verzerrungen von Raum und Zeit in der Umgebung eines Planeten werden von Einsteins Allgemeiner Relativitätstheorie vorausgesagt. Obwohl es nicht sehr wahrscheinlich ist, daß die Erde irgendwann in der Zukunft so stark zusammengepreßt wird (die Erdmasse ist einfach zu klein), ist diese Möglichkeit für große Sterne, etwa solche mit über drei Sonnenmassen, ganz real. Diese Sterne haben einfach zu viel Masse. Sie können sich nicht gegen die Gezeitenwirkung der Schwerkraft wehren. Obwohl sie genug Masse haben, um thermonukleare Öfen zu werden, und ihre Masse zum Teil abstrahlen und in Strahlungsenergie verwandeln können, haben sie schließlich die Folgen ihres Übergewichts zu tragen – sie werden zu Schwarzen Löchern.

Für jedes Schwarze Loch, das sich bildet, gibt es eine kritische Entfernung, den sogenannten Schwarzschildradius, der die Trennung zwischen dem Äußeren und dem Inneren der Kugelfläche markiert, die das Schwarze Loch umgibt. Eigentlich sollte man nicht von einem Schwarzen Loch, sondern von einer Schwarzen Kugel sprechen.

Um eine Vorstellung davon zu erhalten, wie ein Schwarzes Loch aussieht, stellen wir uns vor, wir stünden auf der Oberfläche eines fernen Planeten und beobachteten eine übergewichtige »Sonne«, die unser Planet umläuft. Nehmen wir an, die Sonne würde gerade eben schwarz – sei also im Begriff, ein Schwarzes Loch zu werden. Um es interessant zu machen, denken wir uns einen Mitastronauten, der auf der Sonnenoberfläche steht und uns berichtet, wie es dem kollabierenden Stern ergeht, wenn er auf die kritische Größe zusammenzuschrumpfen beginnt, bei der er plötzlich schwarz wird. Wenn er in jeder Sekunde eine Nachricht schickt, so daß zwischen zwei Nachrichten immer genau eine Sekunde liegt, erreichen uns diese Signale mit Lichtgeschwindigkeit. Wenn der Stern aber unter den kritischen Radius fällt, verzerren sich die Abstände zwischen den Nachrichten. Jede Nachricht braucht länger als die vorige, bis sie uns erreicht. Wir müßten ewig warten, wenn wir sehen wollen, wie der Stern schwarz wird.

Zuerst erreicht uns in jeder Sekunde ein Signal. Wenn die Sonne zu kollabieren beginnt, kommen die Botschaften immer später an – zuerst alle zwei Sekunden, dann alle vier, dann jede Minute, dann jede Stunde, dann einmal am Tag, dann einmal im Jahr, dann einmal im Jahrhundert, dann einmal pro Jahrtausend, und schließlich erhalten wir überhaupt keine Botschaft mehr. Wir würden gar nicht sehen, wie der Stern schwarz wird. Das Schwarzwerden würde ewig dauern.

So scheint sich die Entstehung eines Schwarzen Lochs für einen fernen Beobachter abzuspielen. Es ist ein Stern, der nie verlöscht. Und das von ihm ausgesandte Licht wird in jedem Moment roter. Es sieht aus wie die verlöschende Glut eines Holzscheits im Kamin.

Für den Astronauten auf der Oberfläche der Sonne jedoch wäre alles in Ordnung. Er würde nach seiner Uhr weiterhin jede

Sekunde eine Nachricht schicken. Er würde nicht bemerken, daß die ihn umgebende Raumzeit, seine Umwelt, die Zeit verzerrt. Er würde feststellen, daß der Kollaps sich in endlicher Zeit abspielt. Wenn er jedoch sorgfältig beobachtete, würde ihm, obwohl er jede Sekunde eine Nachricht schickt, doch etwas Merkwürdiges auffallen. Seine Nachrichten, in immer gleichem Abstand abgeschickt, brauchten immer länger, bis sie den Stern verlassen. Die Lichtgeschwindigkeit ähnelte dann schwerflüssigem Syrup. Genau dann, wenn der Stern den kritischen Radius unterschreitet, kehren sich alle Botschaften um und werden vom Stern aufgesogen. Die Schwerkraft des Sterns ist dann so groß, daß selbst Licht in ihn hineingesogen wird.

Uhren auf dem Stern würden beim Kollaps im Vergleich mit den Uhren auf dem umlaufenden Planeten immer langsamer laufen. Der Kollaps des Sterns schiene ewig zu dauern, und der Stern schiene seinen kritischen Radius erst nach unendlich langer Zeit zu erreichen.

Eben dieses plötzliche Auftauchen von »unendlich« in ihren Gleichungen macht Schwarze Löcher zu solch ungewöhnlichen Objekten. Entscheidend ist die Existenz eines kritischen Radius, der Grenze der Verrücktheit, die den kollabierenden Stern umgibt. Wenn der Stern diesen kritischen Radius erreicht, wird er ein Schwarzes Loch.*

* Das Hubble-Weltraum-Teleskop der NASA hat nach einem Bericht von Rudy Abramson in der Los Angeles Times vom 20. November 1992 die bis jetzt deutlichsten Hinweise auf ein gigantisches Schwarzes Loch im Zentrum einer aktiven Galaxie gefunden. Das mutmaßliche Schwarze Loch liegt in der Galaxie NGC4261 etwa 45 Millionen Lichtjahre von der Erde entfernt und scheint etwa 10 Millionen mal so schwer zu sein wie unsere Sonne. Das Schwarze Loch wurde nicht wirklich gesehen. Aber wegen der ungeheuren Energie der Elektronenströme, die mit fast Lichtgeschwindigkeit nach außen fließen sollen, wenn Materie in das Schwarze Loch gezogen wird, sagte Walter J. Jeffs, ein Astronom von der Universität Leiden, daß sie »so nahe daran seien, ein Schwarzes Loch zu beobachten, wie nie zuvor«. Die Entdeckung Schwarzer Löcher würde unser Verständnis für das Weltall im Rahmen der Einsteinschen Allgemeinen Relativitätstheorie stärken und könnte tatsächlich zu der Entdeckung von Toren zu anderen Welten führen, die es nach der Vorhersage dieser Theorie im Innern Schwarzer Löcher gibt.

15. Wie Schwarze Löcher zu Vorhersagen
über parallele Welten führten

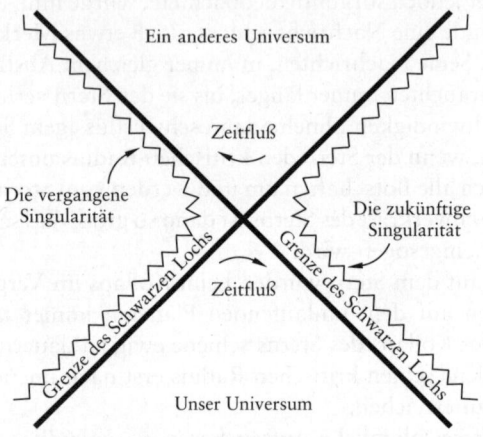

Kruskals Karte eines Schwarzen Lochs;
sie zeigt ein paralleles Universum

Einsteins Theorie sagte also die Existenz solch exotischer Dinge
wie Schwarze Löcher vorher. Wie Einstein und sein Mitarbeiter
Nathan Rosen[7] von der Universität Princeton jedoch 1935
erkannten, bietet ein Schwarzes Loch eine weitere Überraschung. Das Loch ist nämlich gar kein Loch, sondern eine Röhre,
die eine Verbindung zu einem anderen Universum sein könnte.
Wie zuerst von Einstein und Rosen beschrieben, führt eine
»Brücke« über ein Schwarzes Loch zu jedem Ort und in jede
Zeit.* Ein anderer junger Physiker aus Princeton, Martin Kruskal, war der erste, der sie graphisch darstellte.

* *Obwohl Einstein und Rosen diese »Einstein-Rosen-Brücke«, wie sie
heute genannt wird, wohl als erste fanden, ist die wirkliche Einsicht in ihre
Struktur doch das Verdienst mehrerer Physiker. Dazu gehören Christian
Fronsdal, G. Szerkes, Arthur Eddington (schon 1924), David Finkelstein,
John Wheeler, Charles Misner und vor allem Martin Kruskal von der
Universität Princeton. Ich glaube, es war Kruskal, der die Bedeutung der
Brücke am klarsten erkannte.

Meine Begegnung mit einem,
der Bilder Schwarzer Löcher malt

Ich lernte Martin Kruskal etwa 1960 kennen, als ich an der Universität von Kalifornien in Los Angeles studierte. Meine Doktorarbeit befaßte sich mit einigen der mathematischen Komplexitäten des Plasmas – ionisiertes Gas läßt sich in Magnetfeldern so stark zusammenpressen, daß die Gasteilchen zusammenstoßen und ähnlich wie in einer Wasserstoffbombe thermonukleare Reaktionen erzeugen. Kruskal, ein Experte für solche mathematischen Strukturen, arbeitete mit einer Gruppe von Physikern aus Princeton an der friedlichen Nutzung kontrollierter thermonuklearer Fusion, dem sogenannten Matterhorn-Projekt.

Ein den Doktorgrad anstrebender Physikstudent ist gelegentlich recht mutlos. Wenn die Kommilitonen lauter »Klugscheißer« sind und die Professoren erhabene Gelehrte, kann schon einmal ein Gefühl des Ungenügens aufkommen. Meine Erfahrungen machen da keine Ausnahme. Physiker, so kam es mir vor, unterhielten sich, wenn irgend möglich, vor allem mit jenen, an deren Spezialgebiet sie interessiert waren, und kaum mit anderen. Ein kleiner Doktorand erhielt gewöhnlich nicht viel Zuwendung.

Obwohl ich nicht an den gleichen Problemen arbeitete wie Martin Kruskal, fand ich ihn zu einem Gespräch mit mir bereit, was mich überraschte und erfreute; er bot mir sogar seine Unterstützung an. Unser Treffen war sehr kurz (ich bezweifle, daß er sich daran erinnert). Aber ich fand ihn zugänglich, bereit, sich zu »öffnen« und mich an seinen bemerkenswerten Einsichten in die mathematischen Strukturen komplexer Physik teilhaben zu lassen. Ich erinnere mich, daß er mich fragte, was ich von einer bestimmten mathematischen Einzelheit hielte. Er sah mich nicht als ein zu prüfender Student, sondern war an meiner Meinung als der eines Kollegen interessiert. Ich war ganz angetan von seinem bemerkenswerten Verstand und seiner Menschlichkeit.

Kruskal war jedoch nicht nur für Begegnungen mit Menschen aufgeschlossen. Er hatte erkannt, daß der sogenannte Schwarzschildradius eines Schwarzen Lochs anscheinend eine *Singularität* darstellt.

Singularitäten sind, wie Sie sich erinnern werden, jene Punkte im Raum oder in der Raumzeit, in denen physikalische Größen verrückt spielen. Statt ganz normal zu schwanken, wenn man sich von einem Ort zum anderen (oder von einem Raumzeitpunkt zum anderen) bewegt, werden diese Quantitäten unendlich, wenn man sich ihnen mathematisch nähert. In der Mathematik nähert man sich einer Singularität einfach, indem man fragt, was passiert, wenn man sich den Wert einer physikalischen Größe, etwa den eines Zeitintervalls, ansieht, und zwar in dem Bereich, der den singulären Punkt umgibt. Wenn der Punkt singulär ist, werden die Werte der untersuchten Größe unendlich.

Unendlichkeiten in der Mathematik sind eine Sache, aber wie steht es mit ihnen in der Wirklichkeit? Man hat solche Unendlichkeiten niemals beobachtet, deshalb neigen Physiker dazu, Singularitäten als Zeichen dafür zu sehen, daß sie noch nicht die richtigen Gleichungen gefunden haben. Kruskal wußte wie andere Physiker, daß die Zeit dann, wenn ein Testteilchen – ein kleines Teilchen mit einer sehr kleinen Masse, das auf die Raumzeit reagiert, in der es sich bewegt – den Schwarzschildradius eines Schwarzen Lochs erreicht, zu nichts schwindet, während der Raum sich ins Unendliche erstreckt. Deshalb sahen viele Physiker den Schwarzschildradius als eine Singularität, um die man sich nicht zu kümmern braucht.

Dieselben Physiker sahen jedoch auch, daß die Singularität am Schwarzschildradius nicht dieselben Kennzeichen hat wie eine wirkliche Singularität. Sie sahen, daß diese »sphärische Singularität« der scheinbaren Singularität ähnelt, die sich zeigt, wenn man mit Hilfe von Längen- und Breitengraden ein Dreieck auf die Oberfläche einer Kugel zeichnen will, dessen eine Ecke am Nordpol liegt. Normalerweise läßt sich jedes rechtwinklige Dreieck auf einer Kugel so drehen, daß eine Seite parallel zu einem Längengrad und eine parallel zu einem Breitengrad verläuft.

Auch wenn eine Ecke des Dreiecks mit dem Nordpol zusammenfällt, läßt sich ein Dreieck zeichnen, aber es wäre nicht dasselbe, weil am Pol die Breitengrade verschwinden. In einem anderen Koordinatensystem, unter Verwendung von Linien, die sich in der Ebene im rechten Winkel kreuzen, läßt sich das Dreieck ohne jedes Problem zeichnen. Ähnlich war die sphärische Singularität nicht wirklich ein Anzeichen für einen Fehler in der Physik, sondern für eine schlechte Wahl des Bezugssystems.

Kruskal erfand nun für die Umgebung des Schwarzen Lochs ein neues Koordinatensystem, das die Singularität am Radius des Schwarzen Lochs »verschwinden« läßt. Nun sieht es so aus, als ob Kruskal mit einem solchen Trick über eine Art mathematischer Zauberkraft verfügte. Und das trifft in gewisser Weise auch zu.

Seine Idee war es, ein neues Koordinatensystem zu suchen, in dem die Koordinaten aufeinander senkrecht stehen, aber keine sogenannten Raum- und Zeitkoordinaten darstellen. Es wäre mit dem Versuch vergleichbar, eine Karte der Umgebung der Place des Étoiles in Paris zeichnen zu wollen, in der man statt der gewöhnlichen Ring- und Sternstraßen nur die von Norden nach Süden und die von Osten nach Westen laufenden Straßen angibt.

Diese neuen Koordinaten würden jedoch nicht so genau zum üblichen Maß von Raum und Zeit passen wie die alten Koordinaten. Kruskal fragte sich: Könnte es einen Beobachter geben, der Raum und Zeit um ein Schwarzes Loch herum so sehen würde, daß der Radius des Schwarzen Lochs nicht mehr singulär ist? Die Antwort lautet: Ja. Der Beobachter ist jedoch kein Mensch, sondern ein Nullzeit-Teilchen – ein eiliges Photon. Aus seiner Sicht gibt es beim kritischen Radius keine Singularität, doch auch für seine imaginären Augen bleibt etwas singulär.

Nun mag es etwas merkwürdig erscheinen, wenn man ein Nullzeit-Teilchen einen Beobachter eines Schwarzen Lochs nennt. Was meine ich damit? Zunächst erinnere man sich, daß ein Nullzeit-Teilchen ein Photon ist – ein Lichtteilchen. Ich bitte Sie also, sich vorzustellen, wie ein Schwarzes Loch dem Licht selbst erscheint. Einstein fragte sich, wie das Universum aussähe, wenn es aus der Sicht eines eiligen Photons gesehen würde. Er stellte sich vor, er ritte auf einem Photon und betrachtete sich selbst in einem Spiegel. Seine Frage war dann: Könnte ich mein eigenes Spiegelbild sehen, wenn ich mich mit derselben Geschwindigkeit bewegte wie das Licht, das in den Spiegel fällt? Etwas Nachdenken zeigt, daß er sein Gesicht nicht im Spiegel sehen könnte, denn das Licht und der Spiegel sind relativ zueinander in Ruhe. Dieses Problem führte Einstein zur Entwicklung der Relativitätstheorie; so konnte er beweisen, daß er sein eigenes Gesicht sehen könnte, weil die Lichtgeschwindigkeit für alle Beobachter auch dann gleich ist, wenn sie sich mit Lichtgeschwindigkeit bewegen.

Entsprechend machte sich auch Kruskal darüber Gedanken, daß das Licht zum Stillstand kommt, wenn man sich dem Rand eines Schwarzen Lochs nähert. Es schien nicht vernünftig, daß Licht – ein Nullzeit-Teilchen – sich verlangsamt, denn es bewegt sich eigentlich weder im Raum noch in der Zeit. Deshalb konstruierte er ein System, in dem die Koordinaten die Linien sind, auf denen das Licht wirklich läuft, wenn es sich seinen Weg durch das Universum und durch das Schwarze Loch hindurch bahnt. In diesem neuen System ist der Radius des Schwarzen Lochs keine Singularität mehr, sondern ein Paar sich kreuzender Linien – der Linien, auf denen Photonen laufen, wenn sie ein Schwarzes Loch umkreisen – die von seinem Schwerefeld eingefangen werden.

Die Schwarzschildsingularität verschwindet, wenn sie mit den neuen Koordinaten in die Karte gezeichnet wird, aber es bleibt eine andere Singularität. Um das zu verstehen, müssen wir bedenken, daß es in alten Koordinatensystemen zwei Singularitäten gab, eine beim Schwarzschildradius und eine genau in der Mitte des Lochs. Dies ist die »Null«-Singularität, bei der die Schwerkraft unendlich wird. Wenn ein Objekt die Schwelle des Schwarzschildradius überquert, muß es in die Null-Singularität hineinfallen. Diese Singularität ist wirklich; sie läßt sich nicht vermeiden oder mathematisch wegtransformieren. Der Zusammenbruch ist unvermeidlich.*

Im alten Koordinatensystem ist die Singularität punktförmig und liegt in der Mitte des Schwarzen Lochs. In den neuen

---

* In Teil IV können Sie nachlesen, daß Stephen Hawking sich gerade für diese notwendigen Singularitäten interessierte. Es gelang ihm, diese Singula-

Kruskal-Koordinaten zeigt sich diese Null-Singularität in zwei getrennten Bereichen des neuen Raumzeitsystems. Sie liegt in der Zukunft aller Testteilchen, die sich ihren Weg durch die Grenze des Schwarzen Lochs bahnen, und sie liegt auch in der Vergangenheit. Das Schwarze Loch hat also eine kompliziertere Struktur, als man zunächst angenommen hatte. Zum ersten Mal machten sich die Physiker klar, daß ein Schwarzes Loch gleichzeitig sowohl den Tod als auch die Geburt von Materie bedeutet. Ein Schwarzes Loch ist eben auch ein weißes Loch – es spuckt die Materie der ehemaligen Singularität aus, gerade umgekehrt dazu, wie Teilchen in die zukünftige Singularität hineinfallen und dort verschlungen werden. Wenn es im Innern des Lochs zwei singuläre Bereiche gäbe, hätten unsere Versuche, uns von Singularitäten zu befreien, zu nichts geführt.

Wir sind eine Singularität losgeworden und haben eine andere entdeckt. Die neue Singularität gibt dem Loch eine symmetrische Struktur; und eine neue Symmetrie ist für einen Physiker immer ein Schlüssel zu einem besseren Verständnis.

Im neuen System lassen sich vier Bereiche unterscheiden, nämlich die beiden äußeren Zonen des Universums und die beiden inneren Zonen (diese Zonen sind im Inneren der Schwarzschildkugel). Die beiden äußeren Zonen entsprechen dem Äußeren des Schwarzen Lochs; eine davon entspricht unserem eigenen Universum und die andere einem anderen Universum. Im Inneren des Schwarzen Lochs unterscheiden wir eine Zone der Zukunft und eine der Vergangenheit. Die Zukunftszone enthält die zukünftige Singularität. Jeder, der aus unserem Universum durch die Oberfläche des Schwarzen Lochs fällt, muß in sie hinein.

Genau das Gegenteil gilt jedoch für das andere äußere Universum. Jeder, der die Grenze des Schwarzen Lochs überschreitet, fällt in die vergangene Singularität hinein. Das andere Universum hat einen Zeitsinn (oder wird ihn haben), der unserem genau entgegengesetzt ist.

Aus der Sicht des Nullzeit-Teilchens sind Raum und Zeit

ritäten verschwinden zu lassen, indem er die Quantenphysik auf Schwarze Löcher anwandte! Aber dazu braucht es eben die Quantenmechanik.

tatsächlich dasselbe. Das zeigte sich in den von Kruskal gewählten Koordinaten, denn die beiden sich schneidenden Geraden, die die vier getrennten Zonen markieren, sind gleichzeitig beides Geraden, die den kritischen oder Schwarzschildradius und zwei Zeitpunkte markieren – den Anfang der Zeit und das Ende der Zeit. Für Photonen gibt es also am Schwarzschildradius eines Schwarzen Lochs keine Singularität. Sie balancieren am Rand der Ewigkeit zwischen den beiden parallelen Universen.

Was also für uns in der Zukunft liegt, ist für die Bewohner des anderen Universums Vergangenheit. Weil das Schwarze Loch sowohl eine vergangene als auch eine zukünftige Singularität hat, baut das Schwarze Loch eine Brücke, die die beiden parallelen Universen verbindet. Das Problem ist nur, ob sich diese Brücke überqueren läßt.

Was ist Schwarz und Weiß und überall gefürchtet?

So gesehen wird ein Schwarzes Loch ganz »lebendig«. Es ist nicht länger nur ein schwarzer Ball, der irgendwo im Raum schwebt, sondern ein Ding, das Raum und Zeit ganz nach seinen Wünschen (falls es welche hat) verzerren kann.

Im Englischen gibt es das Rätsel »What's black and white and ›red‹ all over?«, das mit der Klanggleichheit der Wort »red« (rot) und »read« (gelesen) spielt. Die Antwort ist: Eine Zeitung – ein Übermittler von Information über einen Teil der Welt an einen anderen. Vom Schwarzen Loch könnte man sagen, es sei »black and white and dread (gefürchtet) all over«, weil es schwarze und weiße Singularitäten enthält. Auch ein Schwarzes Loch könnte etwas über das andere Universum mitteilen, wenn man in das Loch hineinreiste. Aber die Reise ist vielleicht nicht der Mühe wert.

Das Loch ist schwarz und weiß, es kann also Materie ausspukken (weil es ein weißes Loch ist) und auch verschlingen (weil es ein Schwarzes Loch ist). Als weißes Loch läßt es Materie, die in der vergangenen Singularität entstand, entkommen. Wie? Aus Sicht seiner eigenen Raumzeit ist daran nichts Besonderes.

Da die Materie aus der vergangenen Singularität kommt, muß sie unweigerlich die Oberfläche des Lochs passieren und so unser äußeres Universum erreichen. Schließlich wird sie von der zukünftigen Singularität wieder verschluckt, nachdem sie den Rand des Schwarzen Lochs ein zweites Mal durchquert hat. Nur für Materie, die von außen kommt, erscheint das Loch schwarz. Alle äußere Materie wird verschlungen. Alle Materie im Inneren spuckt das Loch aus, als ob es der Wal sei, der Jona verschlungen hatte.

Andererseits würde es Bewohnern des parallelen Universums so vorkommen, als ob Materie, die in die zukünftige Singularität hineinfällt und von unserem Universum stammt, aus ihrer Vergangenheit stammt. Da ihre Zeit entgegengesetzt ist zu unserer, ist die zukünftige Singularität für sie die vergangene und unsere vergangene Singularität für sie eine zukünftige.

Sie würden also meinen, Materie, die aus unserem Universum in das Schwarze Loch hineinfällt, wäre in der zukünftigen Singularität geboren worden und käme aus der Zukunft auf sie zu.

Wenn man durch ein Schwarzes Loch von einem Universum zum anderen gelangt, kehren sich Raum und Zeit um. Im Innern des Schwarzen Lochs kehrt sich unsere Zeitrichtung um, so daß wir, wenn wir einen Raumfahrer durch das Schwarze Loch reisen sehen, ihn in der Zeit rückwärts reisen sehen, während er sich der zukünftigen Singularität nähert. Die Singularität ist dann noch in seiner, aber nicht in unserer Zukunft. Falls sich all dies beobachten ließe, würden wir nicht einen, sondern zwei Raumfahrer sehen; der eine nähert sich dem Schwarzen Loch von außen, und der andere entkommt ihm von innen. Die beiden würden sich vereinen und wären plötzlich eins, sobald der Reisende die Schwarzschildkugel durchquert.

Zum besseren Verständnis dieser Situation schlage ich Ihnen eine imaginäre Reise in ein Schwarzes Loch vor, die in unserem Universum beginnt. Wir beschreiben diese Reise nicht nur aus unserer eigenen Sicht, wenn wir in das Loch hineingehen, sondern auch aus der Sicht eines Beobachters in unserem Universum und aus der eines Zuschauers im anderen. Das erklärt, wie das Schwarze Loch weiß und schwarz sein und die Zeit umkehren kann.

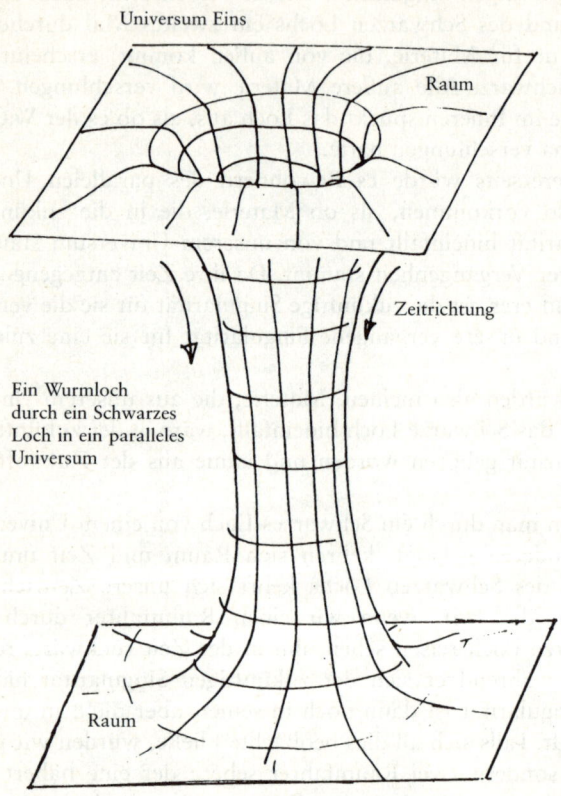

Universum Eins

Raum

Zeitrichtung

Ein Wurmloch
durch ein Schwarzes
Loch in ein paralleles
Universum

Raum

Universum Zwei

16. Eine Fantasiereise
durch ein Schwarzes Loch in parallele Welten

Wie schon gesagt, ist ein Schwarzes Loch nicht starr; es verändert sich im Lauf der Zeit und schleppt Zeit und Raum mit sich, etwa so, wie ein Abflußkanal Abwasser in sich aufnimmt. Das Loch läßt sich als eine Gummiröhre veranschaulichen; ein Ende ist in unserem Weltall, das andere aber in einem parallelen Universum. Die Linien, die durch das Rohr laufen, entsprechen der Entfernung von der Mitte des Lochs. Die Kreislinien um die Röhre herum entsprechen verschiedenen Zeiten. Ein Kreis in der Nähe der Öffnung entspricht also einer früheren Zeit und ein anderer um den eigentlichen Schlauch einer späteren. Wenn sich ein Gegenstand dem Loch nähert, dehnt sich der Schlauch, als ob die beiden Enden auseinandergezogen würden.

So scheint also die Entfernung zur Mitte immer größer zu werden, wenn ein Körper sich ihr nähert, und er scheint mehr Zeit zu brauchen. Der Schlauch wird also in der Mitte enger, und wenn er stark genug gedehnt wird, schließt er sich und fängt das Objekt ein. Das ist der unvermeidliche Sturz des Körpers in die zukünftige Singularität.

Wenn nun jemand aus unserem Weltall in das Schwarze Loch hineingeriete, böte sich ihm ein ganz erstaunlicher Anblick. Aus der Ferne erscheint ihm das Loch als eine schwarze Kugel im Raum. Wenn er dem Rand – der Oberfläche der Schwarzschildkugel – näher kommt, ist das Loch weiterhin schwarz; wie jeder Körper, dem man sich nähert, scheint es zu wachsen. Aber auch Raum und Zeit werden in das Loch hineingesogen.

Folglich sieht der Jemand Licht, das das Loch umgibt und dessen Quelle hinter ihm ist, als Licht, das ihm entgegenzukommen scheint. Könnte er stehenbleiben, würde er dieses mitgeschleppte Licht nicht sehen.

Diese Verzerrung, die ihn Licht, dessen Quelle hinter ihm ist, als entgegenkommendes Licht sehen läßt, entsteht, weil er sich fast mit Lichtgeschwindigkeit bewegt. Er kann diesen Vorgang dann nicht beenden, denn er wird selber zu einem Teil des mitgeschleppten Raums und der Zeit um ihn herum.

Sobald er den kritischen Radius überschreitet, sieht er einen

Lichtpunkt in der Mitte des Lochs. Dunkelheit umgibt diesen Lichtpunkt, und ein Halo von Licht aus seinem Universum umgibt das Dunkel. Er sieht also eine dunkle Kugel mit einem hellen Halo und einen Lichtpunkt im Mittelpunkt der Kugel. Wenn er sich der Singularität in der Mitte weiter nähert, wird der Lichtpunkt zu einer Lichtkugel.

Dieses Licht kommt aus dem parallelen Universum. Immer noch bildet Licht aus unserem Weltall einen Halo um die jetzt abnehmende Schwärze und läßt die Kugel als schwarzen Rand erscheinen. Der Rand wird um so dünner, je näher der Beobachter der Mitte kommt. Kurz vor dem Zusammenstoß mit der Mitte sieht unser Beobachter vor allem Licht; dann ist der dunkle Rand fast verschwunden, und er kann wahrnehmen, was sich in unserem Weltall abspielt und im parallelen Universum auch.

Was dieser Jemand sieht, muß fantastisch sein. Das Licht, das aus unserem Weltall kommt, wenn er beginnt, sich dem Loch zu nähern, ist Licht von einem Universum, das beschleunigt zu sein scheint. Es ist, als ob man einen Film sieht, in dem die Anzahl der Bilder pro Sekunde in die Millionen geht. Er sieht unser Universum sterben, wenn alle Sterne verlöschen; vielleicht stirbt es auch nicht mit einem Wimmern, sondern in einem großen Knall, in dem alle Materie von einem gigantischen Schwarzen Loch verschluckt wird, das irgendwo sonst auftaucht.

Genau beim Durchqueren der kritischen Schwarzschildfläche sieht er die Unendlichkeit. Die ganze Zukunft des Universums rast dann wie ein Blitz an ihm vorbei – denn das Weltall, das er verläßt, ist bemerkenswert schnell alt geworden.

Und dann kommt er in das Schwarze Loch hinein und sieht das andere Universum. Immer noch aber sieht er einen Halo von Licht aus unserem Universum. Dieser Halo wird ihm wie genau der Film vorkommen, den er eben anschaute, nur läuft er diesmal rückwärts ab. Er sieht also alle Ereignisse seiner Vergangenheit in der Zeitumkehr.

Zuerst sieht er den großen Endknall oder das Verlöschen der Sterne, was ihm aber wegen der Zeitumkehr als Urknall oder plötzliches Auftauchen der Sterne vorkommt.

Wenn die Zeit dann weiter zurückläuft, beobachtet er alle

Ereignisse, die abliefen, während er in das Loch hineinkam. Er sieht sich selbst zur Abschußrampe auf der Erde zurückfliegen. Erst dann, wenn er in die Mitte des Lochs fällt, wird er nichts mehr von unserem Weltall sehen, denn dort gelten die Gesetze der Physik nicht mehr. Das ist die gefürchtete Singularität.

Wenn er jedoch die kritische Schwelle zum Loch überquert, sieht er Licht vom parallelen Universum. Auch dieses erlebt er zeitverkehrt. Wenn er also in jenem Universum einen Urknall erlebt, sieht er einen Endknall in der Zukunft dieses Universums. Er sieht auch Ereignisse in jenem Universum in der Zeit zurücklaufen.

Für Betrachter daheim in unserem Weltall bietet seine Reise ebenfalls einen ziemlich merkwürdigen Anblick. Da die Zeit für sie die ganz gewöhnliche Zeit ist, scheint seine Reise immer langsamer zu werden, wenn er sich dem Loch nähert. Es sieht so aus, als ob er immer langsamer würde und den Rand niemals überqueren könne.

Wenn es ihm jedoch gelänge, irgendwie ein Lichtsignal abzuschicken, wenn er die Kugel betritt, würde es Beobachtern vorkommen, als ob unser Jemand in die Vergangenheit reiste, während er sich der Singularität nähert.

Das Problem besteht darin, daß Licht dem Schwarzen Loch nicht entkommen kann. Es wird sozusagen abgeschnitten, wenn es seinen Weg aus dem Schwarzen Loch sucht. Wenn der Reisende also Signale schicken könnte, die schneller sind als der Sog, der sie verschluckt, könnte er uns daheim seinen Sturz miterleben lassen.

Tachyonen werden ausgeschickt, um die Arbeit von Photonen zu tun

Dazu jedoch müßte er Tachyonen aussenden können, Teilchen, die schneller sind als Licht.

Sie nämlich können es vermeiden, abgeschnitten zu werden, und sie können einem Schwarzen Loch entkommen, auch wenn sie von einem Körper ausgeschickt wurden, der in das Schwarze Loch hineinkam und in die Singularität geriet. Tachyonen können sogar frei von einem Universum ins andere übergehen und allen zukünftigen und vergangenen Singularitäten ausweichen.

Wir können uns vorstellen, daß es Leute gibt, die am anderen Ende des Schwarzen Lochs leben. Menschen genau wie wir, die den fantastischen Anblick ihres Nachthimmels genießen. Was sehen die Bewohner im parallelen Universum? Nun, auch für sie ist das Schwarze Loch nichts als eine Kugel im Raum. Wenn sie ihm nicht zu nahe kommen, sehen sie überhaupt nichts Besonderes. Wenn sie aber eine Jemandin in das Loch schicken, fällt sie genauso unvermeidlich in die vergangene Singularität hinein, wie unser Jemand in die zukünftige Singularität hineinfiel.

Dabei ist zu bedenken, daß unsere Zukunft ihre Vergangenheit ist und ihre Zukunft, da ihr Universum gegenüber dem unseren zeitlich umgekehrt abläuft, unsere Vergangenheit.

Könnten die beiden Reisenden je miteinander Kontakt haben? Die Antwort hängt davon ab, ob sie wirklich in umgekehrten Zeitströmen leben. Wenn ihre Zukunft unsere Vergangenheit ist, werden sie einander nicht nur nicht sehen, sondern die Sicht unseres Reisenden von ihrem Universum ändert sich, wenn er in das Reich reist. Ihr Licht läuft in ihrem Universum in die Zukunft und kann von unserem Reisenden niemals gesehen werden, wenn er in die Zone der Dämmerung gelangt. Ihr gesamtes Licht geht in die vergangene Singularität. Es geht sozusagen in die falsche Zeitrichtung und kann deshalb nicht von ihm gesehen werden.

Also sieht der Jemand nicht die Jemandin und sie nicht ihn. Falls sie übrigens aus einem Universum kommt, in dem die Zeit gerade andersherum läuft als in unserem, besteht sie auch aus Antimaterie – aber das ist wieder eine andere Sache.

Selbst wenn es uns so vorkommt, als ob ihre Vergangenheit unsere Zukunft ist, könnten wir uns irren. Was für uns in die Vergangenheit weist, könnte auch für sie in die Vergangenheit weisen. Ihr Weltall könnte also auch ganz normal von dem, was wir Vergangenheit nennen, in die Zukunft laufen.

Sie erleben vielleicht all das, was zu unserem normalen Leben gehört, genau wie wir und in derselben Zeitrichtung wie wir. Das, wovon wir sagen, es würde in fünf Minuten geschehen, ist auch das, wovon sie sagen, es würde in fünf Minuten geschehen, aber wir würden es in unseren Berechnungen als Zeit registrieren, die fünf Minuten zurückliegt. Anders gesagt läuft ihr Universum genauso ab wie unseres, aber die Zeitrichtungen sind vertauscht, so daß wir etwa + 5 Minuten nennen, was sie – 5 Minuten nennen, und umgekehrt.

Das klingt vielleicht verrückt, ist aber nicht mehr als eine Entsprechung zwischen unserer positiven und ihrer negativen Zeit, genau wie wir zwischen uns und unserem Spiegelbild eine Ähnlichkeit finden. Die Zeit läuft in beiden Universen in dieselbe Richtung, aber wir berechnen ihre Zeit umgekehrt. Sie würden von unserer Zeit etwas Ähnliches sagen.

In diesem Fall würde eine für uns zukünftige Singularität für sie dieselbe zukünftige Singularität sein. Dann würden die beiden Reisenden einander sehen können. Sie könnte unser Weltall beobachten und er ihres, während sie gemeinsam in die zukünftige Singularität stürzen. Jede würde ihr eigenes Universum in der Zeit zurücklaufen sehen und das des anderen vorwärts. Nun ja, schon Augustin sagte einmal: »Wenn man mich fragt, was Zeit ist, weiß ich es nicht. Wenn man mich nicht fragt, weiß ich es.«

Es ist, wie schon erwähnt, möglich, einem Schwarzen Loch zu entkommen. Dazu müßten Reisende ihre Reise im Innern des Schwarzen Lochs beginnen. Es geht nicht, daß sie außen beginnen und die Grenze zweimal überschreiten. Die Oberfläche eines Schwarzen Lochs heißt deshalb auch *Ereignishorizont*. Ein Ereignishorizont ist die Oberfläche einer Kugel, die den Rand eines Schwarzen Lochs markiert. Sie heißt Ereignishorizont, weil man sich ihr wie einem Horizont, den man beim Sonnenuntergang bewundert, nur nähern kann, sie aber niemals wirklich erreicht. Es dauert unendlich lange, wenn man sich dem Ereignishorizont nähern will, wenn die Zeit von Beobachtern gemessen wird, die das Schauspiel aus der Ferne beobachten. Der sich dem Schwarzen Loch nähernde Reisende jedoch mißt nur eine endliche Zeitspanne. Wieder kommt die Relativität der Zeit ins Spiel. Wenn man es schafft, den Ereignishorizont zu durchqueren und in das Innere des Schwarzen Lochs hineinzukommen, kann man niemals umkehren und den Ereignishorizont nochmals erreichen. Man wird vom Fluß der Raumzeit im Loch weggespült und beendet sein Leben schließlich in der Mitte des Schwarzen Lochs.

Ein Ereignishorizont kann eben nicht zweimal überschritten werden – pro Erfahrung eines Universums ist höchstens ein Ereignishorizont erlaubt.

Wie ein rotierendes Schwarzes Loch eine Brücke zu vielen Universen bilden kann

Was oben über die Unmöglichkeit gesagt wurde, den Ereignishorizont zweimal zu überqueren, trifft zu, solange es nur einen Ereignishorizont gibt. Die Aussage ist also eigentlich: »Man kann denselben Ereignishorizont nicht zweimal überschreiten« – genau wie man nicht zweimal im selben Fluß schwimmen kann. Der Grund dafür ist, daß der Ereignishorizont eine Grenze zwischen verschiedenen Orientierungen der Raumzeit darstellt.

In unserem Weltall erleben wir, wie wir ohne Möglichkeit zur Umkehr in der Zeit leben, uns aber im Raum vorwärts und rückwärts bewegen können. Beim Überqueren eines Ereignishorizonts jedoch kehren sich Zeit und Raum um. Der Raum wird ein »Strom« ohne Umkehr und die Zeit »raumartig«, läßt also Hin- und Herbewegung zu. Wenn man also einmal den Ereignishorizont überschritten hat, wird man, von außen gesehen, im Raum nach vorn gestoßen. Der Raum im Innern des Horizonts ist »zeitartig«, was bedeutet, daß man sich in alle Richtungen bewegen kann, während die Zeit »raumartig« ist, also in beide Richtungen fließen kann. Selbst wenn Sie als Raumfahrer oder Raumfahrerin eine gleichmäßige Bewegung der Zeit wahrnehmen, sehen jene, die Ihre Bewegung verfolgen, wie Sie sich mit der Zeit bewegen, wenn Sie den Ereignishorizont betreten; dann aber wird es aussehen, als ob sie durch den Raum zur Singularität des Schwarzen Lochs gefegt werden, während Sie in der Zeit zurückgehen. Wenn die Außenwelt Sie dabei beobachten könnte, sähe es aus, als ob Sie, gemessen an ihrer Zeiterfahrung, in die Vergangenheit gingen.

Das Überqueren des Ereignishorizonts bewirkt also eine Umkehr. Was in unserem Weltall Zeit ist, wird im Schwarzen Loch zum Raum. Schließlich gelangen Sie in die Singularität.

Dieses trifft alles auf ein Loch zu, das sich nicht dreht. Es ist

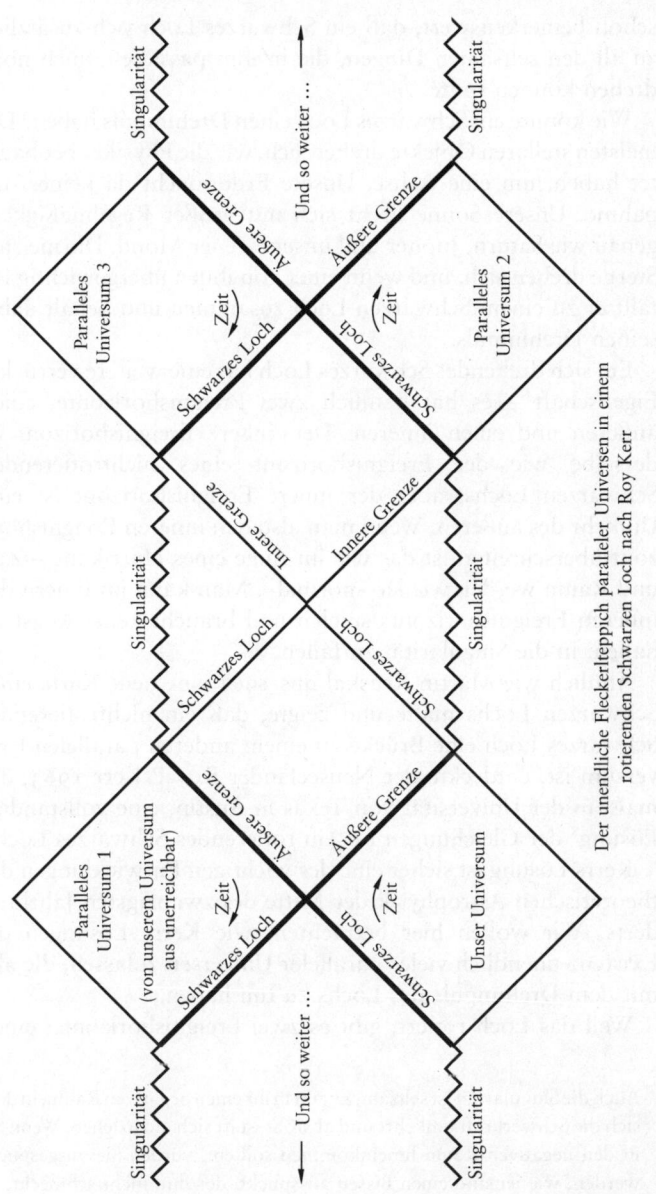

Der unendliche Fleckerlteppich paralleler Universen in einem rotierenden Schwarzen Loch nach Roy Kerr

schon bemerkenswert, daß ein Schwarzes Loch sich zusätzlich zu all den seltsamen Dingen, die in ihm passieren, auch noch drehen können sollte.

Wie könnte ein Schwarzes Loch einen Drehimpuls haben? Die meisten stellaren Objekte drehen sich, wie die Physiker beobachtet haben, um eine Achse. Unsere Erde macht da keine Ausnahme. Unsere Sonne dreht sich mit großer Regelmäßigkeit, genau wie Saturn, Jupiter und unser eigener Mond. Die meisten Sterne drehen sich, und wenn einer von ihnen übergewichtig ist, fällt er zu einem Schwarzen Loch zusammen und behält dabei seinen Drehimpuls.

Ein sich drehendes Schwarzes Loch hat eine weitere verrückte Eigenschaft – es hat nämlich zwei Ereignishorizonte, einen äußeren und einen inneren. Der äußere Ereignishorizont ist derselbe wie der Ereignishorizont eines nichtrotierenden Schwarzen Lochs, aber der innere Ereignishorizont ist eine Umkehr des äußeren. Wenn man also den inneren Ereignishorizont überschreitet, ist das wie im Auge eines Hurrikans – Zeit und Raum werden wieder »normal«. Man kann im Innern des inneren Ereignishorizonts spielen und braucht keine Angst zu haben, in die Singularität zu fallen.*

Ähnlich wie Martin Kruskal uns 1961 eine neue Karte eines Schwarzen Lochs malte und zeigte, daß ein nichtrotierendes Schwarzes Loch eine Brücke zu einem anderen parallelen Universum ist, entdeckte der Neuseeländer Roy P. Kerr 1963, damals an der Universität von Texas in Austin, eine vollständige Lösung[8] der Gleichungen für ein rotierendes Schwarzes Loch.

Kerrs Lösung ist sicher eine der wichtigen Entwicklungen der theoretischen Astrophysik der Mitte des zwanzigsten Jahrhunderts. Wir wollen hier betrachten, wie Kerrs Lösungen die Existenz unendlich vieler paralleler Universen zulassen, die alle mit dem Drehimpuls des Lochs zu tun haben.

Weil das Loch rotiert, gibt es zwei Ereignishorizonte, einen

---

* Auch die Singularität ist seltsam. Es gibt in ihr einen negativen Raum, in dem sich die Schwerkraft umkehrt und abstößt, statt sich anzuziehen. Wenn Sie in den negativen Raum hineinkommen sollten, würden Sie ausgespuckt werden, wie jemand einen Bissen ausspuckt, der ihm nicht schmeckt.

inneren und einen äußeren. Ein Raumfahrer kann jetzt unge-
fährdet von unserem Universum in jedes andere parallele Universum gelangen; nur ein einziges ist ausgenommen. Nun haben
die von Kerr benutzten Koordinaten die Struktur einer Honig-
wabe, und es ist deshalb möglich, in fast alle Universen zu
gelangen, ohne sich je schneller als das Licht zu bewegen. Die
Ausnahme ist das uns genau benachbarte parallele Universum.
Es läßt sich nur erreichen, wenn man schneller ist als das Licht,
und das ist unmöglich.

Alle anderen Universen jedoch lassen sich erreichen. Nirgends
muß der Reisende seinen Weg mit mehr als Lichtgeschwindigkeit zurücklegen. Er reist einfach mit normaler Geschwindigkeit
durch den äußeren Ereignishorizont, der das Loch umgibt, und
dann durch einen inneren. Bei der Weiterfahrt gelangt er wieder
durch einen inneren Horizont und schließlich durch einen weiteren äußeren Ereignishorizont, wo er dann in eines von zwei
möglichen parallelen Universen gelangt. Wenn er so weiter-
macht und sich durch innere und äußere Ereignishorizonte
hindurchwindet, kann er jede Menge paralleler Welten erreichen.

Seine Reise zum nächsten Universum, die im Jahr 2000 beginnt, würde dem Sturz von einem Floß in einen Strudel gleichen.
Zuerst überquert er den äußeren Ereignishorizont und gelangt
ins Innere des Lochs – dorthin, wo normale Raum- und Zeit-
orientierung sich umkehren. In diesem Bereich ist er gezwungen
weiterzugehen; niemals kann er in unser Weltall zurückkehren.
Sobald er den äußeren Horizont überquert, ist unser Weltall
schon unendlich alt. Es gibt dort gar kein Universum mehr!

Dann passiert er den inneren Ereignishorizont und betritt den
Bereich genau neben der Singularität. Solange sich das Loch
dreht, geht er genau an der Singularität vorbei. Es gibt keine
»raumartige« Singularität mehr, die ihn zwingt hineinzufallen.
Da Zeit und Raum sich wieder umgekehrt haben, ist die Zeit
wieder auf der richtigen Spur. Die Singularität braucht ihm keine
Angst mehr zu einzuflößen. Sie ist »zeitartig«, parallel zu seiner
Bewegung im Loch. Natürlich muß er aufpassen, daß er nicht in
die Singularität hineinfällt.

Bald kommt er aus dem innersten Bereich heraus. Er passiert

einen inneren Ereignishorizont, und wieder vertauschen sich
Zeit und Raum, was ihn zwingt, sich nach außen zu bewegen.
Wenn er den äußeren Ereignishorizont durchquert, kommt er
dann in ein paralleles Universum – eine völlig neue Welt. Wenn
er den letzten Horizont durchquert hat, wird er sogar Zeuge der
Geburt dieses Universums.

Auf der richtigen Bahn kann er in seine parallele Vergangenheit kommen, vielleicht sogar bis zur Zeit seiner Geburt. Wenn
das zweite Universum eine genaue Kopie seines Universums ist,
erlebt er sie noch einmal.

Eine Unendlichkeit paralleler Universen

Es gibt nicht nur vier parallele Universen, die durch ein sich
drehendes Schwarzes Loch verbunden sind, sondern unendlich
viele. Kerrs Lösungen haben gezeigt, daß die Karte unendlich
weit reicht, in die Vergangenheit wie in die Zukunft. Könnten
diese Universen sich je miteinander verständigen? Könnte es je
eine physikalische Erscheinung geben, die in unserem Universum beobachtbar ist und diese Verbindung anzeigt? Abgesehen
von der Möglichkeit, eine solche Reise wirklich zu machen, wie
es unser Fantasie-Reisender tat, gibt es eine weitere aufregende
Möglichkeit. Vielleicht ist die Unendlichkeit der parallelen Universen, die von Einsteins Allgemeiner Relativitätstheorie vorhergesagt wird und die Kerr aufzeigte, gleich der Menge paralleler
Universen, wie sie von einer ganz anderen physikalischen Theorie – der Quantentheorie – vorhergesagt werden. Wenn das so
ist, führt das zu einer Reihe von aufregenden Entwicklungen.
Wir werden sie in Teil Fünf und Sechs betrachten.

In Teil Vier werden wir untersuchen, welche Voraussagen am
Anfang der Zeit über parallele Universen gemacht werden. Wie
wir in Teil Eins sahen, behandelt die Quantenphysik parallele
Universen, als ob sie gespenstische Wahrscheinlichkeiten aus
einer anderen Welt seien, die sich mit unserer Welt überschneiden könnten. In Teil Drei machten wir uns klar, daß die stark
verzerrten Bereiche der Raumzeit, wie sie die Relativitätstheorie
beschreibt, ihre Existenz fordert. Vielleicht sind diese quanten-

physikalischen Gespenster der Wahrscheinlichkeit Bilder aus einer solchen Raumzeit. Vielleicht sind sie Signale der Existenz derselben Universen, die für den Anfang von Zeit und Raum vorhergesagt wurden.

Um diese Möglichkeiten zu untersuchen, müssen wir Kosmologie betreiben – über den Anfang der Welt nachdenken. Im neuen Licht der Relativitätstheorie wissen wir, daß Raum und Zeit ganz anders sind, als die klassische Physik sie begrifflich faßt. Die Quantentheorie lehrte uns, daß die Materie ganz anders ist, als sich die Physiker es sich je vorstellen konnten. Die Eigenschaften der Materie hängen von der Wahl ab, die ihre Beobachter treffen. Diese Eigenschaften müssen als Möglichkeiten nebeneinander bestehen, jede in ihrem eigenen Universum, wenn wir uns zur Deutung des geheimnisvollen Quantums in parallelen Welten bekennen. Die Relativitätstheorie sagt aus Verzerrungen der Raumzeit parallele Welten vorher und die Quantentheorie aus dem Verschmelzen der Möglichkeiten, und deshalb erscheint es uns jetzt vernünftig zu sein, diese Universen gleichzusetzen. Wenn die Physiker diese Gleichsetzung widerspruchsfrei durchführen können, verheißt das die Schließung der Lücke zwischen Relativitätstheorie und Quantentheorie.

Jeder Versuch, die Quantenphysik ins Spiel zu bringen, muß jedoch auch das Problem der Beobachtung lösen, besonders am Anfang der Zeit. Wie entstand das Universum, wenn es damals noch keinen Beobachter gab? Welche Rolle spielten Beobachter oder Beobachterin, fallls es sie gab? In Teil Vier werden wir die Rolle der Quantenphysik am Beginn der Zeit mit und ohne *Beobachter* untersuchen und uns fragen, wie die Vorstellung, es gäbe parallele Universen, widerspruchsfrei erklären kann, wie alles begann.

IV. »Am Anfang …!«

Am Anfang wurde das Universum erschaffen.
Das machte viele Leute sehr wütend und
wurde allenthalben als Schritt in die falsche
Richtung angesehen.

Douglas Adams, *Das Restaurant am Ende
des Universums*

Die Kosmologie ist die Theorie vom frühen Weltall; sie schildert, wie alles, das wir physikalisch nennen – Materie und Energie –, vor etwa 15 Milliarden Jahren begann. Diese Theorie ist oft wesentlich verändert worden. Wir wissen heute, daß frühere Kosmologien, auch solche, die Einsteins Relativitätstheorie einbezogen, falsch sein müssen, denn sie berücksichtigten nicht die Quantenphysik. Bei deren Einbeziehung ergeben sich starke und überraschende Hinweise darauf, daß es schon zu Beginn der Zeit *parallele Universen* gegeben haben muß.

In Teil Vier beschäftigen wir uns mit der *Kosmologie* unter Einschluß der Quantenphysik. Wie wir sehen werden, weist die Kosmologie – womit gewöhnlich die *Urknall*theorie gemeint ist, die Theorie, die am Anfang der Zeit eine große Explosion postuliert – mehrere Schwächen und Widersprüche auf, wenn nicht auch die Quantenphysik berücksichtigt wird.

Diese Widersprüche ergeben sich, wenn Kosmologen versuchen, Einsteins Allgemeine Relativitätstheorie mit der Newtonschen Physik zu verknüpfen, und dabei alles auslassen, was mit der Quantenphysik zu tun hat. Die Frage, wie die Eigenschaften der Materie durch die Entscheidung eines Beobachters entstehen, läßt sich nur unter Berücksichtigung der Quantenphysik beantworten. Wenn der Energiezustand des Universums im Augenblick des Entstehens festlag, muß sich jemand dazu entschieden haben, das Universum in einem Energiezustand zu beobachten. Wo und wann aber kommt dieser Beobachter ins Spiel, wenn das Universum alles ist, was es gibt? Wir können nur dann hoffen, diese und andere Fragen beantworten zu können, wenn wir die Quantenphysik berücksichtigen. Der Fall ist hoff-

nungslos, wenn wir das Weltall allein aufgrund der Einsteinschen Relativitätstheorie und der Newtonschen Mechanik verstehen wollen.

Die Kosmologie beruht auf einer einfachen klassischen Newtonschen Fantasievorstellung. Danach verhält sich alle Materie
so, als ob sie aus kleinen punktförmigen Teilchen besteht, die
sich in jedem einzelnen Augenblick mit vorhersagbaren Orten
und Geschwindigkeiten durch den unendlichen Raum und die
unendliche Zeit bewegen. Diese fantastische Idee ist ganz nützlich, wenn es um große Mengen fester Materie geht, etwa um
Fußbälle oder Autos, die auf unseren Straßen rollen; sie ist
überhaupt nicht tragfähig, wenn es um atomare und subatomare
Teilchen geht, zumal solche, wie sie beim Urknall erschaffen
wurden. Dazu braucht es noch etwas anderes.

Die ersten Urknalltheorien beruhten trotzdem auf den Begriffen der klassischen Physik, wozu wir auch die der *Gas-* und
Thermodynamik zählen. Nach diesen Theorien begann das
Weltall als ein Punkt, der zu einem sich immer weiter ausdehnen-
den Feuerball explodierte. Diese frühe Theorie hat, so ist heute
klar, keinen Bestand.

Die meisten Kosmologen sind sich heute darüber einig, daß es
keine widerspruchsfreie Theorie vom Urknall geben kann, solange wir nicht alles zusammentragen, was wir über die Physik
wissen. Sicherlich, später wurde die Relativitätstheorie einbezogen. Aber obwohl wir der Relativitätstheorie eine bessere Kenntnis des Urknalls und sogar eine neue Sicht von Raum, Zeit und
Materie verdanken, ist sie doch auch eine klassische Theorie. Die
klassische Physik wurde schon vor langer Zeit durch die Quantenphysik ersetzt, als es darum ging, das heutige Universum zu
erklären; folglich müssen die Begriffe der Quantenphysik auch
beim Urknall eine Rolle spielen.

Das jedoch stellt sich als außerordentlich umstritten heraus.
Niemand weiß genau, wie es gemacht werden sollte, und das
liegt vor allem an der wichtigen Rolle, die der Vorgang der
Beobachtung in der Quantenphysik spielt. Er verändert ja die
physikalische Materie. Die Eigenschaften der Materie, die uns
aus dem Alltagsleben bekannt sind, also etwa die Härte von
Metall und Steinen, die Temperaturen erwärmter Gase, die

Farbe von Licht und Stoffen und auch die Eigenschaften von
Atomen und Molekülen, hängen davon ab, was als Beobachtungsgegenstand ausgewählt wird. Wenn Materie unbeobachtet
bleibt, hat die Materie nach Aussage der Quantenphysik keine
dieser Eigenschaften. Sie existieren dann nur in Form von Wahr-
scheinlichkeitsverteilungen – an ihnen lassen sich diese Eigenschaften beobachten.

Diese Wahrscheinlichkeitsmuster sind ziemlich verrückt. Sie
sind selbst nicht beobachtbar. Aber immer, wenn eine Beobachtung angestellt wird, verändern sie sich plötzlich, und dann
taucht Materie mit der gesuchten Eigenschaft auf. Nicht nur das.
Diese Muster können auch zusammenwirken und eine neue
physikalische Möglichkeit ergeben – etwa so, wie die Überlagerung einer Reihe von Dias in einem Diaprojektor ein Bild
erzeugen kann, das auf keinem der ursprünglichen Dias zu sehen
ist. Ein winziges Beispiel aus der heutigen Welt der Quantentech-
nologie, bei der die Überlagerung von Möglichkeiten zur Erzeugung neuer Möglichkeiten in der physikalischen Welt genutzt
wird, sind die synthetischen Fasern.

Diese neue Möglichkeit kann nur dann eintreten, wenn alle
Möglichkeiten gleichzeitig verwirklicht werden. Auf die Diavorführung übertragen, ist es, als ob die Eigenschaften der Materie
von der Wahl des Diavorführers abhängen, falls jedes Dia eine
bestimmte Eigenschaft der Materie verkörpert. Alle beobachtbaren Eigenschaften der wirklichen Materie, die nötig sind, um
die Erschaffung des Universums zu erklären, können nur durch
die Überlagerung dieser verschiedenen Möglichkeiten existieren.

Jede Möglichkeit muß anders sein als alle anderen, da zu jeder
das Auftreten von Materie mit einer bestimmten Eigenschaft in
der physikalischen Welt von Raum und Zeit gehört. Jede Möglichkeit muß einen anderen Raumbereich einnehmen und eine
bestimmte Zeitlang existieren. Irgendwie müssen diese Bereiche
und Zeitspannen, die Räume, in denen die Materie sich nach den
Regeln der Physik verhält, einander benachbart sein. Aber jede
Möglichkeit muß auch gleichzeitig denselben Raum einnehmen,
damit sich diese Wahrscheinlichkeitsmuster überlagern können.
Die Schauplätze müssen also identisch sein (die Materie muß

denselben Raum, unser Weltall, einnehmen und gleichzeitig unendlich viele benachbarte Schauplätze (Räume oder Universen, die irgendwie »entkörpert« sind).

Solche Räume werden heute *parallele Universen* genannt.

Aus der Quantenphysik folgt nun, daß es unabhängig davon, ob der Urknall geschah, bevor es Beobachter gab oder erst danach, parallel zu ihm ähnliche Vorgänge gegeben haben muß – wobei sich jeder Urknall in einem gleichen, aber getrennten Universum abspielte.

Die erste Widersprüchlichkeit: Die Zeit reicht nicht

Nach dem, was jetzt als das »Standardmodell« der Kosmologie bekannt ist, begann das Weltall – ein einziges – mit einem endlichen, aber sehr kleinen Radius (etwa von der Größe einer menschlichen Blutzelle). Schon daraus ergibt sich das erste Problem. Das Weltall war, so klein es auch war, immer noch zu groß. Die Zeit reichte nicht, um das Licht in alle Winkel des ersten Blutzellen-Universums gelangen zu lassen. Mit der Ausdehnung des Weltalls bleibt dieses Problem bis zum heutigen Tag bestehen.

Unser heutiges Weltall ist also immer noch zu groß, um mit diesem Urknallmodell verträglich zu sein. Die Zeit reichte nicht, um die Temperaturen im ganzen Universum auszugleichen. Deshalb sollten weit auseinanderliegende Teile des Weltalls unterschiedliche Temperaturen haben. Aber das haben sie nicht.[1]

Inflationäre Modelle

Um einen Gleichgewichtszustand zu erhalten, haben einige Physiker versucht, ein Modell des frühen Weltalls zu entwickeln, das auf der Vorstellung beruht, das, was am Anfang da war, sei praktisch aus dem Nichts (aus etwas viel, viel Winzigerem als eine menschliche Blutzelle) entstanden und habe dann eine inflationäre Phase durchgemacht, in der sich das ganze Universum schneller ausdehnte als Licht.

Diese inflationäre Theorie sollte alle Probleme beheben, die mit

all den unendlich vielen möglichen Anfangsbedingungen verknüpft sind, die sich ergeben haben könnten, als das Weltall
begann; gleichzeitig sollte sie ein Verfahren zur Herstellung
eines Gleichgewichts beschreiben. Wenn das Weltall in einem
viel kleineren Bereich begann und das Licht Zeit hatte, es zu
durchqueren, konnte es auch die nötige Energie von einem Ort
zum anderen transportiert haben, bevor die Inflation einsetzte.
Nach dieser Modellvorstellung war die Welt anfangs winzig
klein und dehnte sich in einer inflationären Phase rasch aus.
Dadurch wurden alle Unregelmäßigkeiten, die aus den Anfangsbedingungen stammen könnten, verwischt, genau wie sich in
einem Luftballon alle Falten seiner schlaffen Haut glätten, wenn
er aufgeblasen wird. Es könnten also eine Vielzahl von Anfangsbedingungen zum selben Ergebnis – unserem heutigen Weltall –
führen.*

Die Inflation genügt nicht

Aber auch dies führt zu Widersprüchen, wenn es nur ein Universum gäbe – also nur ein einziges entstanden wäre. Immer noch
würde die Inflation nicht alle Anfangsbedingungen geglättet
haben (wir sollten heute noch Anzeichen dafür finden). Aber
selbst wenn das kein Problem wäre – auch dieses Modell berücksichtigt nicht die Gesetze der Quantenphysik.

Wenn die Quantenphysik schon am Anfang der Zeit berücksichtigt wird, kommen all die Verrücktheiten der Quanten ins
Spiel, die zur Zeit die wissenschaftliche Welt beschäftigen. Insbesondere muß man die Möglichkeit berücksichtigen, daß auch
alle möglichen parallelen Universen entstanden, als unser eige-

---

* Von Raumteleskopen erhaltene Daten haben Hinweise auf Ungleichmä-
  ßigkeiten in der Verteilung von Materie und Energie gegeben, die vielleicht
  von der Urexplosion stammen, die sich vor 15 Milliarden Jahren ereig-
  nete. Das könnte dem inflationären Modell eine neue Wendung geben, das
  geschaffen wurde, um die Gleichförmigkeit der Materie und Energie zu
  erklären, die wir heute im Weltall beobachten. Das inflationäre Modell
  war als eine Ad-hoc-Theorie erfunden worden, um zu erklären, warum
  keine Ungleichförmigkeiten beobachtet werden.

nes Weltall entstand, eben weil es keine *Beobachter* gab, die die zu beobachtenden Eigenschaften der Materie auswählen konnten.

Mit oder ohne Beobachter sind diese anderen Universen nötig, um sich selbst in ganz ähnlicher Weise zu stabilisieren, wie Blasen es tun, die den Schaum auf der Oberfläche einer Flüssigkeit bilden. Diese Stabilität hat mit der Stabilität eines gewöhnlichen Atoms zu tun, wie es von der Quantenmechanik beschrieben wird.

Wie wir eingangs schon ausgeführt haben, besteht ein Atom aus subatomaren Teilchen, sogenannten *Elektronen*. Im Quantenbild gibt es für jedes Elektron in einem Atom viele gleich wahrscheinliche Orte, damit das Atom in einem stabilen Zustand mit niedrigster Energie bestehen kann. Jeder Ort stellt für jedes Elektron eine Möglichkeit dar. In diesem Zustand niedrigster Energie, dem *Grundzustand*, hat das Atom eine wohldefinierte kleinste Energie, seine Elektronen aber haben keinen wohldefinierten Ort. Damit ein Atom stabil bleibt, darf ein Elektron keinen wohlbestimmten Ort haben. Das Atom kann also nur existieren, wenn seine Elektronen ihren Ort in geisterhaften parallelen Welten haben – jedes Elektron nimmt also in jeder Welt irgendwie nur einen Ort ein, besetzt aber unendlich viele Orte in einer unendlichen Anzahl benachbarter paralleler Welten *gleichzeitig*.

Die Analogie geht jedoch noch viel weiter. Diese zusätzlichen Blasen gibt es nicht nur in einem Universum, sondern in parallelen Universen – Universen, die sich von unserem Universum aus durch einen Vorgang erreichen lassen, den wir *Quantentunnel* nennen. Dabei kann ein Elektron plötzlich in einem Universum verschwinden und in einem anderen auftauchen. Wenn diese Vorstellung zutrifft, würde sich sogar vieles, das wir jetzt als psychische Phänomene, veränderte Bewußtseinszustände, Geister, Gespenster, fliegende Untertassen und andere unerklärliche Erscheinungen deuten, durch das Tunneln von Information erklären lassen – als Information aus parallelen Universen.

Parallele Universen lösen ein weiteres Problem

Wenn parallele Universen wie Seifenblasen entstehen können, löst das ein weiteres Problem. Denn dann läßt sich die Frage *Warum wir?* beantworten. Warum haben wir das Glück, in dem einzigen Weltall zu leben, das es gibt? Wenn die Anfangsbedingungen des Universums auch nur ein kleines, höchst wahrscheinliches bißchen anders wären, müßten wir in einem Knall kosmischen Rauchs aufgegangen sein. Wenn wir parallele Universen einbeziehen, schließen wir solche ein, in denen Leben, wie wir es kennen, nicht so gut möglich ist. Das liefert eine Lösung für das Problem des Warum – wir?, weil es neben unserem Universum alle möglichen Universen geben kann, selbst jene, die nicht genau die richtigen Anfangsbedingungen haben, um das uns vertraute Leben zu erzeugen.

In Teil Vier erkunden wir diese Fragen zum Anfang von all dem, was es gibt, und zeigen, warum es schon zu Beginn der Zeit parallele Universen gegeben haben muß.

17. Die ersten Beobachter des Urknalls

Aus irgendeinem Grund fragt *Homo sapiens* gern danach, wie alles anfing. Wenn wir es nicht wissen (und selbst heute wissen wir es nicht), stellen wir es uns vor. Unser Nachsinnen darüber, wie alles begann, hängt davon ab, zu welcher Zeit wir leben. Heute benutzen wir die Sprache und Gedankengänge der modernen Naturwissenschaften, um die Geschichte des frühen Universums zu erzählen. Unsere Ahnen, so steht es geschrieben, erzählten viele Geschichten davon, wie alles begonnen hat. Wie Steven Weinberg, Physiker und Nobelpreisträger, in seinem Buch *Die ersten drei Minuten*[1] in Anlehnung an die *Edda* berichtet, stellten sich die Isländer nach dem Zeugnis ihres Fürsten Snorri Sturleson im Jahr 1220 vor, im Anfang sei nichts gewesen.[2] »Da war nicht Erde unten, noch Himmel oben, Gähnung grundlos, doch Gras nirgend.« Aber – und hier weist die Geschichte einige weitere Lücken auf, nördlich und südlich vom Nichts gab es einen Bereich mit Eis und Feuer. Die Feuerhitze durchdrang die große Gähnung und schmolz etwas Eis, aus dem der Riese Ymir und die Kuh Audhum wurden, und dann etwas Gras, das die Kuh fressen konnte; es gab salzige Steine und eisige und feurige Welten, Nebelheim und Muspelheim.

Aus unserer heutigen Sicht scheinen solche Geschichten einfältig und lückenhaft zu sein. Aber wir sollten nicht zu schnell die Nase rümpfen. Die alten Normannen hatten, soweit wir wissen, zumindest in einer Hinsicht recht; am Anfang gab es wahrscheinlich nichts, nicht einmal einen Grashalm.

Die Namen Gottes

Am Anfang, so sagt uns die Bibel, war Gott. Gott schied die Wasser und hieß Licht sein; und es ward Licht. Später, so lesen wir, benannte Adam das, was Gott geschaffen hatte. Jeder Vorgang der Benennung eines Dings erschuf also in gewisser Weise dieses Ding als eine Wirklichkeit. Gottes Rolle war also sowohl die des Schöpfers als auch des Beobachters aller Dinge. Schöpfung und Beobachtung (wobei ein Ding als Ding wahrgenommen und benannt wird) waren am Anfang der Zeit vielleicht gleich wichtig.

Dieser Gedanke erweist sich für die Quantenphysik als wesentlich; in meinen früheren Büchern[3] und in den vorangegangenen Abschnitten habe ich vom *Beobachtereffekt* gesprochen. Er ist wichtig, wenn wir versuchen, die Quantenphysik des frühen Weltalls zu beschreiben und die Rolle, die parallele Universen spielten, als die Dinge begannen.

Der Beobachtereffekt ist die plötzliche Veränderung der Wahrscheinlichkeit für eine Eigenschaft der Materie, etwa ihr Ort im Raum, wenn eine Beobachtung tatsächlich durchgeführt wird. Wenn keine Beobachtung erfolgt, bleibt das Ding ohne die gesuchte faßbare Eigenschaft, in diesem Fall ohne einen Ort im Raum. Man sagt, es sei in einem Wahrscheinlichkeits- oder Quantenwellenmuster; ich nenne es *Qwiff*.

Der Beobachter stört und erschafft

Der Beobachtereffekt verändert nicht nur die Wahrscheinlichkeit, sondern er erschafft den Beobachtungsgegenstand. Beobachten heißt im wesentlichen, den Beobachtungsgegenstand ins
Sein bringen.

Die Frage ist, wer das frühe Weltall beobachten konnte. Wenn
es zu Beginn keinen Beobachter gab, Gott also die Schöpfung
nicht beobachtete, müssen nach der Quantenphysik alle möglichen Beobachtungsergebnisse gleichzeitig nebeneinander entstanden sein. Damit also sagt die Quantentheorie *parallele
Universen* vorher.

In einer Variante dieses Bildes stellt man sich einen Beobachter
einfach nur als Meßinstrument vor. Wenn eine Beobachtung
stattfindet, man also etwa dem Fällen eines Baums in einem
Wald zuschaut, gehen die Aufzeichnung der Fällung und der
beim Fällen beobachtete Baum gemeinsam in parallele Universen über – jedes entspricht einem der möglichen Orte des
gefällten Baums und des Geräts, das dieses Ergebnis verzeichnet.

So gesehen ist Gott, der erste Beobachter, wie einer, der im
Schlamm steckenbleibt, allein durch die Beobachtung der eigenen Schöpfung gefangen. Vielleicht ist das die Antwort – wir
sind irgendwie Gott, gefangen im Morast der Materiehaftigkeit,
weil wir etwas haben wollten, was wir anschauen konnten.

Bevor wir das genauer betrachten, wenden wir uns einigen der
Probleme zu, die mit dem Anfang der Zeit zu tun haben und
nicht mit der Quantenphysik oder parallelen Universen.

Der Grand Prix am Anfang der Zeit

Heute erinnert die akzeptierteste Theorie vom Beginn der Welt
an ein Rennen um einen Großen Preis. Im Anfang wurde – von
kosmischen Rennfahrern – der Motor angelassen, und es kam zu
Explosionen. Aus der Sicht der klassischen Physik gab es nur
eine einzige Explosion, ganz zu Anfang, den *Urknall*.

Zeit zu Beginn der Zeit

Diese Explosion begann nicht einfach irgendwo im kosmischen Auto, sondern überall gleichzeitig. Überall gleichzeitig bedeutet jedoch nicht das, was wir uns vielleicht vorstellen – denn zu dieser Zeit, oder vielleicht besser gesagt, in diesem Augenblick, da Augenblicke und Zeiten im frühen Universum dasselbe sind, begann auch die Zeit. Wenn wir einen Moment lang Einstein glauben, der Zeit und Raum als Aspekte eines Kontinuums sieht, begann auch der Raum gerade erst dann.

Raum, wo zuvor keiner war

So gelangt man also zu der Vorstellung, daß alles in einem winzigen Punkt begann, der kleiner war als ein Nadelstich. Die beste der heutigen Theorien behauptet, die erste Explosion habe mit einem Volumen begonnen, das kleiner war als der Kern eines Wasserstoffatoms. Um sich einen so kleinen Raum vorzustellen, erinnere man sich, daß ein Wasserstoffatom sich zu einem Daumen verhält wie der Daumen zum ganzen Planeten Erde. Der Kern des Wasserstoffatoms, ein sogenanntes Proton, ist im Vergleich zum ganzen Atom so groß wie ein Tischtennisball im Vergleich zu einem Fußballstadion.

Zeitlich ist es noch schwieriger, sich den ersten Augenblick vorzustellen. Im Vergleich mit einer Sekunde war der erste Augenblick äußerst kurz. Heute denken wir gewöhnlich in Nanosekunden – dem Milliardstel einer Sekunde. In drei Nanosekunden legt Licht etwa einen Meter zurück. Eine Nanosekunde verhält sich zu einer Sekunde wie eine Sekunde zu etwa 32 Jahren. Betrachten wir eine noch kleinere Zeitspanne – eine Attosekunde. Eine Attosekunde verhält sich zu einer Nanosekunde wie eine Nanosekunde zu einer Sekunde. Eine Attosekunde verhält sich also zu einer Sekunde wie eine Sekunde zu etwa 32 Milliarden Jahren. Unser heutiges Universum ist nur etwa 15 Milliarden Jahre alt.

Selbst eine Attosekunde ist im Vergleich zum ersten Augenblick noch lang. Der erste Augenblick verhält sich zu einer

Attosekunde wie eine Sekunde zu 32 Milliarden Jahren. Anders
gesagt verhält sich der erste Augenblick zu einer Sekunde wie
eine Sekunde zu 32 Milliarden Milliarden Milliarden Jahren. In
Augenblicken gerechnet, war das Weltall schon sehr, sehr alt,
bevor die erste Zeitsekunde verstrichen war.

So also sieht die Sache nach der klassischen Physik aus. Der
ganze Raum war winziger als ein Proton und die gesamte Zeit
war kürzer als dieser erste Augenblick. Und alle Materie war in
dieser All-Zeit in diesem All-Raum enthalten.

Es ist offensichtlich schwierig, sich davon eine Vorstellung
zu machen. Nach Einstein hängen Raum, Zeit und Materie
eng miteinander zusammen. In einem Zeitungsinterview sagte
Einstein einmal sinngemäß: »Vor der Relativitätstheorie dachten wir, es würde Raum und Zeit auch dann geben, wenn alle
Materie des Weltalls plötzlich verschwindet.« Genau wie
Pferd und Wagen nicht ohne einander zu denken sind, liefern
Raum, Zeit und Materie den Hintergrund, vor dem die jeweils
anderen definiert werden. Es kann keinen Raum ohne Zeit
geben, weil die Lichtgeschwindigkeit im Vakuum konstant ist,
und Materie ist ohne beide vollkommen sinnlos. Einstein
zeigte, daß die Materie auf die Raumzeit wirkt, die sich selbst
»krümmen« läßt. Überraschenderweise entsteht aus dieser
starken Krümmung dann, wenn die Materie dicht genug ist,
eine Passage oder ein Tunnel von einem parallelen Universum
zum anderen.

Schwarze Löcher:
Noch ein Weg in ein paralleles Universum

Ein solcher Tunnel existiert nach der Allgemeinen Relativitätstheorie im Innern von Objekten, die wir jetzt *Schwarze Löcher*
nennen. Wir sahen schon in Teil Drei, wie die Relativitätstheorie
andere Universen, Schwarze Löcher und ihre verborgenen Ver-
bindungswege vorhersagt. Hier ist es nützlich zu verstehen,
welchen Maßstab ein Schwarzes Loch hat, und auch, in welchem
Maßstab das Universum begann.

Der Maßstab des Universums

Stellen Sie sich ein Kugellager von etwa einem Zentimeter Durchmesser vor, das aus sehr schwerem Metall besteht; es wiegt etwa 300 Gramm. Selbst mit diesem Gewicht beeinflußt es die umgebende Raumzeit nur wenig. Stellen wir uns jetzt vor, die Erde ließe sich auf diese Größe zusammenpressen.

Jetzt denken wir uns dreihundert solcher »Erdbälle«, jeder mit etwa einem Zentimeter Durchmesser in einen Tischtennisball hineingepreßt. Gewicht und Masse dieses Tischtennisballs entsprechen dann dem Gewicht und der Masse von dreihundert Erden. Dieser Ball ist dicht genug, um ein *Schwarzes Loch* zu bilden.

Seine Dichte ist so hoch, daß Licht abgelenkt wird, wenn es vorbeiläuft. Seine Gravitationswirkung auf uns ist ebenfalls unglaublich. Jeder Mensch würde das 300fache seines jetzigen Gewichts spüren, wenn er nur in die Nähe käme. Dieser dichte Ball verzerrt Zeit und Raum so stark, daß Materie in ihn hineingezogen wird und buchstäblich aus unserer Welt verschwindet und in ein paralleles Universum eintritt.

Aber selbst diese Extremsituation ist viel weniger bizarr als das frühe Weltall. Um die Bedingungen des Universums im allerersten Augenblick nachzuahmen, müßten noch eine Billion Billion Billion mal soviel Masse in denselben Tischtennisball gepreßt werden. Das übersteigt vermutlich alle Vorstellungskraft. Wenn wir das jedoch sehen könnten, würden wir den Beginn der Zeit miterleben, wie er von den klassischen Kosmogonien erzählt wird.

In diesem Augenblick wäre all diese Materie, die in einen solchen kleinen Raum hineinpaßt, äußerst heiß. So heiß, daß die Materie in die einfachsten möglichen Einheiten, sogenannte Photonen oder Lichtteilchen, zerbrochen wird. Ein solches Universum ist wirklich einfach. Es ist ein Gas, das aus Licht besteht.

18. Probleme im Garten Eden

Aber ebenso seltsam wie die erste Sekunde der Zeit ist der Zustand der Welt davor. Es ist möglich, noch weiter zurückzugehen als in die erste Sekunde. Zu jener Zeit wurden die parallelen Universen geboren.

Es ist nicht ganz klar, was wir mit Geburtszeit meinen, da die Zeit in dieser Phase selbst zum Gewebe von Raum, Zeit und Materie gehört wie die Kette zum Schuß. Diese Zeit ist die »Zeitperiode«, die mit der ersten berechenbaren Zeitskala beginnt. Sie ist als das erste *Chronon* bekannt. Im Vergleich zu der gerade beschriebenen Zeit ist sie äußerst kurz, nämlich nur ein Milliardstel des ersten Augenblicks. Gemessen in Chrononen ist das Universum im ersten Augenblick schon sehr alt. Wenn wir den ersten Augenblick als »Standard« nehmen, müssen eine Milliarde Chrononen vergehen, um einen Standard zu erreichen.

Um ein Gefühl für diese Größenordnungen zu erhalten, muß man sich erinnern, daß eine Milliarde Sekunden etwas weniger als 32 Jahre ausmachen. Wären also Chrononen Sekunden, hätte es 32 Jahre gedauert, bis das erste Licht vom ersten Raum- und Zeitpunkt ausgeschickt worden wäre.

Hier sehen wir den allerersten Beginn des Anfangs, der so weit zurückliegt, wie die physikalischen Gesetze reichen. Hier müssen wir wieder darüber nachdenken, wie alles begann.

Wenn wir unseren auf die klassische Physik eingestellten Verstand benutzen und so, wie ich es getan habe, in der Zeit zurückdenken, kommen wir natürlich zu einem einzigen Punkt, der keine Ausmaße hat. Wenn wir in der Zeit zurückgehen, ist das, als ob wir uns einen Ballon vorstellen, der immerfort schrumpft. Wenn der Ballon kleiner wird und zunächst auf die Größe eines Atoms schrumpft, dann die eines Atomkerns und dann auf etwas noch Winzigeres, krümmt sich seine runde Fläche immer mehr in sich selbst. Wir sagen, seine Krümmung nehme in dem Maß zu, in dem sein Radius schrumpft.

Schließlich, wenn der Radius Null wird, ist die Krümmung unendlich. Ein solcher Raumbereich heißt in der Mathematik eine *Singularität*.

In Singularitäten gelten die Gesetze der Physik nicht

Nun ist das Problem der Singularitäten zugegebenermaßen eines der Philosophie, denn innerhalb der so runzligen Grenzen der Singularitäten gelten keine physikalischen Gesetze. Wir Physiker müssen unsere Stimme zu einem schwachen Protest erheben, wenn wir über ihre Existenz nachdenken. Wir sind beim Verfahren nicht zugelassen.

Das bereitet natürlich einigen Physikern Schwierigkeiten, die glauben, daß Gott zu keiner Zeit und an keinem Ort ein völlig gesetzloses Universum zulassen würde. Dieser Meinung ist zum Beispiel der Kosmologe Stephen Hawking von der Universität Cambridge. Er ist der Verfasser des Buchs *Eine kurze Geschichte der Zeit**, und die meisten Physiker halten ihn für einen der glänzendsten und schärfsten Denker dieses Jahrhunderts. Er leidet, wie wahrscheinlich mittlerweile wohlbekannt ist, an einer amyotrophischen Lateralsklerose, die ihn an den Rollstuhl fesselt. Seine Stimmbänder und der Bewegungsapparat sind so sehr in Mitleidenschaft gezogen, daß er einen Computer mit einer künstlichen Stimme benutzen muß, um seine Gedanken seinen Assistenten und Studenten mitzuteilen. Dieser Computer wurde in den USA entwickelt; Hawking entschuldigt sich deshalb wegen seines »amerikanischen Akzents«.

Hawking hat versucht, Quantentheorie und Allgemeine Relativitätstheorie zu verknüpfen. Insbesondere hat er Gleichungen aufgestellt, die uns sagen sollen, was passierte, als die Zeit begann. In seinen Theorien kommen solche Begriffe vor wie imaginäre Zeit (siehe Teil Drei), Singularitäten und parallele Universen, mit denen er Relativitätstheorie und Quantenphysik vereinigen will. Hawking machte uns mit der Vorstellung bekannt, daß es »dort draußen« wirklich Schwarze Löcher gibt, und bemühte sich, uns die theoretischen Hilfsmittel zur Verfügung zu stellen, mit deren Hilfe Astronomen sie in fernen Galaxien finden können. Wenn ein Schwarzes Loch entdeckt wird, wird er zweifellos in Anerkennung seiner Einsichten einen Nobelpreis erhalten. Vielleicht erhält er ihn auch ohne das. Bei

* Hawking, Stephen; *Eine kurze Geschichte der Zeit*, Reinbek 1988.

einem Arbeitstreffen zur Quantenkosmologie, das 1987 am Fermilab in Batavia[4] im US-Staat Illinois stattfand, bemühten sich Forscher darum, die Gesetze der Quantenphysik mit dem Beginn der Zeit zu vereinbaren; Hawking erinnerte damals die Teilnehmer daran, daß Singularitäten schon seit über zwanzig Jahren geduldet werden, besonders die große Singularität, die wir den Urknall nennen. Es gibt, so gab er zu bedenken, keinen Grund, warum es nur eine Singularität geben sollte. Wenn man sorgfältig genug über Singularitäten nachdenkt, wird einem klar, daß unser Universum viele von ihnen, vielleicht sogar unendlich viele enthalten muß.

Der Grund dafür liegt im Wesen der Quantenphysik, wenn sie auf der Ebene des ersten Chronon und des im ersten Augenblick seines Bestehens eingenommenen Raums angewendet wird. Auf dieser Ebene der Wirklichkeit sind Raum, Zeit und Materie ständig im Fluß. Es ist analog dazu, wie etwa ein sehr feingewobener Stoff je nach der Genauigkeit der Betrachtung immer anders erscheint. Auf den ersten Blick erscheint der Stoff glatt und völlig ebenmäßig. Bei genauerer Betrachtung lassen sich die einzelnen Fäden unterscheiden und bei noch genauerem Hinsehen auch die Zwischenräume.

Auf der kleinsten Ebene von Raum, Zeit und Materie ist die Raumzeit ständig im Fluß – sie erschafft momentan flüchtige Blasen von Materie, die sich genauso rasch wieder in nichts auflösen. Solche Blasen tauchen nicht nur an einem Ort auf, sie schäumen überall wie eine Art luftiger Quantenschaum.

Entsprechend müßte es, wenn es einen Urknall gegeben hat, unendlich viele solcher Explosionen gegeben haben, die alle mehr oder weniger gleichzeitig ins Sein kamen – wenn wir überhaupt daran denken können, was das wohl bedeutet, da die Zeit für jede Blase nur dann beginnt, wenn sie entsteht.

Hawking arbeitet seit über zwanzig Jahren an der Physik, die mit Singularitäten zu tun hat. Trotzdem ist er mit den Ergebnissen nicht zufrieden, denn er sagte bei dem Treffen: »Wir können nicht vorhersagen, was aus einer Singularität herauskommt ... Für die Wissenschaft ist das eine Katastrophe.«

Deswegen und weil er von der Gesetzmäßigkeit des Universums überzeugt ist, glaubt Hawking jetzt, daß es im Universum niemals Singularitäten gab, weder jetzt noch damals vor mehr als 15 Milliarden Jahren, als der Garten Eden Wirklichkeit wurde.

Wie können wir diese Singularitäten vermeiden, wenn nicht nur die Kosmologie behauptet, es gebe sie, sondern auch die Allgemeine Relativitätstheorie? Hawking behauptet, das Universum gehorche zu allen Zeiten den Gesetzen der Physik, und das bedeutet, daß selbst am Anfang der Zeit die *Quantenmechanik* gegolten haben muß, und damit wiederum gab es vor jeder Beobachtung *parallele Universen*.

Am Anfang war Ungewißheit

Wenn die Quantenphysik schon in den ersten Runzeln der Zeit galt, gibt es keine Singularitäten. Das hat mit dem Zusammenhang zwischen Impuls* und Ort zu tun, der für jeden Körper gilt und *Unbestimmtheitsrelation* oder *Unschärfeprinzip* genannt wird. Jedesmal, wenn man versucht, einen Körper in einen Raum hineinzupressen, der zu klein ist – anders gesagt, den Körper zu lokalisieren –, widersetzt er sich dem, indem sein Impuls immer unbestimmter wird. Das führt dazu, daß er schließlich einen großen, aber unbestimmten Impuls hat – groß genug, um ihn aus dem Gefängnis der Grenzen, die ihm gesetzt wurden, ausbrechen zu lassen.

In einem gewöhnlichen Wasserstoffatom, das aus einem einzelnen Kern und einem einzelnen Elektron besteht, übt der Kern einen sehr starken elektrischen Sog auf das Elektron in seiner Nähe aus. Ohne Quantenphysik würde dieses Elektron im Kern verschwinden – es würde unwiderstehlich von der elektrischen Kraft gezogen. Aber je näher es dem Kern kommt, um so

---

* Der Impuls ist ein Maß für bewegte Materie. Eine große Masse, die sich langsam bewegt, hat wegen ihrer Masse einen großen Impuls. Eine kleine, schnellbewegte Masse hat aufgrund ihrer Geschwindigkeit einen großen Impuls. Es stellt sich heraus, daß der Impuls in der Quantenphysik eine Grundgröße ist. Deshalb kann ein Objekt einen wohlbestimmten Impuls haben, aber nicht gleichzeitig eine wohlbestimmte Masse oder Geschwindigkeit.

unschärfer wird sein Impuls. Deshalb kann es niemals verschlungen werden, denn immer entweicht es rasch wieder.

Nach der Quantenphysik nimmt das Elektron, wie ich in Teil
Eins ausführte, das Aussehen einer kugeligen Wolke um den
Kern herum an und läßt sich nicht in den Kern hineinziehen.
Wie die im vorigen Kapitel erwähnte Wasserwolke spaltet sich
das Elektron in viele Kopien von sich selbst, von denen keine
tatsächlich der Kraft ausgesetzt ist, die sie hält, sondern alle
Kopien setzen sich gemeinsam mit ihren Grenzen auseinander,
indem sie eine Geisterwolke bilden.

Der wahrscheinlichste Abstand, den Elektronen und Kern in
jener Wolke haben, stellt sich als genau die richtige Entfernung
heraus, in der die Kraft, die die Elektronen im Atom hält, gegen
die »Kraft« der Unschärfe ankommen kann. Kämen sie einander näher, würde das Unschärfeprinzip das Elektron wegfliegen
lassen; wären sie weiter voneinander entfernt, würde die elektrische Kraft sie stärker nach innen ziehen.

(Es gibt Hinweise darauf, daß die menschliche Persönlichkeit, der Ichzustand, ebenfalls mehrfach gespalten wird, wenn
sie eingeschränkt wird. Bei Erwachsenen mit gespaltener Persönlichkeit hat sich immer wieder herausgestellt, daß sie als
Kinder auf vielfache Weise, gewöhnlich sexuell, mißbraucht
wurden. Wenn dies geschah, spaltete sich die noch zarte Per-
sona des Kindes in verschiedene Persönlichkeiten. Vielleicht ist
dies mehr als ein sprachliches Bild; multiple Persönlichkeiten
könnten sich vielleicht wirklich auf Quantenverhalten zurück-
führen lassen. Wir kommen in Teil Sechs auf dieses Thema
zurück.)

Auf diese Weise vermeidet das Elektron den Kern, obwohl es
sich, klassisch gesprochen, damit abzufinden hätte. Die elektrische Kraft, die das Elektron erfaßt, beschränkt es meist auf
einen Bereich, der singulär sein sollte – auf einen Bereich mit
unendlicher Krümmung und keinerlei Ausmaß. Aber die Wolke
zeigt trotz der Kraft, die mit ihr verbunden ist, kein singuläres
Verhalten.

(Bei der gespaltenen Persönlichkeit ließe sich sagen, daß das
Kind weiteren Mißbrauch vermeidet, indem es sich in mehrere
Egos aufspaltet. Auf diese Weise braucht sich nicht nur ein Ego

allein mit dem die Persönlichkeit belastenden Erwachsenen auseinanderzusetzen. Die Last wird von allen geteilt.)

Auf ähnliche Weise glaubt Hawking, daß es zur Zeit des Urknalls kein singuläres Verhalten gab. Zwar gab es unendlich viele Urknälle, aber sie gehorchten alle den Gesetzen der Quantenphysik; es gab keinen Beobachter, jeder Urknall geschah also in einem der parallelen Universen. Das Gleichgewicht zwischen den Kräften des Unschärfeprinzips und den Anziehungskräften, die zwischen allen Teilchen der Materie bestehen (als das geschah, waren Schwerkraft, schwache, elektromagnetische und starke Kraft alle zu einer einzigen Kraft vereint)*, erschuf ein Quantenszenario, das dem ersten Atom, dem Wasserstoffatom, ähnelt – nur war nicht eine Kraft daran beteiligt, sondern alle.

Wenn wir uns den Urknall genau ansehen, erkennen wir darin eine Struktur – sie ähnelt zum Teil der eines Atoms, mehr noch der eines Schwarzen Lochs. Atome können wohlbestimmte Energien, sogenannte Energiezustände, haben. Diese den Gesetzen der Quantenphysik gehorchende Struktur kann offensichtlich in eindeutigen Quantenzuständen existieren. Diese sind völlig analog zu den Quantenzuständen, die es im Wasserstoffatom gibt. Also gibt es einen niedrigsten Energiezustand – einen Grundzustand.

---

* Wir kennen in der Physik vier Kräfte. Sie heißen Schwerkraft, elektromagnetische, starke und schwache Kraft. Die beiden ersten Kräfte sind wohlbekannt. Die Schwerkraft hält alle großen Objekte, wie Planeten und Menschen, in ihrem Bann. Die elektromagnetischen Kräfte bewegen elektrisch geladene Teilchen, etwa die Elektronen in den Kupferdrähten, die vom nächsten Stromanschluß zur Leselampe führen. Schwache und starke Kräfte existieren im Innern eines jeden Atomkerns. Schwache Kräfte sind für eine bestimmte Art der Teilchenemission verantwortlich, wie etwa den Zerfall eines Neutrons zu einem Proton, einem Elektron und einem Antineutrino. Starke Kräfte binden die Kernteilchen im Inneren des Kerns aneinander. Wir glauben, daß all diese Kräfte zu Beginn der Zeit in einem einzigen Kraftfeld vereinigt waren.

19. Der Grund, auf dem das Universum stand

Ein Grundzustand eines Atoms erweist sich als eine Konfigura-
tion, in der die Bestandteile des Atoms so wenig Energie wie
möglich haben. Dazu müssen sie bereit sein, auf objektive
Eigenschaften, etwa eine feste Lage zueinander, zu verzichten. Es
scheint, daß ein Elementarteilchen allein nur stabil sein kann,
wenn es von einer Familie anderer Teilchen geborgen ist. In
dieser Hinsicht ist ein Universum ziemlich ähnlich einem Atom,
wie schon, glaube ich, einige Weise des Altertums gern sagten,
wenn sie ein Sandkorn betrachteten und darin das ganze Universum fanden. Wir betrachten hier die Analogie zwischen einem
Atom und einem Universum genauer, um zu sehen, wie parallele
Universen begannen.

Ein Elektron in einem Atom und ein Universum
in einem Universum von Universen

Zum Wasserstoffatom gehören ein Elektron und ein Proton.
Dieses Paar darf man sich jedoch nicht so vorstellen, wie wir uns
gewöhnlich zwei nebeneinander bestehende Objekte vorstellen.
Zum Beispiel haben diese Objekte im Atom keinen wohldefinierten Ort. Vielmehr müssen beide den Gesetzen der Quantenphysik folgen und daher als eine einzige Wahrscheinlichkeitswolke gesehen werden.

Obwohl es Elektron und Proton beide gibt und sie eine einzige
Wahrscheinlichkeitswolke bilden, läßt sich das Elektron im
Atom unabhängig vom Proton betrachten, weil die Masse des
Protons viel größer ist als die Masse des Elektrons. Der Elektron-
teil der Wolke wiederum nimmt im Atom viel mehr Raum ein,
und wenn Atome zu mehreren versammelt sind, verdanken wir
Härte, Form, Größe und die chemischen Eigenschaften der
Atome den Elektronen. Die Protonenwolke ist viel klarer auf
den winzigen Bereich in der Mitte – den Atomkern – konzen-
triert.

Wenn wir an eine Atomwolke denken, meinen wir also gewöhnlich die Elektronenwolke. Diese Wolke kann in einer von

mehreren Formen auftreten, die von der Energie des Elektrons im Atom abhängen. Der niedrigste Energiezustand, der Grundzustand, ist kugelförmig. Höhere Energiezustände haben andere Formen; einige sind kugelförmig, und an anderen hängen lappenartige Fortsätze. Es gibt unendlich viele solcher Formen; sie entsprechen den unendlich vielen Energiezuständen des Elektrons.

Wenn ein Elektron seine Energie ändert – Energie verschluckt oder ausschickt –, ändert die Wolke augenblicklich ihre Form und das Atom augenblicklich seine chemische Wertigkeit. So ist ein angeregtes Atom eher bereit, mit einem anderen Atom zu reagieren als ein Atom im Grundzustand. Immer wenn ein Atom Energie absorbiert oder freisetzt, sagen wir, das Elektron mache einen *Quantensprung.* Tatsächlich wäre es richtiger zu sagen, die Elektronenwolke mache einen Quantensprung, denn das Elektron kann nicht als einzelner Punkt existieren, wenn das Atom seinen Energiezustand ändert.

Es ist auch möglich, daß das Elektron einen kurzen Augenblick lang als einzelner Raumpunkt existiert. Nach dem Unschärfeprinzip kann es dann jedoch keine eindeutige Energie haben. Man sagt, es sei dann zur gleichen Zeit eine *Überlagerung* aller möglichen Energien.

Dafür wiederum könnte man auch sagen, das Elektron existiere in parallelen *Energiewelten.* In jedem dieser Universen ist es eine Wolke, deren Form und Größe der Energie entspricht, die es in diesem Universum hat.

Das Universum zur Zeit Null: Energie oder Ort?

Ganz ähnlich, wie sich ein Elektron in einem Atom verhält*, könnte auch das Universum selbst als Punkt begonnen haben; in dem Fall hätte es keine eindeutige Energie gehabt – oder es könnte in einem eindeutigen Energiezustand begonnen haben, hätte dann aber keine eindeutige Gestalt gehabt.

Falls es zu Beginn in seinem Grundzustand war, hätte es

---

* Siehe »Die Quanten-Dia-Schau« in Kapitel 3.

keinen eindeutigen Radius und keine Anfangszeit gehabt – anders gesagt, es hätte nicht als Singularität, als Punkt, begonnen. Es hätte vielmehr einem Schwarzen Loch geähnelt (wir haben dieses Gebilde in Teil Drei behandelt). Statt einer Singularität, wie es sie in der Mitte des Schwarzen Lochs gibt, hätte das Universum aber eine Öffnung, einen topologischen Raum, der das Universum mit anderen möglichen Energieuniversen verbindet.

Quantentopologen bezeichnen solche Öffnungen mit einem von dem Physiker John Archibald Wheeler geprägten Ausdruck als *Wurmlöcher*. Wenn das Universum in seinem Grundzustand ist, kann es keine Energie aussenden. Es kann nur dann in einem Quantensprung eine neue Gestalt annehmen, wenn Energie von außerhalb des Universums hineinkommt. Diese von außen kommende Energie müßte jedoch genau die Energie sein, die nötig ist, das Universum in den ersten angeregten Zustand zu bringen. Jede einfließende Energie würde wieder hinausfließen, wenn sie nicht genau diesen Wert hätte. Deshalb wäre ein Universum in seinem Grundzustand stabil.

Wenn es jedoch in einem angeregten Zustand ist, kann und wird es Energie aussenden, was zu einem katastrophalen Energiemangel führt. Diese Energie verschwindet durch die topologischen Wurmlöcher, die es mit seinen parallelen Universen verbinden. Vermutlich gibt unsere Welt in einem angeregten Zustand Energie an ein paralleles Universum ab, das in seinem Grundzustand ist.

Hawking deutet etwas unbestimmt an, daß vielleicht nicht nur Energie, sondern auch Information zwischen den Universen ausgetauscht werden kann. Der Grundzustand, auf den sich Hawking bezieht, könnte in der Tat mehr sein als ein Energiezustand – es könnte ein Grundzustand von Information und Ordnung sein.

Hawking wendet, anders gesagt, Quantenregeln dort an, wo es zuvor keine gab. Wir wissen, daß alles, was sich nach Quantenregeln beobachten läßt, hierarchisch von einem Grund- oder niedrigsten Energiezustand zu einem höchsten Zustand angeordnet werden kann. Impuls, Ort, Energie, Drehimpuls, Spin und Masse sind einige der beobachtbaren Größen, mit denen die

Quantenphysik umgeht. Hawking hat Ordnung oder Information zu dieser Liste hinzugefügt.

Wenn unser Universum in einem angeregten Zustand ist, könnte es sich mit recht katastrophalem Ergebnis auch wieder »abregen«, aber wir können überhaupt nicht vorhersagen, wann sich ein solches Ereignis abspielen könnte. Information aus anderen Universen könnte uns wissen lassen, wann es passiert. Aber wie Hawking etwas kryptisch sagt:

> Vielleicht weiß Gott, was diese Information ist, wir wissen es nicht ... Wenn das Weltall nicht im Grundzustand ist, kann die Naturwissenschaft das Weltall nicht vorhersagen. Das übrige bleibt Gott überlassen.*

20. Wer sah was wann?

So kommen wir durch Hawking zurück zur Frage nach dem ersten Beobachter. Ohne diesen Beobachter ist nicht klar, wie unser Universum begann. Es wird im Gegenteil sogar immer klarer, daß sich eine solche Frage nicht entscheiden läßt. Wenn unser Weltall wirklich in einem Energiezustand ist – ganz gleich, ob im Grundzustand oder in einem angeregten Zustand –, muß es nach der atomaren Analogie eine unendliche Anzahl paralleler *Orts*universen geben.

Gott, der erste Beobachter, soll gesagt haben: *Es werde Licht!* Vermutlich zitiert man ihn falsch. Mit größerer Wahrscheinlichkeit sagte er: *Es werde Energie!* Mit diesen Worten könnten unser Weltall und all die unendlich vielen *Orts*universen gleichzeitig entstanden sein, die den All-Raum in der All-Zeit füllen.

Das Maß aller Dinge

Parallele Universen enthalten Information, die es geben muß, damit all die Möglichkeiten erzeugt werden können, die zur Erschaffung der Materie nötig sind. Diese Möglichkeiten sind

---

* Siehe Teil IV, Fußnote 3.

meßbar. Einige sind wahrscheinlicher, vernünftiger und sinnvoller als andere. Um jeden Zweifel, der ja mit Ungewißheit einhergeht, auszuräumen, müssen diese Möglichkeiten ein numerisches Maß haben. Ohne das numerische Maß der Möglichkeiten und ihre Fähigkeit zum Zusammenhalt könnte es kein Universum geben.

Das Unschärfeprinzip zeigt durch die Verbindung, die es zwischen Materie und Energie einerseits und ihrer Lage in Zeit und Raum andererseits herstellt, daß Information eine ziemlich spezielle Sache ist – sie ist sinnvoll und entscheidend nur, wenn man Wahrscheinlichkeiten betrachtet, deren Zahlenwerte *zwischen* Null und Eins liegen.

Nun ist dies in einem einzelnen Universum der klassischen Physik nicht der Fall. Dort gilt alles oder nichts. Die Wahrscheinlichkeiten sind entweder Null oder Eins – nichts dazwischen. Natürlich schreiben wir Wahrscheinlichkeiten zwischen Null und Eins solchen Situationen zu, über die wir nichts Genaueres wissen oder die wir praktisch nicht vorhersagen können. Diese Wahrscheinlichkeiten sind jedoch nur ein Maß für unser Unwissen oder unsere Faulheit.

Nebulöses klassisches Gas

So nimmt zum Beispiel jedes Gasteilchen – etwa die Luft, die wir atmen – klassisch gesprochen einen eindeutigen Platz im Raum ein, und sein Impuls hat einen wohlbestimmten Wert. Das Unschärfeprinzip läßt das natürlich nicht zu. Aber bei vielen Anwendungen ist es nützlich anzunehmen, daß sich ein wirkliches Gas so verhält, weil bei ihm die Unschärfe kein wirkliches Problem darstellt.

Unter dieser Voraussetzung schreiben wir den Teilchen Wahrscheinlichkeiten zu, da es selbst im allerkleinsten viel zu viele Teilchen gibt, als daß man sie alle zählen könnte. Sie lassen sich mit Hilfe des Zweiges der Physik berechnen, der *statistische Mechanik* heißt. Sie beschäftigt sich mit den klassischen Eigenschaften von Gasen. Wir kennen natürlich nicht die genaue Lage eines jeden Gasatoms. Wir stellen uns aber vor, jedes Gasatom könnte einen wohlbestimmten Punkt besetzen, während es gleichzeitig dennoch einen wohlbestimmten Impuls hat.

Wir gehen also statistisch mit unserem Unwissen um. Wir sagen, daß jedes Gasatom mit einer kleinen Wahrscheinlichkeit in einem bestimmten Augenblick in einer Zimmerecke ist. Tatsächlich würden wir, wenn wir die klassische Physik voraussetzen, sehen, daß seine Lage eindeutig bestimmt ist. Die Wahrscheinlichkeit dafür, daß es in der Ecke ist, wäre entweder Null (wenn es nicht in der Ecke ist) oder Eins (wenn es in der Ecke ist). Im Prinzip sind die Dinge in der klassischen Welt dort, wo sie sind, und nirgendwo sonst.

Klassisches Knobeln

Betrachten wir ein weiteres einfacheres Beispiel. Wenn ich eine Münze werfe, muß sie als klassischer Gegenstand entweder Zahl oder Kopf zeigen. Wenn ich das Ergebnis nicht kenne, sage ich, die Wahrscheinlichkeit ist $^1/_2$, daß die Zahl oben liegt. Nun zeigt die Münze entweder die Zahl oder nicht. Was die Münze betrifft, beträgt die Wahrscheinlichkeit also niemals $^1/_2$ – sie ist entweder Eins oder Null, ganz unabhängig davon, ob und wann ich nachschaue.

Quanten-Spin-Knobeln

Bei einem Quantenobjekt aber – einem, das sich zum Beispiel wie der Spin eines Atoms verhält – ist das ganz anders. Wenn die Wahrscheinlichkeit dafür, daß der Spin eines Teilchens nach oben zeigt, $^1/_2$ ist, dann ist die Wahrscheinlichkeit $^1/_2$ und weder Eins noch Null. Das Teilchen befindet sich nicht in einem wohlbestimmten Zustand mit nach oben zeigendem Spin. Es existiert nicht wirklich mit einem nach oben weisenden Spin, wenn die Wahrscheinlichkeit dafür $^1/_2$ beträgt, denn es stellt sich, in diesem Fall mit Sicherheit, heraus, daß sein Spin zur Seite zeigt; und nach dem Unschärfeprinzip kann es nicht gleichzeitig einen Spin haben, der nach oben *und* zur Seite zeigt.

Im Quantenuniversum gibt es also wichtige Dinge, für die die Wahrscheinlichkeit zwischen Null und Eins liegt. Welche Dinge könnten das sein? Wie sollen wir sie uns vorstellen? Nach der üblichen oder Kopenhagener Deutung der Quantenphysik sagen wir, sie existierten als *Quantenwellenfunktionen,* bis sie mit einem klassischen Beobachtungssystem in Kontakt kommen. Und dann passiert ein Wunder, und sie existieren mit Wahrscheinlichkeiten, die Eins oder Null sind.

Natürlich ist nicht klar, was unter einem klassischen Beobachtungssystem zu verstehen ist, da alles den Quantenregeln gehorcht – auch das klassische Beobachtungssystem.

Aber auch, wenn wir das einmal beiseite lassen, sind wir in der Klemme, denn wenn eine Beobachtung stattfindet – wenn es also einen Verstand gibt, der feststellen kann, ob etwas da ist oder nicht –, dann ist das Etwas auch da oder nicht. Wenn dieser Verstand nicht entscheiden kann oder unfähig ist festzustellen, ob etwas da ist oder nicht, dann muß es das Etwas irgendwie mit einer Wahrscheinlichkeit zwischen Null und Eins geben.

Was kann das nun bedeuten? Wo ist das Objekt sonst, wenn es nur, sagen wir 50 Prozent der Zeit da ist? Die Antwort ist nach dieser Deutung der Quantenphysik: in einem *parallelen Universum.* Und auch da ist es nur mit 50 Prozent seines Seins.

Was geschieht, wenn ein verständiges Wesen – das in der Lage ist zu entscheiden, ob das Ding hier ist oder nicht – das Quantenobjekt beobachtet? Verwandeln sich 50 Prozent dann plötzlich in 100 Prozent oder in nichts? In dem Fall stehen wir wieder am Anfang – es geschieht ein Wunder. Der Ausweg besteht darin zu sagen, daß dieser Verstand, wenn er auftaucht und beobachtet, sich ebenfalls aufspaltet; ein Teil erscheint in einem Universum und der andere in einem parallelen. In beiden Universen also wird die Frage beantwortet. Im einen wird das Ding gesehen und im anderen nicht.

Im Beispiel des Teilchens mit seitlichem Spin spaltet sich ein Beobachter, der in seinem Labor ein Meßgerät aufbaut und mißt, ob der Spin nach oben zeigt, dann, wenn die Messung durchgeführt wird, in zwei verschiedene Egos auf. Einer der Beobachter mißt einen nach oben gerichteten Spin, der andere findet keinen solchen Spin, und jeder hat das Gefühl, er oder sie seien die einzigen Beobachter.

Im Anfang also, als alle Universen begannen, spaltete sich Gott, und sein Verstand verteilte sich auf eine Unmenge paralleler Universen, so daß sich ein einziges *Energie*universum, ein Energiezustanduniversum, manifestieren konnte. Wenn es so war, wurde Gott von der eigenen Schöpfung gefangen; er verwickelte sich in seine eigene Schöpfung. Und das Universum wurde geschaffen. Und es gab in ihm Verstand. In Teil Fünf werden wir sehen, wie dieser Verstand unsere Sicht der Zeit verändert hat.

V. Wie parallele Universen
einen neuen Zeitbegriff bedingen

> Was also ist die Zeit? Wenn niemand mich
> danach fragt, weiß ich es, will ich es aber
> einem Fragenden erklären, weiß ich es nicht.
>
> *Augustin*

> In der Physik ist es oft so – unser Fehler ist
> nicht, daß wir unsere Theorien zu ernst neh-
> men, sondern daß wir sie nicht ernst genug
> nehmen.
>
> *Steven Weinberg*, Nobelpreisträger

Wie sah das frühe Universum aus, das Universum, das existierte, bevor es Beobachter gab? Da es zur Zeit des Urknalls keine Beobachter gab und damals die Quantenregeln galten, *müssen*, und ich betone dieses Wort, damals parallele Universen entstanden sein, weil für alle für den Urknall vorstellbaren Szenarien damals die Regeln der Quantenphysik gegolten haben müssen.

Selbst die konservativen Kopenhagener müßten hier zustimmen. Die Welt, die wir sehen, entsteht nach der Kopenhagener Deutung – wonach der Vorgang der Beobachtung Alternativen ausschließt – dann, wenn eine Beobachtung stattfindet. Vor der ersten Beobachtung, dem müßte selbst Bohr zustimmen, können wir eigentlich nur sagen, daß sich das Universum in einer Überlagerung von Quantenmöglichkeiten befand.

Betrachten wir zum Beispiel den Radius des frühen Weltalls. Hatte es überhaupt einen? Wie könnte es denn einen haben, da es im Quantenbild doch erst einen Radius bekommt, wenn er gemessen wird? Wer hat ihn gemessen? Wann spielte sich diese Messung ab? Mehrere Physiker haben sich mit diesen Fragen beschäftigt und sind zu einem verblüffenden Schluß gekommen – der dennoch mit dem Thema dieses Buchs in Übereinstimmung ist: Es sind unsere heutigen Beobachtungen, die die Vergangenheit bestimmen.[1]

Können Gedanken und Wünsche reisen?

Wenn also heute ein Ereignis beobachtet wird, gelangt dadurch irgendwie eine Botschaft zurück in die Vergangenheit und »verursacht« vergangene Ereignisse. Was aber ist dann, wenn dieses zutrifft, eigentlich die Vergangenheit? Es sieht so aus, als ob es keine absolute Vergangenheit gibt, weil es immer die Möglichkeit gibt, daß ein jetziges Ereignis sie verändert.

Ein Ausweg aus diesem Paradoxon findet sich in der Theorie der parallelen Universen. Danach gibt es keine feste Vergangenheit. Die Vergangenheit, die wir für die Vergangenheit halten, ist *die* Vergangenheit, ist das, was vernunftbegabte, in Gemeinschaft lebende Wesen übereingekommen sind, Vergangenheit zu nennen. Es gibt *dort draußen* andere Vergangenheiten, die darauf warten, entdeckt zu werden. Es gibt, anders gesagt, parallele Vergangenheiten – unendlich viele. Die Vergangenheit, die durch die Gegenwart verändert wird, ist nur eine von vielen.

Da es nach der Relativitätstheorie so etwas wie eine absolute Gegenwart nicht gibt, könnte das, was für einen Beobachter Gegenwart ist, für einen anderen Vergangenheit oder Zukunft sein. Folglich sieht es so aus, als ob auch die Zukunft mit der Gegenwart in Verbindung steht. Aber mit welcher Zukunft? Die Zukunft, von der wir glauben, daß sie die Zukunft sein wird, ist wieder jene, die vernunftbegabte, Mitteilungen austauschende Wesen übereinstimmend Zukunft nennen. Nach den Regeln der Quantentheorie für parallele Welten kann die Zukunft unendlich viele Formen haben. Wie kann *eine* Zukunft, die nicht festgelegt ist, mit der Gegenwart in Verbindung stehen? Welche Zukunft schickt Botschaften an uns zurück?

Die einzige mögliche widerspruchsfreie Sicht ist, daß jede mögliche Zukunft sich auf die Gegenwart auswirkt. Wenn wir das ganze Szenario von unendlich vielen parallelen Universen als ein großes Kontinuum sehen, das sich aus der unendlich fernen Vergangenheit (tatsächlich nicht so unendlich – erst seit etwa 15 Milliarden Jahren) in die unendliche Zukunft erstreckt, pflanzen sich die Beobachtungseffekte in beide Richtungen in der Zeit fort – in die Vergangenheiten und die Zukünfte. Was Zukunft

oder Vergangenheit sind, ist allein Ansichtssache, wie wenn man
auf einer von vielen Straßen einer riesigen Stadt ist, die von
irgendwo nach irgendwo führen.

Jetzt kommt eine Überraschung. Wenn die Zukunft mit der
Gegenwart in Verbindung steht und nach derselben Überlegung
die Gegenwart mit der Vergangenheit, kann die Zeit nicht
festgelegt sein. Wir stecken nicht in ihr drin wie Fliegen in einem
Marmeladentopf. Können wir, wenn wir nicht in der Zeit
stecken wie der arglose Held in Kurt Vonneguts *Schlachthaus 5*[2],
im Lauf der Zeit vielleicht auch wieder loskommen? Ist eine
Zeitmaschine möglich, ein Gerät, das einen in der Zeit vorwärts
oder rückwärts schicken kann?

Mit parallelen Welten, die ein Ergebnis der durch die Schwerkraft bewirkten Verzerrung der Raumzeit sind, ergeben sich
neue Effekte. Falls Reisen in ein paralleles Universum möglich
sind, ist es zum Beispiel unmöglich, ohne eine Zeitreise dorthin
zu gelangen. Anders gesagt stellen sich Zeitreisen, wie sie von
den Heerscharen von Verfassern von Science-fiction beschrieben
werden, jetzt als möglich heraus. Man braucht nur in die Nähe
eines dieser gewaltigen Lücken in der Raumzeit zu kommen, und
schon hat man eine der Zeitmaschinen der Natur gefunden.

Nun ist schon die Existenz von parallelen Universen ärgerlich
genug. Warum müssen auch noch Zeitmaschinen dazukom-
men? Wieder wird die Antwort durch die Widerspruchsfreiheit
diktiert. So seltsam Zeitmaschinen – Geräte, die es einem bewußten Wesen ermöglichen, sich in der Zeit rückwärts oder
vorwärts zu bewegen – auch auf den ersten Blick erscheinen
mögen, sie müssen sich konstruieren lassen, wenn es parallele
Welten gibt.

Gibt es Zeitmaschinen wirklich? Wenn die Allgemeine Relativitätstheorie stimmt, muß es Zeitmaschinen und parallele Universen geben. Wenn es sie nicht gibt, hatte Einstein unrecht. Und
wenn Einstein recht hatte, existieren sie im Innern jener kolla-
bierter Sterne, die wir Schwarze Löcher nennen. Dort, im Inneren eines Schwarzen Lochs, passen parallele Universen und
Relativitätstheorie endlich zusammen. Massereiche Objekte, die
auf kleine Raumbereiche zusammengepreßt sind, krümmen die
Raumzeit. Die Krümmung der Raumzeit führt zu einer Verzer-

rung, und diese Verzerrung schafft parallele Universen und Zeitmaschinen.

Fast jedes subnukleare Materiebröckchen ist zu solchem Mumpitz in der Lage. Insbesondere sind vielleicht die sich drehenden Winzigkeiten, die wir Elektronen nennen, dicht genug, um Schwarze Löcher zu sein. Wenn das so ist, führen sie zu unendlich vielen parallelen Welten, da alle Schwarzen Löcher zu parallelen Universen führen.*

Sicherlich sind Elektronen mögliche Kandidaten für Empfänger von Botschaften aus der Zukunft. Sie sind klein genug, da sie, soweit sich sagen läßt, punktförmig sind, und sie haben einen Spin, so daß sie als Löcher in Frage kommen, die zu anderen parallelen Welten führen. Vielleicht können sie deshalb in Atomen als Wolken existieren.

Wenn wir in ein Elektron hineingelangen könnten, würden wir vielleicht genau die Art von Dingen sehen, die man sehen könnte, wenn man in ein sich drehendes Schwarzes Loch hineinkommt, wie es von der Allgemeinen Relativitätstheorie vorhergesagt wird. Bis jetzt ist das natürlich reine Spekulation. Wenn es wahr wäre, ließen sich höchstwahrscheinlich auch andere Welten erfahren, indem wir uns irgendwie auf unsere eigenen Elektronen einstimmen. Vielleicht kommt der Tag, an dem dies mit hochentwickelter Technologie möglich sein wird – es wäre eine elektronische Form von Biorückkopplung. Dann wären unsere eigenen Körper Zeitmaschinen.

Zeitmaschinen lassen sich in Übereinstimmung mit den Gesetzen der Quantenphysik und der Allgemeinen Relativitätstheorie konstruieren, falls es wirklich parallele Universen gibt. Anders gesagt, muß es schon Zeitmaschinen geben, wenn es parallele Universen gibt: Jene nämlich, die aus den ausgebrannten thermonuklearen Öfen der Natur bestehen – aus Neutronensternen und Schwarzen Löchern.

Bis jetzt gibt es jedoch noch keine von Menschen erbauten

---

* Als Reisender würde man jedoch nicht in ein stationäres (nicht rotierendes) Schwarzes Loch hineingeraten wollen. Es zerreißt alles. Ein rotierendes Schwarzes Loch tut das nicht, wenn man es sorgfältig genug betritt.

Zeitmaschinen. Trotzdem, die Existenz paralleler Universen – jener, die nach den Quantenregeln ein Ergebnis der Beobachtung eines physikalischen Systems sind – ermöglichen es, sich sowohl mit der Vergangenheit als auch mit der Zukunft durch die Wirkungen der Wahrscheinlichkeitswelle der Quantentheorie zu verständigen. Es stellt sich heraus, daß diese Wellen sowohl vorwärts als auch rückwärts durch die Zeit laufen können.

Aber würde eine Verständigung mit der Vergangenheit und der Zukunft nicht viele Paradoxa und logische Widersprüche mit sich bringen? Ein typischer Widerspruch ist dieser: Wenn Zeitreisen möglich würden, könnte ich meinen Großvater besuchen, während er noch ein Kleinkind ist, und versehentlich seinen Tod verursachen. Oder ich könnte ein Experiment durchführen, das mich in die Jugend der Großeltern zurückbringt, und sie dort von einer Heirat abhalten. Wie könnte ich je zu meiner Zeit geboren werden, wenn meine Großeltern sich nie begegnet wären?

Dieses Paradoxon ist leicht aufzulösen. In der parallelen Welt, in der der Großvater es zu keinem Schulabschluß brachte und zum Zirkus ging, wurden Sie nicht geboren. Es gibt noch andere Großeltern-Universen und deshalb andere Wege zu Ihrer Zeugung.

Nehmen wir einmal an, es sei möglich, den Paradoxien der Zeitreise zu entkommen, die sich dann ergeben, wenn ein Mensch in der Zeit zurückgeht und die Vergangenheit verändert. Dann besteht die Möglichkeit, daß Zukunft und Vergangenheit mit der Gegenwart in Verbindung stehen. Das winzige Quantum bedingt allein durch die Wirklichkeit der Quantenwelle der Wahrscheinlichkeit und ihr Verhalten in der Raumzeit, daß Information von der Vergangenheit in die Zukunft und von der Zukunft in die Gegenwart gelangen kann. Damit bedingt es die Existenz sowohl der Vergangenheit als auch der Zukunft »gleichzeitig« mit unserer eigenen Zeit.

Neutronenstern-Zeitmaschinen

Können wir wirklich Zeitmaschinen bauen? Die Allgemeine Relativitätstheorie läßt durch ihre Gleichungen den Bau einer wirklich physikalischen Zeitmaschine zu. Das braucht jedoch ungeheuer riesige Energiemengen. Im Grund genügt ein Zylinder aus schon bestehenden sich schnell drehenden Neutronensternen, und schon hat man eine Zeitmaschine. Ein solcher Zylinder enthält in seiner unmittelbaren Nachbarschaft konzentrische Zonen, in denen die Zeit rückwärts fließt.

Im letzten Kapitel von Teil Fünf unternehme ich mit Ihnen eine Fantasiereise in die Zukunft, in der eine Zeitmaschine gebaut wird und Zeitreisende sich zum Start zur ersten physikalischen Zeitreise bereit machen. Aber zuvor müssen wir uns mit Zeitreisen und ihren Paradoxien beschäftigen.

21. Zeitreisen

Zeitreisen haben immer unsere Vorstellungskraft fasziniert. Wer unter uns würde nicht gern an Bord eines Raumzeitgefährts einer unserer großen Luftfahrtgesellschaften gehen, das uns entweder zurück in die Vergangenheit oder vorwärts in die Zukunft führt? Die Aussicht, die Kreuzigung Christi oder die Jugend Buddhas oder auch unsere eigene Kindheit hautnah miterleben zu können, erscheint als höchst reizvoll. Vielleicht ziehen wir auch eine Reise in eine Zukunft vor, in der es Krankheiten wie Krebs nicht mehr gibt und Menschen mindestens 500 Jahre alt werden.

In dem Erfolgsfilm *Zurück in die Zukunft* erhält ein Jugendlicher die Möglichkeit, in die Jugendzeit seiner eigenen Eltern zurückzukehren, in eine Zeit vor der Heirat seiner Eltern also, zu der er natürlich noch gar nicht geboren war. Als er herausfindet, daß sein zukünftiger Vater ein Trottel ist und seine Mutter sich überhaupt nicht für ihn interessiert, ist unser Held gezwungen, etwas daran zu ändern, damit er überhaupt geboren werden kann. Die Geschichte wird noch komplizierter, weil seine zukünftige Mutter ihren sehr gegenwärtigen und hübschen jungen Sohn sehr attraktiv findet und ... ich will nicht alles verraten.

Trotzdem ist die Geschichte, wie gewöhnlich bei solchen Geschichten, voll amüsanter Paradoxien. Nehmen wir an, seine Eltern hätten nie geheiratet. Wird es ihn dann geben? Was passiert, wenn er an Bord der Zeitmaschine in seine eigene Zeit zurückkehrt? Kehrt er in eine Welt zurück, die es nie gab? Was dann?

Selbst Pepsi-Cola kam auf den Geschmack der Zeitmaschine. Eine der vielen Fernsehreklamen zeigte, wie ein junger Mann eine Zeitmaschine besteigt, um in die Vergangenheit zu reisen. Zufällig hat er eine Dose Pepsi dabei. Die Wissenschaftler sehen ihn mit der Dose Pepsi in der Maschine verschwinden, die ihn in die dreißiger Jahre versetzen wird, und fragen sich, ob es die damals schon gegeben habe. Beim Verlassen des Labors sagt einer von ihnen zu seinem Kollegen: »Mach dir keine Sorgen. Eine Dose Pepsi kann keinen Schaden anrichten.« Wir sehen dann, wie sich die Cola-Maschine in der Ecke des Labors in ein Nichts auflöst, und erleben, während wir mit den beiden Wissenschaftlern das Gebäude verlassen, die Auflösung der Coca-Cola-Fabrik dieser Stadt mit. Damit vermittelt sich uns die Botschaft, daß nach der Erfindung des heutigen Pepsi Anfang der dreißiger Jahre das neue Pepsi-Cola das ist, was diese Generation wünscht, so daß Coca-Cola niemals wirklich an Boden gewinnen kann. Dazu erklingt der Werbespruch: »Pepsi – The Choice of a New Generation«.

Das legt den Schluß nahe, es könne große Auswirkungen auf die Gegenwart haben, wenn die Vergangenheit durch zukünftiges Wissen verändert wird, das sich in dieser Vergangenheit materialisiert.

Es läßt sich leicht vorstellen, wie das geschehen könnte. Wenn Sie die Tatsache bedenken, daß Sie das Produkt von einem Elternpaar sind, das ihrerseits vier Elternteile hat, und die wieder acht, und die wieder sechzehn und so weiter, in jeder Generation das Doppelte, sehen wir, daß viele Veränderungen bei einem fernen Vorfahren dazu hätten führen können, daß Sie gar nicht geboren werden.

Nehmen wir an, Sie könnten in die Zukunft reisen. Dabei

scheint es kein großes Problem zu geben, denn nichts Zukünftiges sollte, so scheint es, die Gegenwart beeinflussen können.
Aber nehmen wir an, Sie kämen aus der Zukunft zurück und
veränderten aufgrund des Wissens, das Sie von der Zukunft
haben, die Gegenwart. Dann könnten Sie also die Zukunft
verändern, aus der Sie gerade kommen.

All diese Paradoxien ergeben sich, wenn wir uns eine in die
Vergangenheit gerichtete Informationsreise ausmalen. Sie könnten in der Zeit zurückgehen und Ihrem Großvater in den Kopf
setzen, daß er in der Nacht, in der er Ihre Mutter zeugte, nicht
mit der Großmutter schlafen soll. Dann wird also Ihre Mutter
nicht geboren und Sie auch nicht. Oder doch? Schließlich haben
Sie ja die Zeitreise gemacht, deshalb müssen Sie hier gewesen
sein, damit Sie überhaupt dorthin gehen konnten.

Wie lassen sich die Paradoxien auflösen, die sich ergeben,
wenn Information in der Zeit zurückkreisen könnte? Die Antwort
ist: Es muß parallele Universen geben.

22. Die Auflösung der Paradoxien der Zeitreisen durch parallele Universen

Die Quantenphysik stellt uns vor viele Rätsel. Wie kann ein
einzelnes subatomares Objekt, etwa ein Elektron, in einem
Wasserstoffatom gleichzeitig an mehr als einem Ort sein? Die
Lösung ist natürlich die Abschaffung der Zeit. Dann gibt es kein
Paradoxon. Wenn wir fragen, wie ein gewöhnlicher Körper
nacheinander mehr als einen Ort einnehmen kann, haben wir
kein Problem. Er kann ja zum Beispiel zu verschiedenen Zeiten
jeweils einen anderen Ort einnehmen. Ich habe in einem Hotel in
Calcutta gewohnt, in meinem Büro in der Universität und im
Sitzungszimmer der Firma, die ich gerade berate, gesessen, und
ich bin durch die Straßen Tokios gegangen, alles der Reihe nach.
Aber nicht gleichzeitig.

Die Quantenphysik befreit uns von der Zeit, weil sie in ihr
nichts anderes sieht als einen Parameter, der die Reihenfolge von
Zuständen ordnet. Da die Zeit aber in dem Sinn einen nützlichen
Begriff darstellt, daß wir uns mit seiner Hilfe eine Zukunft

erschaffen, die weniger leidvoll ist als die Vergangenheit, verwenden wir ihn. Es hat Ähnlichkeit mit Verkehrsampeln, die die zukünftigen Ströme von Lebewesen durch den gleichen Raum ordnen. Wir versuchen dann, das übrige Weltall nach diesem von der Fantasie geschaffenen Begriff zu ordnen.

Wir konnten die Gesetze der Physik erschaffen, indem wir die Zeit als gegeben ansahen. Dazu trug im England des siebzehnten Jahrhunderts der gottesfürchtige Sir Isaac Newton in einer von der Pest geplagten Periode ganz besonders viel bei. Unser eigenes zwanzigstes Jahrhundert »stimmte« sich auf Newtons Denken ein (wobei Newtons Schriften eine große Hilfe darstellten) und erweiterte diese Gesetze zu unserer heutigen Quantendarstellung, bei der wir gerade eben um die Ecke zum nächsten parallelen Universum des einundzwanzigsten Jahrhunderts blicken können.

Betrachten wir noch einmal das Großeltern-Paradoxon. Stellen Sie sich vor, Sie reisten in die Vergangenheit und verursachten zufällig den Tod Ihres Großvaters, bevor er erwachsen wird. Sie können nicht geboren werden, weil Ihre Mutter oder Ihr Vater nicht geboren werden können. Wie läßt sich das mit Hilfe der parallelen Universen lösen?

Die Antwort lautet: In jener Folge paralleler Welten, in denen Sie und Ihr jugendlicher Großvater Quantenwellenströme »in Resonanz« bringen, die sein junges Leben beenden, werden Sie nicht geboren. In dieser Welt gibt es Sie nicht. In dieser zu jener parallelen Welt ist Nichtexistenz nur ein fantastischer Gedanke. In jener Welt meint vielleicht ein anderes »Sie«, es gäbe Sie nicht.

So lösen sich also alle diese Paradoxien der Vernichtung in der Vergangenheit durch die Existenz von parallelen Welten auf, von Universen also, in denen der Urheber in der Zukunft nicht existiert. Es ist ganz so wie beim Umsteigen von einem Zug in einen anderen. Sie besteigen den Zug in der Gegenwart, gehen in der Zeit zurück und verändern etwas, das direkte und kausale Wirkung auf Ihre eigene Existenz hat, und kehren in die Zukunft zurück. Die Zukunft, in der es Sie nicht gibt, steht auf einem anderen Gleis.

Das einzige Kriterium für die Existenz von allem diesen ist die

Widerspruchsfreiheit. Denken Sie sich diese Zeitreisen als Zeitschleifen.* Die Schleife, in der Sie und Ihr kindlicher Großvater (der gern erwachsen werden möchte) am stärksten in Resonanz sind, ist die, bei der Ihr kindlicher Großvater Sie in der Zukunft versteht und Sie sich an ihn erinnern. Im nächsten Kapitel werden wir sehen, wie dieses aus der Perspektive der parallelen Universen der Quantenphysik erscheint.

23. Zusammenstöße bei Zeitwellen

Wenn wir unser tägliches Leben durchleben, Tag für Tag, einen Augenblick nach dem anderen, scheinen wir in einer Art Tretmühle zu sein. Der Boden unter unseren Füßen weicht sozusagen immerzu nach hinten, wenn wir weiter gehen und gefangen hängen. Wir behalten das Tempo bei und kommen doch anscheinend nirgendwohin. Schließlich ist jeder von uns heute älter als gestern, ob es uns gefällt oder nicht.

Und doch ist etwas Zeitloses an diesem Altern. Ich »fühle« in diesem Augenblick genauso wie einen Augenblick zuvor. Da ich das jederzeit sagen kann, auch für vergangene Momente, schließe ich, daß ich derselbe bin und nichts von dem, was »ich« bin, sich wirklich geändert hat. Ich weiß durch meine Sinne und meine Beobachtungen der Welt um mich herum, daß die Zeit weitergegangen ist. Aber in »mir« gibt es keine Zeit, die ich direkt wahrnehme oder auch als etwas, das wirklich einen Unterschied macht, messen kann.

Ich weiß, ich könnte zu meinem Arzt gehen und ihn bitten, mich zu untersuchen. Sicherlich würde er feststellen, daß sich meine inneren Organe verändert haben, und wie bei jedem Menschen würden sich Anzeichen des Älterwerdens zeigen. Aber, so behaupte ich, ich »fühle« keine solchen Anzeichen. In »mir« gibt es etwas Zeitloses – etwas, das ich mit meinem

---

* Zeitschleifen sind Reisen, die von der Gegenwart in die Zukunft und dann zurück in die Gegenwart führen, oder Reisen, die in der Gegenwart beginnen und in der Zeit zurückgehen und dann in die Gegenwart zurückkehren, oder Kombinationen dieser Möglichkeiten.

Bewußtsein verbinde, meinem Ego oder meinem zeitlosen »Ich«.

Auch aus der Sicht der Quantenphysik ist die Zeit zeitlos, denn die Quantenphysik hat mit Observablen zu tun – mit Dingen und ihren wahrnehmbaren Zuständen. So ist zum Beispiel ein Ball in einem Fußballstadion beobachtbar. Die Zustände des Balls sind die Orte, an denen er auf dem Spielplatz sein kann. Selbst wenn der Ball vom diesjährigen Torschützenmeister getreten wird und über das Stadion hinausfliegt und im Nachbargarten landet, hat der Ball immer noch einen Zustand, weil er einen Ort hat.

Es gibt in der Quantenphysik viele solche beobachtbaren Größen, zum Beispiel die elektrische Ladung, Impuls, Spin, Drehmoment, Masse, Energie und viele andere mehr. Für jede dieser Observablen gibt es mögliche Zustände – mögliche wahrnehmbare Erfahrungen, die sich quantifizieren lassen. Auffallend ist in dieser Liste das Fehlen der Zeit und ihrer »Zustände«, obwohl es doch »klar« zu sein scheint, daß sie dazugehören sollte.

Die Zeit ist unsichtbar

Es gibt in der Quantenphysik keine beobachtbare Größe, die der Zeit entspricht. Aus der Sicht der neuen Physik spielt die Zeit eine andere Rolle als die anderen »Observablen«, weil sie niemals direkt beobachtet werden kann. Man fragt sich wahrscheinlich, was man dann mit einem Blick auf die Armbanduhr beobachtet. Obwohl eine Uhr in der Tat »die Zeit angibt«, beobachtet man dann eigentlich die Bewegung eines Körpers – die Erddrehung oder die Bewegung unseres Planeten um die Sonne – denn die Zeit hat kein direktes Maß. Man muß die Zeit zum Beispiel aus der Bewegung eines Sekundenzeigers ablesen.

Die Länge eines Körpers hat ein direktes Maß. Sie kann wiederholt und bestätigt werden. Mit der Zeit können wir das nicht tun. Wenn sie verstrichen ist, ist sie vorbei. Wir können nicht zurückgehen und die Messung wiederholen. Eine wirkliche Zeitmessung würde bedeuten, daß man zurückgehen und die Messung beliebig oft wiederholen könnte. Wenn man die Grundgleichungen der klassischen oder der Quantenphysik betrachtet*, fällt das sofort auf. Nirgends gibt es einen Zeitwert, der mit einer beobachtbaren Größe verknüpft wird, die wir Zeit nennen. Soweit die Gleichungen betroffen sind, ist die Zeit immer nur ein bequemer Ordnungsparameter – eine Möglichkeit, die Dinge in einer Reihe anzuordnen und den Überblick zu behalten. Wir markieren alle Observablen danach, zu welcher »Zeit« sie wahrscheinlich in quantenphysikalischen Gleichungen auftreten werden oder wo sie in Gleichungen der klassischen Physik vorkommen.

Darüber hinaus macht es überhaupt keinen Unterschied, ob wir diesen Ordnungsparameter als von Null bis Unendlich laufen sehen (also von niedrigen Zahlen zu höheren) oder von Unendlich bis Null (von den hohen bis zu den niedrigen). Die physikalischen Gleichungen reflektieren keine bestimmte Zeitordnung.

Die klassische Physik hat keine Zeitordnung

Wenn die von uns beobachtete Welt wirklich den Gleichungen der klassischen Physik gehorchte, würde es beobachtbare Vorgänge geben, die unserem gewöhnlichen Sinn für zeitliche Abfolge widersprechen. Wir würden Dinge fallen sehen, die normalerweise aufsteigen. Körper, die sich gewöhnlich nach rechts bewegen, laufen nach links. Ein auf dem Boden liegender Ball würde zum Beispiel plötzlich zu hüpfen beginnen und mit jedem Hüpfer höher springen, bis er in meiner Hand ist. Obwohl dies sicherlich recht merkwürdig aussehen würde, gibt es in den klassischen Gesetzen der Physik nichts, das es verhindern könnte. Wenn wir jedoch die meisten mikroskopischen Phänomene bedenken, Beobachtungsgrößen also, die wir gewöhnlich

---

* Dazu gehören die Newtonschen Gesetze der klassischen Mechanik und die Schrödingergleichung – die wichtigste Gleichung der Quantenmechanik.

nicht anschauen, würde uns vermutlich nichts Besonderes auffallen. Wem macht es schon etwas aus, ob eine Amöbe ein wenig
Nahrung ausspuckt oder nicht.

Wenn wir aber einen hungrigen Menschen Hähnchen essen
sehen und dabei in die Vergangenheit zurückgehen, erleben
wir in der Tat ein seltsames Schauspiel. Wir sehen, wie er
einen Knochen vom Teller nimmt, in den Mund schiebt und
darauf kaut. Während wir immer wieder einmal auf seinen
Mund schauen, wie wir es gewöhnlich tun, wenn wir jemandem beim Essen zusehen, finden wir, daß Fleischstücke am
Knochen hängen bleiben, immer mehr, und nicht wie sonst
von einem Menschen mit gutem Appetit vom Knochen gerissen werden.

Sobald der Mensch satt ist, hört er zu essen auf, nimmt den mit
heißem Hähnchenfleisch bedeckten Knochen aus seinem kälte-
ren Mund und legt ihn auf den Teller. Natürlich käme uns der
Mann nach der Mahlzeit merkwürdig vor. Er sähe hungriger aus
als zuvor, und er würde wohl auch wirklich hungriger sein,
obwohl ich dessen nicht sicher bin, denn der in der Zeit rückwärts essende Mensch würde eine Mahlzeit einfach entgegengesetzt unserer Zeitordnung zeitlich ordnen.

Stellen wir uns einen Menschen vor, der Tag für Tag in der
Zeit rückwärts lebt. Wenn er durch die Straßen von San Franzisko ginge, kommt es uns komisch vor, weil er rückwärts geht.
Nur wenn er Nob Hill ersteigt und einen Schritt hinter den
anderen setzt, wobei er in die Richtung schaut, aus der er
kommt, würde er den an viel Seltsamkeiten gewöhnten Einwoh-
nern von San Franzisko als normal erscheinen. Sie würden ihn
bergab gehen sehen, obwohl er doch mit dem Rücken zum Hügel
nach oben steigt.

Sicherlich können sich meine Leser für unsere zeitverkehrte
Heldenfigur noch verschrobenere Szenarien ausdenken. Solche
Szenarien könnte es wirklich geben, wenn die Welt vollständig
durch die klassischen Bewegungsgleichungen beschrieben
würde. Natürlich wären die meisten Abläufe, zu denen, wie bei
einem spontan hochhüpfenden Ball, sehr viele Ereignisse gehören, auch in der klassischen Physik höchst unwahrscheinlich.
Zerbrochene Eier werden nicht wieder ganz und springen nicht

vom Boden in die Schüssel auf dem Tisch. Solche Ereignisfolgen setzen gewöhnlich einen hohen Grad an Zufälligkeit voraus, der damit zu tun hat, daß die zugehörigen Anfangs- oder Grenzbedingungen nicht genau genug festgelegt sind. Wenn wir die zerbrochenen Schalen der Eier, das Eigelb und das Eiweiß genau beschreiben könnten und dem Boden genau die richtige Menge an Energie und Impuls geben könnten, würde nichts in der klassischen Physik das Ei daran hindern, sich wieder zusammenzusetzen und die Zeitumkehr unter Beweis zu stellen.

Betrachten wir ein anderes Beispiel: Die Luftmoleküle in einem Raum könnten bei den genau richtigen Anfangsbedingungen alle in die nächste Ecke rasen und den übrigen Raum luftleer lassen. Aber eine Zufallsverteilung der Molekülgeschwindigkeiten stellt sicher, daß niemand von uns erstickt. Ich will damit sagen, daß die klassische Physik die Erfahrung der Zeitordnung, die wir alle als »Lauf der Zeit« kennen, anscheinend nicht deshalb enthält, weil sie eine Zeitordnung enthält, sondern weil die Rand- oder Anfangsbedingungen, die das Verhalten bestimmen, größtenteils zufällig und nicht kontrollierbar sind. Obwohl die klassischen Gleichungen eine Zeitumkehr zulassen, ist es statistisch gesehen unmöglich, daß jene Bedingungen, unter denen alle Moleküle im Raum in die Ecke geschickt würden, jemals eintreten könnten.

Die Quantenphysik hat keine Zeitordnung

In der üblichen Quantenphysik ergibt sich eine ähnlich Situation. Wieder ist die Zeitordnung willkürlich; es können »Ereignisfolgen« entstehen, in denen die Zeitordnung umgekehrt ist. Die Ereignisse sind in den quantenphysikalischen Gleichungen jedoch nicht so entscheidend wie in der klassischen Physik. In der klassischen Physik wird ein Ereignis durch genau eine Möglichkeit beschrieben. Das Ereignis trat wirklich ein, wird eintreten oder tritt gerade ein. In der Quantenphysik sind die berechneten »Dinge« nicht eingetreten, sie werden nicht eintreten, und sie treten nicht ein. Sie haben in der Vergangenheit, der Zukunft

oder Gegenwart nicht stattgefunden. Sie sind gespenstisch –
Wahrscheinlichkeiten für das, was war, was ist oder was sein
wird.

Diese »Dinge« sind Quantenwellenfunktionen. Sie beschreiben die Raumverteilungen für das mögliche Vorkommen realer
Ereignisse. Dazu müssen diese Quantenwellen nicht nur nicht-
existent sein, sondern auch in der Lage, sowohl vorwärts als
auch rückwärts durch die Zeit zu reisen und ein paralleles
Universum mit dem anderen zu verbinden.

Zeitwellen

In zwei kürzlich veröffentlichten Arbeiten[3] bringt der Physiker
John G. Cramer von der Universität Washington in Seattle eine
neue und aufregende Idee ins Spiel. Cramer erinnert uns, daß
ein quantenphysikalisches System vor einer Messung durch
einen mathematischen Ausdruck dargestellt wird – durch die
Quantenwellenfunktion. Die Quantenwellenfunktion stellt
gleichzeitig viele Möglichkeiten dar.

Wir können uns diese Funktion als eine Welle vorstellen, die
durch den Raum läuft. Alle Punkte auf der Oberfläche der
Welle stellen Orte dar, an denen mit einiger Wahrscheinlichkeit
ein Ereignis eintreten wird. Wenn eine Beobachtung angestellt
wird, stellt man sich vor, die Welle kollabiere wie ein geplatzter
Ballon, und statt einer großen Menge möglicher Ereignisse gibt
es nur noch ein einziges unleugbares Faktum.

Die große Frage, die auch das oben erwähnte Problem der
Messung betrifft, ist jetzt: Wie tritt dieser Kollaps ein? Ein
Hinweis liegt in der Art und Weise, in der die Physiker Zahlen
berechnen, die die Wahrscheinlichkeiten dieser Welle messen.
Zur Berechnung der Wahrscheinlichkeit dafür, daß dieser Kollaps stattfindet – anders gesagt, der Wahrscheinlichkeit des Ereignisses, das mit dem Kollaps verknüpft ist – muß die Welle
mit einer anderen Welle *multipliziert* werden, die nach Form
und Inhalt der ursprünglichen Welle ähnlich ist. Diese Welle
heißt aus mathematischen Gründen die *komplex-konjugierte*
Welle.

In der Physik ist es ein ganz gewöhnlicher Vorgang, daß zwei mathematische Größen miteinander multipliziert werden, um eine einzige Zahl zu ergeben. So findet man zum Beispiel in der klassischen Mechanik die auf einen Körper wirkende Kraft, indem man seine Masse mit seiner Beschleunigung multipliziert. Diese Regel für die Multiplikation folgt aus dem zweiten von Isaac Newton aufgestellten Bewegungsgesetz.

Obwohl jedoch die Quantenphysik sehr streng ist, gibt es in ihr kein Gesetz, das erklärt, was physikalisch gesehen abläuft, wenn man eine Quantenwelle mit ihrer komplex-konjugierten Welle multipliziert. Die komplex-konjugierte Welle erhält nirgendwo irgendwelche physikalische Bedeutung, abgesehen von einer komischen kleinen Eigenart. Die komplex-konjugierte Welle ist auch eine Lösung der quantenphysikalischen Gleichungen, wenn man beim Aufschreiben dieser Gleichungen die Zeit rückwärts und nicht vorwärts gehen läßt.*

Nun ist die Quantenwelle, auf deren Existenz Physiker vertrauen, niemals gesehen worden. Wenn aber die Quantenwelle eine wirkliche physikalische Welle ist – eine, die existiert und sich durch den Raum und in der Zeit fortpflanzt –, dann stellt die konjugierte Welle, die ebenso unsichtbar ist, kein Geheimnis dar, falls man nur bereit ist, einen Gedanken der Sciencefiction zu übernehmen und sie in die Vergangenheit laufen zu lassen. Die Überlegung verläuft so: Wenn die Quantenwelle eine wirkliche Welle ist, ist auch die konjugierte Welle eine wirkliche physikalische Welle**, aber mit umgekehrtem Zeitverlauf.

Nun bewegt sich jede Welle, auch die Quantenwelle, von einem Ort zum anderen. Sie braucht dazu Zeit. Wir können uns vorstellen, daß die Welle sich wie ein Kräuseln, das ein in einen stillen Teich geworfener Stein bewirkt, durch den Raum

---

* Nicht zum ersten Mal hat hier jemand bemerkt, daß es zu etwas Neuem führt, wenn man die Zeit in physikalischen Gleichungen rückwärts laufen läßt. Richard Feynman erhielt den Nobelpreis für seine *Quantenelektrodynamik* genannte Anwendung dieses Gedankens auf die Wechselwirkung von Photonen und Elektronen.

** Ich habe die komplex-konjugierte Welle in einem früheren Buch mit dem Titel dieses Buchs *Sternenwelle* genannt.

fortpflanzt. Wir stellen uns vor, sie liefe immer weiter nach außen. Eine zeitverkehrte Welle jedoch würde das nicht tun. Sie würde plötzlich am Rand des Teichs erscheinen. Als ob man einen von einer üblichen Welle gedrehten Film rückwärts ablaufen ließe, zieht sie sich zusammen, bis sie nur noch der einzelne Ort ist, an dem der Stein auf das stille Wasser traf.

So läuft die konjugierte Welle in die entgegengesetzte Richtung, während sie in der Zeit zurückgeht. Dabei trifft sie auf die ursprüngliche Welle. In der Wellenphysik sagt man von der konjugierten Welle, sie *moduliere* die ursprüngliche Welle.

Der Gedanke der Wellenmodulation ist Physikern und Ingenieuren auf dem Gebiet der Radar-, Radio- und Fernsehtechnik höchst vertraut. Wenn Sie Ihren Radio- oder Fernsehempfänger auf einen Sender einstellen, wählen Sie aus der Luft einen bestimmten wohldefinierten und recht engen Frequenzbereich aus, der von den Sendern ausgeschickt wird. Der mittlere Teil dieses Bereichs heißt die *Träger*frequenz. Diese Trägerfrequenz ist jedoch nicht, was Sie hören oder sehen. Die Geräusche, die Sie sehen, und die Bilder, die Sie beobachten, werden von der Trägerwelle huckepack mitgenommen. Die Information, die Sie sehen und hören, steckt einfach in der Form der Wellen, die die Stärke oder Frequenz der Trägerwelle modulieren oder verändern.

Ähnlich moduliert die konjugierte Welle die ursprüngliche Welle, und das ist mathematisch gesehen nichts anderes als die Multiplikation der beiden Wellen.

Cramer sieht also den Grund dafür, warum Wahrscheinlichkeiten so berechnet werden, wie sie berechnet werden, in der Multiplikation der ursprünglichen Welle mit ihrer komplexkonjugierten Welle. Damit ein Ereignis eintreten kann, müssen beide Quantenwellen gleichzeitig gegenwärtig sein, und eine muß die andere modulieren. Das ist Cramers Erklärung für die Reduktion der Wellenfunktion – er tritt ein, wenn die in der Zukunft erzeugte konjugierte Welle sich zum Ursprung der Quantenwelle hin fortpflanzt. Dort multiplizieren sich die bei-

den Wellen, und das Ergebnis ist die Erschaffung der Wahrscheinlichkeit für das Ereignis, das am Ort der ursprünglichen
Welle eintrat.

Cramer nennt die ursprüngliche Welle eine *Boten*welle und
die konjugierte Welle eine *Echo*welle und die Multiplikation der
beiden Wellen eine *Transaktion*. Eine Transaktion – zu der eine
Botschaft und ein Echo gehören – ähnelt also der Transaktion
zwischen einem Computer und einem ihm zugeordneten Instrument, etwa einem Drucker oder einem anderen Computer, mit
dem er über ein Telefon verbunden ist.

Auch bei diesen Beispielen aus der Computertechnologie wird
eine Botenwelle an einen Empfänger geschickt. Der Empfänger
nimmt die Botschaft an und bestätigt sie, indem er auf demselben
Weg dem Sender ein Echo der Botschaft schickt, womit er dem
Sender anzeigt, daß er die Nachricht erhalten hat.

Wenn die Quantenwelle mit ihrer komplex-konjugierten
Welle zusammentrifft, ist der Austausch derselbe, nur wiederholen sich Botschaft und Echo zyklisch, bis der nächste Ener-
gieaustausch und andere sich manifestierende physikalische
Größen gewisse Bedingungen erfüllen. Dazu gehören die Erhal-
tungsgesetze der Physik und andere der Quantenwelle auferleg-
ten Einschränkungen, sogenannte Randbedingungen. Wenn all
dies berücksichtigt wird, ist die Transaktion abgeschlossen, und
Ende gut, alles gut.

Ein neues Bild der Zeit

Wenn man Cramers Deutung ernst nimmt, ergibt sich ein völlig
neues Bild von der Zeit, soweit sie Quantenereignisse betrifft.
Jede Beobachtung ist sowohl Sender einer Welle, die sich auf der
Suche nach einem Empfängerereignis in die Zukunft bewegt, als
auch Empfänger einer Welle, die von einem früheren Beobach-
tungsereignis von ihr ausging. Anders gesagt schickt jede Beobachtung – jede bewußte Handlung – sowohl in die Zukunft als
auch in die Vergangenheit eine Welle. Sowohl der Beginn als
auch das Ende der Welle scheinen in unserem Geist zu sein –
unserem Geist in der Zukunft und unserem Geist in der Gegen-

wart. Zwei Ereignisse in normaler oder serieller Zeit werden wechselseitig wesentlich verbunden, also sinnvoll verknüpft, genannt, falls die Transaktion zwischen ihnen die notwendigen physikalischen Erhaltungsgrößen bewahrt und die notwendigen Randbedingungen erfüllt.

Cramer betont, daß dieses Bild einer Transaktion nur eine Deutung der Quantenphysik ist, und insofern erwartet er nicht, daß es irgendwelches neues experimentelles Beweismaterial geben wird, das sie besser bestätigt als eine andere Deutung. Er sieht sie als eine Möglichkeit zum besseren Verständnis und zur Entwicklung der Intuition, wenn Studenten die Quantenphysik vermittelt werden soll. Sie hilft auch die Paradoxien der Quantenphysik erklären, die sehr schwer verständlich sind, wenn man darauf besteht, daß die Zeit nur aus der Vergangenheit in die Zukunft laufen kann. Wir werden im nächsten Kapitel eine dieser Paradoxien und ihre Erklärung im Bild der transaktionalen Deutung betrachten.

Welche Zukunft schickt die Botschaft?

Aber ist das alles, was an Cramers Idee erwägenswert ist? Noch ist eine interessante Frage offen. Welche Zukunft schickt die Echowelle zurück? Cramer glaubt, nur eine – die vom Echo erzeugte – Zukunft, könnte mit der Gegenwart eine erfolgreiche Transaktion abwickeln. Wir stehen jedoch noch vor dem Problem, Ereignisse zu erklären, die mit weniger als den größten Aussichten passieren. Hier möchte ich einen neuen Gedanken einbringen. Es kommt mir so vor, als ob Cramers Gedanken im Licht der Vorstellungen paralleler Welten gedeutet werden müssen. Jede Zukunft schickt die Botschaft zurück, nicht nur die wahrscheinlichste. Es gibt mehr als eine Zukunft, die der Sendung »zuhört«, nicht nur die mit dem empfindlichsten und mächtigsten Empfänger.

Wenn sowohl die Quantenwelle als auch die komplex-konjugierte Welle wirklich sind, kann die Zeit kein Fluß sein, der nur in eine Richtung fließt. Vergangene Ereignisse müssen noch zugegen sein. Zukünftige Ereignisse müssen wie Felsen hinter den toten Winkeln der Lebensstraße liegen. Und wenn es sowohl die Zukunft als auch die Vergangenheit jetzt gibt, muß es Mittel geben, die es uns ermöglichen, uns auf die Zukunft einzustellen und mit der Vergangenheit in Resonanz zu sein.

Diese Mittel könnte unser eigenes Gehirn sein. Wenn wir an ein vergangenes Ereignis denken, durchsuchen wir nicht etwa einen Aktenschrank oder einen Gedächtnisspeicher, wie ihn ein Computer hat. Nach den Quantenregeln konstruieren oder erschaffen wir eine Vergangenheit, die auf der Multiplikation zweier aufeinandertreffender zeitlich geordneter Ströme von Quantenwellen beruht. Wörtlich genommen bedeutet das, daß der vergangene Strom, der von der Vergangenheit zum gegenwärtigen Augenblick reicht, in der Vergangenheit genauso entsteht wie der heutige, der von der Gegenwart in der Zeit zurück in die Vergangenheit geht, in der Gegenwart. Vergangenheit und Gegenwart müssen also irgendwie »Seite an Seite« existieren.

Mein zukünftiges Ich spricht zu meinem heutigen Ich

So merkwürdig der Gedanke auch erscheinen mag, es folgt, daß auch die Zukunft Seite an Seite mit der Gegenwart »existiert« und daß wir in diesem Augenblick Quantenwellen in jene Zeitrichtung ausschicken (was bedeutet, daß wir mögliche Folgen existentieller Szenarien in einer von der Gegenwart in die Zukunft gerichteten Ordnung aufstellen). Jemand, der in der Zukunft »Ich« ist, schickt auch Quantenwellen in der Zeit zurück, die mit den hier und jetzt erzeugten Wellen zusammenstoßen.

Wenn diese Wellen zusammenpassen, so wie die Modulation eine kombinierte Welle bestimmter Stärke erzeugt und es eine Resonanz gibt, was bedeutet, daß das zukünftige Ereignis und das jetzige für mich sinnvoll sind, dann entsteht aus unserem jetzigen Gesichtspunkt eine wirkliche Zukunft, und in der Zukunft wird ein wirkliches Gedächtnis für Folgen erschaffen. Wenn die beiden Ströme nicht zueinander passen, was bedeutet, daß die Modulation eine kombinierte Welle erzeugt, die schwach ist und bei der es keine Resonanz gibt, dann bleibt die Verbindung zwischen dieser Zukunft und der Gegenwart ohne Bedeutung. Bedeutung bezieht sich in diesem Sinn auf Wahrscheinlichkeit. Je größer die Wahrscheinlichkeit, um so bedeutungsvoller ist die Transaktion, und um so größer ist die Wahrscheinlichkeit, daß sie eintritt.

Je näher die Quellen dieser Wellen »zeitlich« beieinander liegen, um so wahrscheinlicher ist es, daß die beiden gegenzeitlich laufenden Quantenwellenströme »heiraten« und eine starke Wahrscheinlichkeit ergeben – eine, die gute Aussichten hat, sich zu verwirklichen. Es ist wohl möglich, daß Propheten und Seher die Ströme von zeitlich fernen Quellen erfolgreich miteinander zu verbinden vermögen. Menschen, die mit ihrem Leben nicht fertig werden, sind vielleicht jene, denen die Fähigkeit fehlt, dies mit Erfolg auch nur für die kürzesten zeitlichen Entfernungen zu tun.

Vergangenheit, Gegenwart und Zukunft existieren Seite an Seite. Wenn wir vollkommen fähig wären, in jedem Augenblick unserer zeitlich gebundenen Existenz entsprechende Zeiten miteinander in Beziehung zu setzen, gäbe es keinen Zeitsinn, und wir würden alle den zeitlosen Zustand verwirklichen, der von vielen spirituell praktizierenden Menschen als der wahre oder der Grundzustand der Wirklichkeit gesehen wird. Aber wir tun das nicht, weil wir nicht zwischen der Vielzahl von vergangenen und zukünftigen Sendestationen unterscheiden können, die versuchen, sich mit uns zu verständigen, und deshalb leben wir zeitgebundene Leben, die in gewissem Maße von der Vergangenheit und der Zukunft abgetrennt sind.

Wir fragen uns vielleicht, was wir tun können, um ein deutlicheres Signal aus der Zukunft aufzufangen. Nun, wenn es dort draußen eine parallele Zukunft gibt, die alle Botschaften durch die Zeit zurück an uns sendet, gibt es sicherlich auch Menschen, die sie *hören* oder *sehen*. Vielleicht können Menschen, die lebhaft träumen, sie fühlen, wenn nichts anderes ihre Sinne in Anspruch nimmt. Vielleicht sind gewisse Geistesstörungen Visionen der Zukunft. Vielleicht sind auch fliegende Untertassen und Besuche von Wesen aus einer anderen Wirklichkeit mehr als nur Trugbilder oder Fantastereien einfach irregeleiteter oder gestörter Menschen. Ich glaube, daß Seher jene sind, die sich vom Alltagsleben abwenden und sich diesen anderen Welten zuwenden können, ob sie nun Erinnerungen an ein früheres Leben in vergangenen parallelen Welten sind oder zukünftige aus kommenden Welten.

Vergangen und zukünftig sind einfach Bezugspunkte, die auf unserem Sinn für das Jetzt beruhen. Sie sind nach der Sicht der parallelen Zeitwelten gleichzeitig mit uns.

Diese Vergangenheiten und Zukünfte sind, wie ich schon sagte, parallele Universen, die Seite an Seite bestehen. Die Vergangenheit und die Zukunft, an die wir uns erinnern und die wir als wirklich betrachten, sind einfach Zusammenstöße von Zeitwellen, die mit größter Stärke und besonders resonant aufeinandertreffen. *Jetzt* läßt sich als das Ereignis oder die Folge der Fast-Ereignisse definieren, die sinnvoll verbundene Zusammenstöße von Wellen sind. Was wir Augenblicke des »Jetzt« nennen, sind jene Zusammenstöße von Wellen, die miteinander »stimmig« und am stärksten sind.

Im nächsten Kapitel werden wir sehen, wie das Zusammentreffen von Zweitwellen ein Paradoxon erklären kann: Wie die Wahl, die ein Beobachter heute trifft, die Vergangenheit ändern kann.

24. Wheelers Wahl

Als das Weltall begann, wurde kein Versuch gemacht, ein mögliches Universum von einem anderen zu unterscheiden. Alle möglichen Universen existierten in einer Überlagerung, die nach der Theorie der parallelen Welten wie ein einziges Universum erschien. Das Universum hatte zu dieser Zeit zum Beispiel keinen wohldefinierten Radius. Aber dann kam es zu einer mysteriösen Wechselwirkung. Das Weltall spaltete sich in mehrere, vielleicht unendlich viele parallele Universen auf, die je den eigenen Radius festlegten. Wie konnte das passieren? Wenn wir alledem einen Beobachter zuschreiben, stellen wir die offensichtlichen Fragen: Wer ist der Beobachter und wann wurde die Beobachtung gemacht? So verblüffend es klingt, könnte die Antwort darauf lauten: Wir und jetzt.

Wenn wir in der Zeit zurückblicken und das Weltall mit Lichtsignalen betrachten, die vor Abermillionen, vielleicht Abermilliarden Jahren ausgeschickt wurden, sind wir vielleicht die Beobachter, die das frühe Universum aufspalten. Dabei bestimmen wir durch unsere Beobachtungen heute, welchen Radius und welch andere physikalische Parameter das frühe Universum hatte.

Dies ist ein Beispiel für das, was der visionäre Physiker John A. Wheeler Messungen »späterer Wahl« nennt.[4] Es ist also unsere Wahl jetzt in der Gegenwart, die bestimmt, wie die Vergangenheit gewesen sein muß. Wheelers Vorstellungen sind sehr tiefgründig und erscheinen paradox, deshalb möchte ich sie an zwei Beispielen erklären. Das erste Beispiel ist anschaulich und macht das Paradoxon deutlich. Im zweiten zeige ich mit Hilfe der transaktionalen Deutung von Cramer und der Vorstellung paralleler Welten, wie es sich lösen läßt.

Ein Photon vom Beginn der Zeit

Stellen wir uns ein einzelnes Photon (ein Lichtteilchen) vor, das zu Beginn der Zeit im Urknall ausgeschickt wurde, etwa fünfzehn Milliarden Lichtjahre lang vom Rand unseres bekannten Weltalls eine ungeheure Entfernung zurücklegte und jetzt unser Auge erreicht. Dieses Photon wurde vor fünfzehn Milliarden Jahren ausgeschickt, zu der Zeit, als nach unserer Vorstellung das Weltall begann.

Nach der Quantenphysik könnte dieses Photon auf mehrere Weisen zu unserem Meßinstrument, entweder einem elektronischen oder dem menschlichen Auge, gelangt sein. Es könnte zum Beispiel einen einfachen Weg vom Punkt A zu einem Zwischenpunkt $B1$ zwischen Galaxien und dann zu unserem an Punkt C unserer Erde aufgestellten Instrument gelaufen sein. Oder es könnte vom Punkt A zu einem anderen intergalaktischen Zwischenpunkt $B2$ und dann zu unserem Instrument im Punkt C gelangt sein. Nehmen wir der Einfachheit halber an, die Punkte

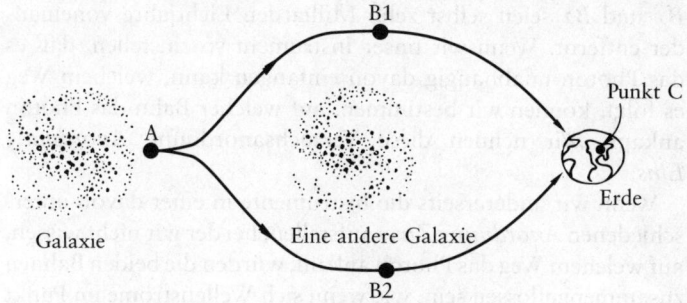

Galaxie

B1

Punkt C

Erde

Eine andere Galaxie

B2

Die Reise eines Photons

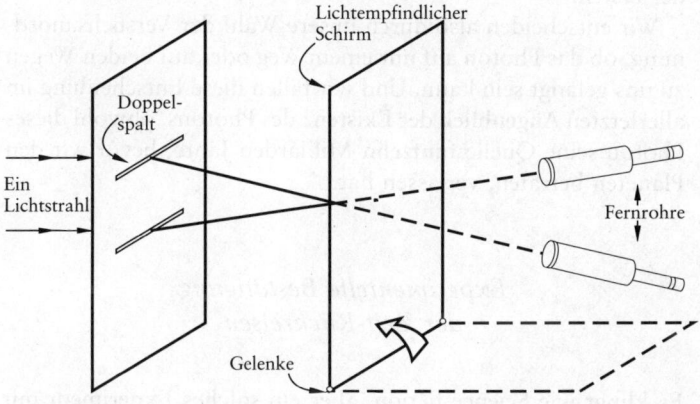

Lichtempfindlicher Schirm

Doppel-spalt

Ein Lichtstrahl

Fernrohre

Gelenke

B1 und *B2* seien selbst zehn Milliarden Lichtjahre voneinander entfernt. Wenn wir unser Instrument so einstellen, daß es das Photon unabhängig davon einfangen kann, welchem Weg es folgt, können wir bestimmen, auf welcher Bahn das Photon ankam. Wir nennen diese Versuchsanordnung *Anordnung Eins.*

Wenn wir andererseits die Instrumente in einer davon unterschiedenen *Anordnung Zwei* aufstellen, bei der wir nicht wissen, auf welchem Weg das Photon ankam, würden die beiden Bahnen zusammengeflossen sein, wie wenn sich Wellenströme im Punkt C vereinigen und überlagern. Quantenmechanisch interferieren die beiden Wege wie zusammenfließende Wellen, so daß das Ergebnis am Punkt C in der zweiten Anordnung anders ist als in der ersten.

Wir entscheiden also durch unsere Wahl der Versuchsanordnung, ob das Photon auf nur einem Weg oder auf beiden Wegen zu uns gelangt sein kann. Und wir fällen diese Entscheidung im allerletzten Augenblick der Existenz des Photons, obwohl dieses Photon seine Quelle fünfzehn Milliarden Jahre, bevor wir den Planeten betraten, verlassen hat.

Experimentelle Bestätigung der Zeit-Rückreisen

Es klingt wie Science-fiction, aber ein solches Experiment mit späterer Wahl[5] (mit irdischen Photonen) wurde 1985 tatsächlich durchgeführt. Die drei Physiker – Carroll Alley, Oleg Jakubowicz und William Wickes von der Universität von Maryland in College Park – schalteten dazu an strategischen Punkten ihrer Anordnung elektronische Spiegel ein, wodurch sie ein einzelnes Photon, das von einer Quelle in ihrem Apparat ausgeschickt wurde, so manipulierten, daß es in Kanäle laufen konnte. Nachdem das Photon diese Kanäle durchlaufen hatte, wurde es auf zwei Weisen beobachtet. Wenn der Spiegel genau vor dem Beobachtungspunkt aufgestellt wurde, konnte das Photon zur Interferenz mit sich selbst gebracht werden. Wenn der Spiegel nicht da war, hatte das Photon keine Möglichkeit, so zu interferieren.

Bei eingeschaltetem Spiegel bestätigten ihre Daten, daß das Photon gleichzeitig durch beide Kanäle gelaufen sein mußte. Das ist seltsam, denn es gab ja nur ein Photon. Ohne Spiegel lief das Photon durch nur einen der beiden Kanäle. Noch merkwürdiger ist, daß die Entscheidung, den Spiegel einzusetzen oder nicht, erst getroffen wurde, nachdem das Photon in der Anordnung war. Die Daten zeigten in der Tat, daß die Entscheidung, ob das Photon auf beiden Bahnen oder nur auf einer läuft, erst in der letzten Nanosekunde fiel. Dieses Experiment bestätigte Wheelers »Wahl«. Es bestätigte zudem, daß eine im letzten Augenblick getroffene Wahl sich auf das auswirken kann, was wir mit Vergangenheit bezeichnen.

Das Jetzt macht die Vergangenheit

Es erscheint als außerordentlich schwierig, sich eine unbestimmte Vergangenheit vorzustellen, die nur durch unsere jetzigen Handlungen definiert wird. Aber die Quantenphysik zwingt uns zu dieser Sicht. Wenn all unsere Beobachtungen des frühen Universums den *Anordnungen zweiter Art* entsprechen, so daß kein Versuch gemacht wird, ein so entstandenes Universum vom anderen zu unterscheiden, bleibt das Weltall »dort draußen« und undifferenziert. Es hat keinen Radius, weil es alle möglichen Radien hat. In gewisser Weise hat es keinen Anfang, weil keine Anordnung getroffen wurde, diesen Anfang zu »erschaffen«. Sein Radius steckt noch in der Welle der Möglichkeiten. Aber indem wir unter Benutzung *der ersten Anordnung* heute eine Wahl treffen, »erschaffen« wir, welchen Radius das Universum hatte (oder sollte ich sagen: gehabt hatte – der Zeitgebrauch verwirrt sich, wenn die Gegenwart die Vergangeheit beeinflussen kann). Unsere Wahl jetzt bringt uns in einen Zweig, ein paralleles Universum, in dem der Radius des Universums zu Beginn der Zeit bestimmt ist.

Beeinflußt die Zukunft die Gegenwart?

Betrachten wir das Paradoxon unter dem Gesichtspunkt zusammenstoßender Zeitwellen. Dazu verwenden wir eine etwas abgeänderte Fassung des Experiments von Alley, Jakubowicz und Wickes – ein einfaches irdisches Experiment, das aus einer Lichtquelle besteht, einem Schirm mit zwei Spalten, wie er beim sogenannten Doppelspaltexperiment verwendet wird,[6] einem lichtempfindlichen Emulsionsschirm, der hinter den Spalten aufgestellt wird, und einem Teleskop hinter dem Schirm. Der Schirm wird seitlich drehbar aufgehängt, so daß er ein Photon aufhalten kann oder auch das Photon weiter zum Fernrohr laufen lassen kann.

Die Entfernung zwischen dem Emulsionsschirm und den Spalten ist groß genug, um dem Experimentator Zeit zu geben, sich dann, wenn das Photon durch die Spalte gelaufen ist, zu entscheiden, ob der Schirm dazwischen gedreht werden soll oder nicht. Mit »lange genug« meine ich, daß die Drehung des Schirms eintreten kann, nachdem das Photon durch den Doppelspalt gelaufen ist und bevor es die Teleskope erreicht. Es ist wichtig, daß die Wahl des Experimentators, ob er den Schirm einschiebt oder nicht, getroffen wird, nachdem das Photon den Spalt passiert hat.

Wenn der Schirm unten bleibt, läuft das Photon auf einem seiner Pfade weiter und erreicht schließlich eines der beiden Fernrohre. Jedes Fernrohr steht direkt in Blickrichtung hinter dem Spalt. Wenn ein Photon auf Fernrohr 1 trifft, muß das Photon durch Schlitz 1 gelaufen sein; beim zweiten ist es entsprechend.

Der Experimentor, der sich im letzten Augenblick entscheidet, ob er den Schirm dazwischen dreht oder nicht, findet sich selbst in Wheelers Dilemma. Nehmen wir an, er drehe den Schirm dazwischen. Dann muß das einzelne Photon nach den Regeln der Quantenmechanik gleichzeitig durch beide Schlitze hindurchgehen, damit sich auf dem Schirm eine Interferenz ergibt. Anders gesagt ist der weggedrehte Emulsionsfilm ein Mittel, die Welleneigenschaft des Photons zu bestimmen.

Wenn er sich andererseits entscheidet, den Schirm unten zu

lassen, erreicht das Photon eines der beiden Fernrohre, ein
Hinweis darauf, daß es nur durch einen Spalt gelaufen ist.
Dann messen die Fernrohre die Teilcheneigenschaft des Pho-
tons.

Wenn der Schirm aufgestellt ist, läuft das Photon als Welle
durch beide Spalte. Wenn der Schirm liegt, passiert das Photon
einen der Spalte als Teilchen.

Da der Schirm jedoch erst in seine Lage gebracht wird,
nachdem das Photon durch den Spalt gelaufen ist, wählt der
Versuchsleiter, welche der erlaubten Vergangenheiten das Photon haben soll – ob es einen Weg lief oder beide. Der Experimentator schiebt seine Wahl also bis zum letzten Augenblick hinaus
und bestimmt dann durch diese Wahl, ob das Photon sich als
Welle oder als Teilchen verhält.

Die Wirkung ist, anders gesagt, vor der Ursache eingetreten.
Die Ursache (die Wahl des Experimentators im jetzigen Augenblick) bestimmt die Wirkung (den vom Photon in der Vergangenheit zurückgelegten Weg).

Die Lösung des Paradoxons:
Zeitreisen und parallele Universen

Es gibt keine Möglichkeit, dieses aufgrund der herkömmlichen
Deutungen zu verstehen. Wenn wir jedoch meine Idee einer
Synthese der transaktionalen Deutung und der Vorstellung par-
alleler Universen anwenden, ist das Paradoxon offenbar gelöst.
Die Botenwelle des Photons – die ursprünglich ausgeschickte
Welle – verläßt die Quelle und läuft bis zum Ende des Experi-
ments weiter durch beide Schlitze. Wenn der Schirm oben ist,
wird das Photon absorbiert, und die Filmemulsion schickt eine
konjugierte Echowelle in die Zeit zurück, die durch beide
Schlitze geht und von der Lichtquelle empfangen wird. Die
Boten- und die Echowellen passieren beide Schlitze, und die
Transaktion ist abgeschlossen. Hier laufen Boten- und Echo-
welle durch beide Schlitze und existieren in einem einzigen
undifferenzierten Universum. Tatsächlich ist dieses einzelne
Universum aus zwei Universen zusammengesetzt: Universum

Eins, in dem die Boten- und die Echowelle durch Spalt Eins laufen, und Universum Zwei, in dem sie durch Spalt Zwei laufen. Es wird kein Versuch gemacht, die beiden zu unterscheiden. Sie treten gemeinsam als ein einziges Universum auf. Ende der ersten Geschichte.

Wenn der Schirm unten ist, läuft wieder die Botenwelle durch beide Spalte zum Fernrohr, jetzt aber spalten sich die Universen. In jedem Universum schickt nur ein Teleskop eine Echowelle durch den entsprechenden Spalt zurück. Wegen der Randbedingung, daß die Welle ein einzelnes Photon darstellt, kommt in jedes Universum nur eine Welle zurück. Diese Tatsache wird im Gedächtnis des Beobachters aufgezeichnet. Es ist eine Sache des Bewußtseins. Wenn beide Fernrohre Echowellen in ein einziges Universum zurückschicken, müßte es in diesem Universum zwei Photonen geben.

Im ersten Universum schickt Fernrohr Eins das Echo zurück. Der Beobachter sieht, daß das wahr ist. Im zweiten Universum sendet das Fernrohr Zwei das Echo zurück, und der Beobachter sieht, daß das wahr ist. Im Universum Eins empfängt die Quelle ein Signal von Fernrohr Eins, und die Transaktion ist vollständig. Eine ähnliche Situation ergibt sich an der Quelle in Universum Zwei. Ein Photon, zwei getrennte Universen. Es wird der Versuch gemacht, die beiden zu unterscheiden. Deshalb erscheinen sie als zwei getrennte Universen. Ende der zweiten Geschichte.

Die Zeit ist in widerspruchsfreier Weise mit parallelen Universen verbunden

Wheelers »Wahl« liefert uns noch eine andere Einsicht. Sie hat mit der Verbindung zwischen der Zeit und parallelen Universen zu tun. Können wir vielleicht, wenn doch unsere jetzige Wahl Einfluß auf die Vergangenheit hat, mit einiger Gewißheit feststellen, daß eine zukünftige Wahl unsere Gegenwart beeinflußt? Dann gäbe es im Universum ein neues Prinzip, nämlich das Prinzip der Widerspruchsfreiheit. Das Universum ist nicht länger kausal. Gefordert wird, daß alles, was passiert, widerspruchsfrei sein muß.

In diesem Sinn bedeutet Widerspruchsfreiheit, daß alles, was passiert, unabhängig von der Reihenfolge, in der es Vergangenheit und Zukunft oder Gegenwart und Zukunft einbezieht, logisch widerspruchsfrei ist. Wenn ein Ereignis in der Gegenwart ein Ereignis in der Vergangenheit verursacht, kann das jetzige Ereignis keines sein, das eine Botschaft in die Zeit zurückschickt, die die Vergangenheit dazu bringt, eine Botschaft an die Gegenwart zu schicken, die diese Handlung wieder aufhebt. Wenn ich eine Botschaft an meinen jugendlichen Großvater schicke, die ihn davon abhält, Großmutter zu begegnen, wäre das keine widerspruchsfreie Handlung, weil ich hier in der Gegenwart bin.

Dieses Prinzip führt uns zu einer anderen möglichen Verknüpfung zwischen parallelen Universen. Sie schickt Information von Zukunft zur Gegenwart und auch von der Gegenwart zur Vergangenheit. Anders gesagt kommen wir so zu den »Zeitmaschinen«.

25. Der Bau einer Zeitmaschine

In dem Film *Der Wüstenplanet* reisen der Held, ein junger Prinz, seine Eltern und Freunde der Familie durch die Raumzeit, indem sie einen großen Zylinder über ihrem Planeten betreten. Im Raum schweben gigantische wurstförmige Geschöpfe, die hochintelligent sind und Raum und Zeit krümmen können. Die Familie scheint auf eine Geisterreise zu gehen. Im einen Augenblick schweben sie über ihrem eigenen Planeten, und im nächsten sind sie viele Lichtjahre davon entfernt hoch über dem Wüstenplaneten, ihrer neuen Heimat. Die Zeitreise geschieht instantan, ohne Beschleunigung, ohne große Energiekosten, ohne eine Annäherung an die Lichtgeschwindigkeit.

Denjenigen unter Ihnen, die einen handfesteren Beweis für parallele Universen wünschen als das, was wir uns im Geist vorstellen können, gebe ich das Folgende zu bedenken. Wenn der Physiker Frank J. Tipler recht hat, sollte es möglich sein, einen die Raumzeit krümmenden, sich schnell drehenden Zylinder zu bauen, der es kleinen Körpern ermöglicht, Zeitreisen in

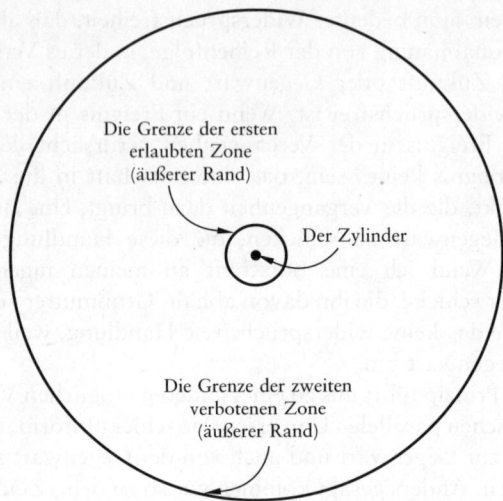

Eine Sicht des Tipler-Zylinders aus großer Entfernung. Der Zylinderradius
beträgt 20 Kilometer. Die erste erlaubte Zone endet 700 Kilometer von der
Mitte. Die zweite verbotene Zone endet etwa 11500 Kilometer von der
Mitte. Der Zylinder wird von oben gesehen, wobei die Rotationsachse aus
dem Buch herauszeigt. Sie ist in diesem Maßstab nur als Punkt zu sehen.

andere Universen zu unternehmen. Tipler wies zuerst in einem
Artikel,[7] der im April 1974 in ›Physical Review D‹ erschien, auf
die Möglichkeit von Zeitreisen hin. Diese Reihe der Zeitschrift
ist der physikalischen Forschung an den Grenzbereichen der als
»Teilchen und Felder« bekannten Physik gewidmet. Tiplers
Artikel hieß »Rotierende Zylinder und die Möglichkeit globaler
Kausalitätsverletzung«. Tipler, damals an der Universität von
Maryland, ist jetzt Professor für Physik und Mathematik an der
Tulane-Universität in New Orleans.

Wie Sie sich denken können, sind Artikel in physikalischen
Zeitschriften für Nichtwissenschaftler oft etwas unzugänglich.
Was ist eine globale Kausalitätsverletzung? Es ist die Existenz
einer Bahn, die sich durch den Raum windet und irgendwie in
der Zeit umkehrt. Immer wenn so etwas passiert, sagen Physiker, es läge eine *Pathologie* vor – das soll keine Anspielung sein.
Nun sind Pathologien in der Physik ziemlich seltsame Vor-

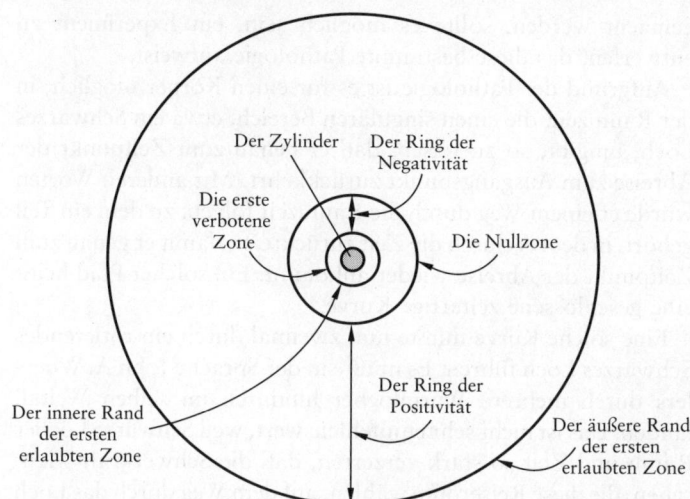

Der Zylinder wird aus größerer Nähe von oben gesehen. Er erscheint in diesem Maßstab als schraffierter Kreis. Die Trennlinie (die Nullzone) zwischen den beiden Ringen ist ebenso sichtbar wie die erste verbotene Ringzone um den Zylinder.

kommnisse. Sie weisen auf eine bizarre neue Wendung in unserem Verständnis hin. Eine Bahn, die sich durch den Raum windet und irgendwie – nachdem sie durch die Zeit gelaufen ist – genau zu derselben Zeit zu sich selbst zurückkommt, zu der sie wegging, ist eine Pathologie. Auch die Mitte eines Schwarzen Lochs ist nach der klassischen Allgemeinen Relativitätstheorie, also ohne Berücksichtigung der Quantenmechanik, eine Pathologie, denn dort spielen die Gesetze der Physik anscheinend verrückt.

Wie Tipler in dem Artikel erklärt, sagt die Allgemeine Relativitätstheorie pathologisches Verhalten vorher. Wie die Pathologie jedoch genau aussieht, ist umstritten. Physiker, die auf dem Gebiet arbeiten, haben bemerkt, daß sich in den Einsteinschen Gleichungen praktisch jede Art von bizarrem Verhalten finden läßt. Eine solche ist die globale Kausalitätsverletzung, und wenn die üblichen Annahmen über Materie, Energie und Raumzeit gemacht werden, sollte es möglich sein, ein Experiment zu entwerfen, das diese bestimmte Pathologie aufweist.

Aufgrund der Pathologie ist es für einen Körper möglich, in der Raumzeit, die einen singulären Bereich, etwa ein Schwarzes Loch, umgibt, so zu reisen, daß er genau zum Zeitpunkt der Abreise zum Ausgangspunkt zurückkehrt. Mit anderen Worten würde er einem Weg durch die Raumzeit folgen, zu dem ein Teil gehört, in dem er durch die Zeit zurückkreist, damit er genau zum Zeitpunkt der Abreise wieder ankommt. Ein solcher Pfad heißt eine geschlossene zeitartige Kurve.

Eine solche Kurve müßte nun zweimal durch ein rotierendes Schwarzes Loch führen. Es müßte in der Sprache John A. Wheelers durch mehrere Wurmlöcher hindurch im selben Weltall landen. Das ist nicht sehr empfehlenswert, weil Schwarze Löcher Raum und Zeit so stark verzerren, daß die Schwerkraft Menschen, die diese Reiseroute wählen, auf dem Weg durch das Loch zu einem Strom von Atomen zerreißen würde.

Zu Tiplers Experiment gehört der Bau eines riesigen rasch rotierenden Zylinders. Die Raumzeitumgebung des Zylinders stellt sich als sinusförmig* gekrümmt heraus, so daß die Zeit selbst nicht stetig von der Vergangenheit zur Zukunft läuft, sondern schwingt; wenn man sich sehr vorsichtig bewegt, muß die Bewegung nicht unbedingt zu einer solchen Dehnung materieller Körper führen.

Nehmen wir an, ein solcher Zylinder würde wirklich gebaut. Vielleicht spielt sich dann folgendes ab: (Übrigens möchte ich bemerken, daß ich, als ich diese Geschichte erfand, beim Erzählen mehrmals mein eigenes Prinzip der Widerspruchsfreiheit anwenden mußte. Das müssen übrigens alle Geschichtenerzähler, wenn die Geschichte einen Zusammenhang haben soll.)

---

* Eine Sinusbewegung schwingt hin und her und kehrt deshalb zu dem Ausgangswert zurück. Ein Pendel schwingt auf einer Sinusbahn durch den Raum. – Eine Sinuskurve ist deshalb eine Schwingung. Wenn wir die Bewegung eines Pendels in ein kartesisches Koordinatensystem eintragen, ergibt sich eine Sinuskurve. Wenn die Schwingungsdauer des Pendels etwa eine Sekunde beträgt, kehrt das Pendel nach jeder Sekunde wieder an den Ausgangspunkt zurück.

Datum: 3. Dezember 2587: Neuigkeiten aus der Galaxis

»TachynautInnen, ein Begriff, mit dem wir bald besser vertraut sein werden, haben heute die Menschheit an eine weitere Grenze gebracht – jetzt sind Zeitreisen möglich. Zum erstenmal in der Geschichte stehen menschliche Wesen im Begriff, sich in die Vergangenheit und in die Zukunft zu wagen – Zeiten, von denen viele von uns glauben, sie seien verstrichen oder müßten erst noch kommen. In anderen Worten, viele von uns denken, es könne sie jetzt nicht geben. Wenn diese Reise erfolgreich ist, wird eine Vision Wirklichkeit. Drei tapfere Menschen – zwei Frauen, Oberstin Franziska Zweizeit und Oberstin Carola Raum, und ein Mann, der technische Feldwebel Jakob Camino, alle von der Abteilung Raumzeit der Vereinigten Planeten (ARVP) – machen sich heute auf eine Reise, die in der Geschichte der Menschheit einzigartig zu sein verspricht. Eine Reise in die Zeit.

Bei uns ist Dr. Roland Espacetemp, Professor für Zeitstudien an der Universität Princeton. Er wird uns helfen, die Vorgänge zu verstehen.

Zunächst, Dr. Espacetemp, können Sie uns sagen, was TachynautInnen sind?«

(Professor Espacetemp spricht mit einem starken französischen Akzent.) »Ja gern. Und ich möchte mich bei dieser Gelegenheit dafür bedanken, daß ich der Öffentlichkeit dieses historische Ereignis erklären darf. Das Wort ›tachy‹ (vom Griechischen *tachys,* geschwind) bedeutet schnell. Vor langer Zeit suchten Physiker nach Teilchen, die schneller sind als das Licht, und nannten sie *Tachyonen.* Zwar haben sie nie welche gefunden, aber das Wort blieb. TachynautInnen reisen also schneller als das Licht. Vor dem Zeitalter wirklicher Zeitreisen nannten wir Zeitreisende irrtümlich Tachynauten, weil es weithin für unmöglich gehalten wurde, Zeitreisen zu machen, solange man nicht die Lichtgeschwindigkeit übertreffen konnte. Es stellte sich jedoch heraus, daß das nicht zutrifft. Es ist nicht wirklich nötig, schneller zu sein als das Licht, wenn man eine Zeitreise machen will. Die Lichtgeschwindigkeit ist nur in ›flachen‹ Raumzeiten ein Hindernis. In der stark gekrümmten Welt der Allgemeinen

Relativitätstheorie ist die Lichtgeschwindigkeit eher etwas lästig als wirklich hinderlich. Das Wort ›Tachyonen‹ aber blieb im heutigen Wortschatz, obwohl Zeitreisende die Lichtgeschwindigkeit nicht zu übertreffen brauchen. Als wir den Zeitzylinder bauten, fanden wir eine Möglichkeit, dieses Hindernis zu umgehen.«

»Nun, Herr Professor, ich bin sicher, daß unsere Holo-Seher gern mehr über den Zylinder wissen würden. Können Sie uns etwas über ihn erzählen? Wann wurde der Zeitzylinder gebaut?«

»Sicher, gern. Der Tipler-Zylinder wurde am 15. Juni 2583 fertiggestellt. Dieses wirklich große Unterfangen setzte die Zusammenarbeit mehrerer Planeten und große Anstrengungen, auch finanzieller Art, voraus, deren Bewältigung weitgehend der galaktischen Stiftung zu verdanken ist. Er wurde auf halber Strecke zwischen unserem eigenen Milchstraßensystem und der nächsten Galaxie in einer galaktischen Warteschleife gebaut, die als La Grange-Koordinate oder G-5-Station bekannt ist (an diesem Ort hebt sich die von allen Galaxien ausgeübte Schwerkraft auf, weil sie in entgegengesetzte Richtungen wirkt). Dieser Zylinder war wirklich die erste von Menschen gemachte zylindrische Zeitmaschine.«

»Und heute ist der Tag gekommen, an dem ihn die Menschen erstmals betreten?«

»Ja, er ist jetzt für den ersten Probelauf mit Menschen bereit. *Betreten* ist jedoch nicht ganz das richtige Wort. Wir hoffen, daß keiner der TachynautInnen dem Zylinder zu nahe kommt. Die Gravitationskräfte sind ganz fürchterlich. Die Tachynauten werden den Zylinder in einem Sicherheitsabstand umkreisen, um nicht von den vom Zylinder erzeugten Gravitationsgezeiten verletzt zu werden, ihm jedoch nahe genug kommen, um in der ihn umgebenden Zeitverzerrung von der Zeitreise zu profitieren. Übrigens versammeln sich gerade jetzt die Wissenschaftler der nahen Galaxien, die die Vereinigte Föderation der Galaxien zusammenführte. Dies verspricht mehr zu werden als nur eine weitere Raumfahrt: Es ist wirklich der Beginn eines neuen Zeitalters – es beginnt das Zeitalter der maschinellen Zeitreisen.«

»Herr Professor, wann kamen wir zuerst auf die Idee, daß Zeitreisen möglich sein könnten?«

»Frank Tipler, ein Physiker an der Universität von Maryland, behauptete vor über fünfhundert Jahren, ein solcher Zylinder könne gebaut werden. Aber damals wußte niemand, wie. Das war jedoch noch vor der Zeit der Neutronensternsynthese – der Synthese von Materie, die in Sternen einer bestimmten Masse gefunden wird, die einen Gravitationskollaps erlitten.«

»Neutronensternsynthese? Würden Sie uns das bitte erklären?«

»Ja. Es gab beim Bau des Zylinders zwei Hauptprobleme. Das erste bestand darin, einen Stoff zu finden, der so außerordentlich dicht ist – also so eng gepackte Materie enthält –, daß er die Massenmenge liefern kann, die nötig ist, um die Raumzeit in Drehung zu versetzen. Das Problem wurde mit Hilfe von nuklearer Materie gelöst, der dichtesten Substanz im Universum. Ein Teelöffel von ihr wiegt über eine Milliarde Tonnen. Solche Materie wurde nur in Neutronensternen gefunden. Da Neutronensterne schon vor über fünfhundert Jahren entdeckt wurden, brauchten sie also nur zusammengetrieben zu werden.«

»Aber Herr Professor, ich bin sicher, dies verblüfft die meisten unserer Holo-Seher. Sind Sterne nicht riesig? Wie könnten –«

»Ja natürlich, lassen Sie mich erklären. Die Neutronensterne sind zwar sehr massereich, aber nicht wirklich sehr groß. Sie bestehen aus Atomen, die durch die gewaltige Kraft ihrer Schwere miteinander verschmolzen sind. Erinnern Sie sich daran, wie Sie in Ihrer Grundschulzeit gelernt haben, was passieren würde, wenn die Elektronen im Atominneren plötzlich in ihre eigenen Kerne fallen würden. Dies passiert natürlich nicht mit gewöhnlicher Materie, weil es überall da, wo Leben möglich ist, nicht genug davon gibt. Im Inneren dichter massereicher Sterne führt die Schwerkraft, die darauf viel Einfluß ausübt, zu einer Ansammlung nuklearer Materie. Die Atome sind alle viel kleiner. Die Elektronen sind in diesen Sternen an die Kerne gebunden, wobei jedes der negativ geladenen Elektronen mit einem positiv geladenen Proton verschmilzt. Wenn das passiert, werden die verschmolzenen Elektronen-Protonen zu Neutronen – Teilchen ohne elektrische Ladung. Neutronensterne bestehen aus solchen Teilchen. Die Kerne sind einander so nahe, daß der ganze Stern ein gigantischer Kern zu sein scheint.«

»Intergalaktische Wissenschafter suchten also nach Neutronensternen, um daraus den Zylinder zu machen? Und was machten sie damit, als sie sie gefunden hatten?«

»Glauben Sie mir, es war nicht leicht. Aber wir verwendeten viel Geld darauf und arbeiteten intergalaktisch zusammen. Wir mußten dazu extra eine neue intergalaktische Agentur gründen. Bedenken Sie, wir begannen vor über hundert Jahren mit diesem Unterfangen. Und heute sind galaktische Nuklear-Boys – das Äquivalent zu den Cowboys der alten Tage – ein vertrauter Anblick. Sie weiden keine Kühe, sondern Neutronensterne, und statt des Lassos verwenden sie Kernbombenseile. Man sammelt genug Sterne, verschmilzt sie zu einem langen Zylinder, und schon ist nach Art einer Wagenkolonne eine Zeitmaschine halb fertig.«

»Könnten Sie das bitte etwas erläutern, Herr Professor Espacetemp?«

»Ja. Diese Maschine erforderte nicht weniger als hundert Neutronensterne, die jeder einen Radius von 20 Kilometer haben, so daß also ein Neutronensternzylinder von 40 Kilometer Durchmesser entstand – etwa die Entfernung, die ein Marathonläufer zurücklegt – und etwa 4000 km Länge, was der Breite der ehemaligen USA entspricht. Durch diese große Länge stellten wir sicher, daß es hinreichend weit von den zermalmenden Gezeitenkräften in der unmittelbaren Nähe entfernt auf der Oberfläche des Zylinders Zeitumkehrzonen gibt.

Das zweite Problem, das wir zu lösen hatten, war die Ausrichtung der Spins der Sterne, so daß der ganze Zylinder mit ein und derselben Drehgeschwindigkeit rotiert. Typische Neutronensterne drehen sich zwischen 1000 und 10 000mal pro Sekunde. Indem wir die rascher rotierenden Sterne zusammentrieben – alle mit etwa 10 000 Umdrehungen pro Sekunde – und sie in Phase brachten, so daß sie sich einheitlich drehen, war die Maschine schließlich erschaffen.«

»Warum mußten sie in Phase gebracht werden, und warum müssen sie sich mit einer einheitlichen gewaltigen Geschwindigkeit drehen?«

»Mit dieser Rotationsgeschwindigkeit erreicht die Oberfläche des Zylinders, der sich um die Längsachse dreht, eine Geschwindigkeit von etwa drei Viertel der Lichtgeschwindigkeit. Das ist unbedingt nötig, wenn wir unser Ziel erreichen wollen. Die Zeitmaschine setzt an der äußeren Oberfläche eine Geschwindigkeit voraus, die größer ist als die halbe Lichtgeschwindigkeit, wenn es zylindrische Zeitumkehrzonen geben soll, die jede den Zylinder konzentrisch umgeben. Frühere Tests mit dem Zylinder benutzten unbemannte Raumschiffe, die intelligente Roboter mitführten; sie teilten uns ihre Ergebnisse mit, und sie zeigten uns, daß sie dann, wenn sie sich radial zur Oberfläche des Zylinders bewegten, durch alternierende Zeitzonen gelangen, in denen die asymptotische Zeit – die Zeit, die auf Uhren abgelesen wird, die weit von der Raumzeitkrümmung entfernt sind – aus Sicht der Roboter im Vergleich mit der lokalen Zeit abwechselnd vorwärts und rückwärts läuft.«

»Ich fürchte, ich komme nicht ganz mit. Was ist asymptotische Zeit?«

»Das ist die Zeit, die wir alle erfahren, die ganz alltägliche Zeit. Wir sind eben weit genug vom Zylinder entfernt, um die Zeitverzerrung nicht zu bemerken.«

»Herr Professor, ich fürchte, wir haben alle Schwierigkeit, die Zeit zu verstehen. Können Sie uns das bitte erläutern?«

»Am einfachsten und besten ist es, sich vorzustellen, es gäbe dort draußen, wenn auch nur in bestimmten Bereichen, eine Zeit, wie es den Raum gibt. Lassen Sie mich das am Zylinder veranschaulichen. Der Zylinder ist von konzentrischen Zeitzonen umgeben. Es gibt zugelassene Bereiche, die die TachynautInnen ohne Gefahr betreten können, und auch verbotene Bereiche, die konzentrisch angeordnet sind – Orte, wo die Zeit einfach aufhört zu existieren. Wenn man versucht, eine verbotene Zone zu betreten, wird man immer abgewiesen.«

»Den TachynautInnen scheint ja einiges bevorzustehen.«

»In der Tat. Die genaue Lage der Grenze der verbotenen Zone hängt davon ab, wie schnell sie sich bewegen, wenn sie an die Grenze gelangen. Der Versuch, diese verbotenen Zonen zu betreten, gleicht dem Versuch, einen steilen Berg zu ersteigen, nur wird der Sog der Schwerkraft mit jedem Schritt stärker. Schließlich müssen sie umkehren.«

»Es klingt, als ob man versuchte, durch einen rotierenden Zylinder hindurchzukriechen – ganz früher gab es so etwas auf dem Jahrmarkt. Als ich ein Kind war, war ich einmal mit meinen Eltern in so einem Ding. Jedesmal, wenn wir versuchten, hindurchzulaufen, drehte er sich und wir fielen vor Lachen um.«

»Ja, es ist so ähnlich, aber ich fürchte, es gibt dabei nichts zu lachen. Die Zeitzonen verschieben sich immerzu und können je nach der Geschwindigkeit, mit der man sich bewegt, sehr gefährlich sein. Es ist Vorsicht geboten. Die verbotenen Zonen können großen Schaden anrichten, wenn man sie aus der falschen Richtung betritt. Es ist in der Tat nicht möglich, die Zeitzonen zu betreten, wenn man senkrecht zur Drehachse ankommt. Man muß sich ganz gleichförmig von der Seite her dem Zylinder entlang einer Linie nähern, die parallel zur Drehachse ist.«

»Und wie sieht dann die Raumzeit in der Umgebung des Zylinders aus?«

»Wenn wir den Zylinder vom Ende aus sehen, scheint er ein im Raum schwebender Kreis mit 40 Kilometer Durchmesser zu sein. Er wird jedoch von immer breiteren Bereichen umgeben, in denen das Reisen abwechselnd erlaubt und verboten ist. In diesen von Stockum-Streifen –«

»Verzeihen Sie die Unterbrechung. Sind die von Stockum-Streifen die Zeitzonen, von denen Sie gesprochen haben?«

»Ja, der Physiker W. J. von Stockum konnte 1936 als erster die Einsteinschen Feldgleichungen für den Zylinder lösen. Diese Streifen sind für die Zeitreisen das, was der van Allen-Gürtel für die ersten irdischen Raumfahrer war. In einer erlaubten Zone sind Zeitreisen möglich und in einer verbotenen nicht.

Die Zonen sind übrigens klar erkennbar. Der Anblick ist schaurig, weil die Grenzen der Zonen durch ihr Glühen deutlich den Rand der Zeit markieren. Die erste verbotene ›Hautzone‹ berührt den Zylinder. Sie erstreckt sich von der Oberfläche über 20 Kilometer hoch. Diese dicke Wurstpelle erscheint als wirbelnder Farbtaumel. Paare von Positronen und Elektronen explodieren in winzigen Ausbrüchen, und die Haut glüht in einem strahlenden Violett, während sich Paare von Materie- und Antimaterieteilchen vereinigen und violette Photonen abgeben, bevor sie ihre tödlichen Kaskaden von Gammastrahlung ausschikken, die ihr sterbliches Ende signalisiert.

Unmittelbar um die verbotene Zone herum liegt die erste ›Ringzone‹ der Zeitreise. Der Ring besteht aus zwei benachbarten Zeitzonen: dem Ring der Negativität und dem Ring der Positivität. Der Ring der Negativität beginnt am Rand der Wurstpelle. Hier ist die Zeit negativ – sie läuft mit der größtmöglichen Geschwindigkeit rückwärts. Wenn man hier auch nur für wenige Sekunden bleiben könnte, wäre es möglich, zu jeder anderen Zeit zurückzugelangen. Wenn man durch den Ring der Negativität nach außen reist, nimmt die Geschwindigkeit, mit der man in die Vergangenheit reist, ab. Die negative Zeitrate nimmt ab, bis die erste Nullzone erreicht ist – die Grenzfläche zwischen negativen und positiven Zeitreisen. Die Nullzone ist außerordentlich schmal; es gibt sie nur in einer Entfernung von 130 Kilometern von der Oberfläche. Wenn man in der Nullzone bleibt, kann man so lange altern, wie man will, während der Rest der Welt in bezug auf die Zeit eingefroren bleibt.«

»Ich bin nicht sicher, ob ich das richtig verstanden habe. Sie meinen, man könnte in die Nullzone hineinkommen und dort fünfzig Jahre bleiben und beim Verlassen merken, daß die Welt keine Sekunde älter geworden ist?«

»Ja, genau das meine ich. Keine besonders erfreuliche Aussicht, nicht wahr? Es ist eine Art umgekehrte Zeitreise.«

»Was werden die TachynautInnen tun? Sie wollen doch eine Zeitreise machen, nicht wahr?«

»Ja natürlich. Schauen Sie, wenn man aus der Nullzone nach außen kommt, gelangt man in den Ring der Positivität, wo die Zeit immer schneller verrinnt, bis man zum äußeren Rand der ersten Zeitreise-Zone kommt, die der innere Rand der zweiten verbotenen Zone ist.«

»Diese Grenze ist etwa 700 Kilometer von der Achse des Zylinders entfernt. Am äußeren Rand des Rings der Positivität rinnt die Zeit fast unendlich schnell in positiver Richtung. Wenn sie dort bleiben, könnten sie in wenigen Sekunden zu jedem beliebigen zukünftigen Ereignis gelangen.«

»Wie ist es mit den anderen Zonen?«

»Wenn man die zweite verbotene Zone radial durchquert, sieht man, wie ungeheuer groß sie ist. Ihr innerer Rand ist 700 Kilometer von der Achse entfernt, ihr äußerer Rand jedoch über 11 000 Kilometer. Die Zonen werden immer größer, wenn man radial nach außen geht, aber die Stärke der Zeitreise wird immer schwächer. Ganz weit draußen im Raum löst sich der Ring in nichts auf, wenn die Forderungen überhand nehmen, die in großer Entfernung von der Raumzeitkrümmung gelten.«

»Was machen die TachynautInnen denn dann? Wie benutzen sie die Maschine? Wie können sie sich vor Gefahren schützen? Sie haben doch gemerkt, daß die Schwerkraft enorm stark ist.«

»Um die Maschine benutzen zu können, werden sich die TachynautInnen entlang von Geraden bewegen, die parallel zur Spinsachse verlaufen. Durch sorgfältige Wahl der Eintrittsbahn können sie in die erste Zeitreisezone eintreten. Wenn sie im Zylinder eine hinreichend hohe Zentrifugalkraft um den Zylinder herum aufrechterhalten, können sie mit den zerstörerischen Gezeitenkräften fertig werden. Ihre Raumschiffe sind jedoch so flach wie möglich konstruiert, damit der Unterschied der Schwerkraft zu ihren Füßen und an ihrem Kopf möglichst gering ist. Sie ähneln eigentlich sehr den alten Abbildungen fliegender Untertassen – sie sind einfach große, sehr flache Scheiben.«

»Eine ungewöhnliche Bauweise, denke ich. Gar nicht wie die Raumschiffe des zwanzigsten Jahrhunderts.«

»In der Tat. Die TachynautInnen verbringen die Zeitreise im Liegen. Es stellt sich heraus, daß sie am besten in der Nullzone beginnen. Hier gibt es fast keine Schwerkraft.«

»Aber sie hängen dort nicht zu lange herum, oder?«

»Nein. In der Nullzone hört die asymptotische Zeit auf – die Zeit, die in großer Entfernung vom Zylinder tickt. Die Zeitreisenden könnten in die Nullzone hineingehen und, wenn sie es wollten, in ringförmigen Bahnen um den Zylinder herumwirbeln. Indessen würden ihre Uhren normal verstreichende Zeit anzeigen, aber die Außenwelt würde merkwürdig still stehen.«

»Wie sieht das für uns – hier draußen in – äh – der asymptotischen Zeit aus?«

»Für Beobachter auf Raumschiffen an den ›Küsten der Zeit‹

sieht die Reise der TachynautInnen wirklich sehr merkwürdig aus. Die Zeitreisenden könnten die Nullzone zum Beispiel irgendwo um drei Uhr betreten und zu genau derselben Zeit an einem anderen Ort wieder aus diesem Nullring herauskommen. Es wäre wie eine richtige altmodische Zaubervorführung.«

»Ich danke Ihnen, Herr Professor. Ich fürchte, uns geht die Zeit aus.«

»Ich danke Ihnen.«

Datum: 15. Dezember 2587: Neuigkeiten aus der Galaxis

»Guten Abend. Bei uns ist Dr. Roland Espacetemp, Professor für Zeitstudien der Zeit an der Universität Princeton. Ich bin sicher, wir – alle, die wir zusehen – sind tief betroffen von der schrecklichen Tragödie, die sich ereignet hat. Wir alle spüren große Trauer und möchten der Familie des Feldwebels Camino unser Mitgefühl ausdrücken. Offen gesagt, Herr Professor, kann ich mir nicht erklären, was geschehen ist und wann es geschehen ist. Tragödien bei Zeitreisen sind nicht dasselbe wie in der Raumfahrt, nicht wahr? Können Sie uns helfen zu verstehen, was passiert ist und wie es geschah?«

»Guten Abend, und ich danke Ihnen, daß Sie mir Gelegenheit geben, unseren Holo-Sehern die paradoxe Situation zu erklären, von der wir eben Kenntnis erhielten. Uns wurde vor kurzem mitgeteilt, daß Feldwebel Jakob Camino gestorben ist – nur wenige Tage nach seiner Rückkehr. Er scheint zur Zeit seines Todes hoffnungslos verwirrt gewesen zu sein; er jammerte, die Welt habe sich verändert. Er sagte immer wieder, er sei nicht in dieselbe Welt zurückgekehrt, die er verlassen hatte. Er betrauerte ganz außerordentlich den Verlust seines geliebten Großvaters. Ich kann Ihnen jedoch versichern, daß sein Großvater sehr lebendig und wohlauf ist, wenn auch natürlich jetzt sehr betrübt, und nicht verstehen kann, was seinen Enkel so quälte, als er starb.«

»Herr Professor, hatte Camino seinen Verstand verloren?«

»Nein, das glaube ich nicht. Wir alle sind tiefbetrübt über seinen Tod. Feldwebel Camino war technisch für das Unternehmen verantwortlich. Ich fürchte, der Vorfall war unvermeidlich. Feldwebel Camino verletzte das *Primparadoxon*. Wir hätten nie gedacht, daß einer der TachynautInnen es verletzen könnte. Aber ich fürchte, Feldwebel Camino ging mit dem Fahrzeug in einer Weise um, die nicht vorhersehbar war, und beendete damit fast das Leben der anderen beiden mutigen TachynautInnen.«

»Ach ja, wie geht es denn Frau Zweizeit und Frau Raum?«

»Ihnen geht es gut. Sie erholen sich von dem Schock.«

»Herr Professor, ich bin sicher, niemand weiß etwas über das – äh – *Primparadoxon*. Was bedeutet es? Und was geschah mit den Zeitreisenden, besonders mit Feldwebel Camino?«

»Lassen Sie mich zunächst einige Einzelheiten klären. Wir wissen, daß Zeitreisen dazu führen können, daß TachynautInnen in parallele Universen gelangen. Wir erwarteten das sogar. Wir hatten sie darauf vorbereitet und hofften, sie würden nicht so töricht sein und versuchen, die Widerspruchsfreiheit zu verletzen. Aber ich fürchte, einer tat es doch.«

»Parallele Universen? Was ist passiert?«

»Nachdem die TachynautInnen die Nullzone durchquert hatten, wurden sie gewarnt, daß sie das aufs Spiel setzen, was für sie sinnvoll ist – ihr eigenes Zeitgefühl. Die TachynautInnen begannen ihre Reise am 3. Dezember 2587 und waren angewiesen, einige Millionen Jahre in die Vergangenheit zu reisen. Dann und dort sollten sie die Zone verlassen und die Erde aus sicherer Entfernung holo-sehen. Sie waren darüber informiert, daß es von den Bedingungen im Inneren des ersten Rings der Negativität und von ihrer Eintrittsgeschwindigkeit abhängt, wie weit sie reisen können und wie schnell sie zur Zeit des Wiedereintritts wären. Im Ring umkreisten sie die Röhre und bewegten sich wie ein Detektiv, der sich vorsichtig zurückzieht, erfolgreich zurück in der Zeit. Als sie der Grenze der Nullzone näherkamen, verlangsamten sie erfolgreich ihre Passage durch die negative Zeit und bereiteten sich auf die nächste vor. Dann begannen sie, während sie sich vom Zylinder entfernten, die Zeitsynchronisation zu erfahren, als ihre Uhren begannen, mit unseren Uhren in den asymptotischen Bereichen in großer Ferne vom Zylinder übereinzustimmen. Während sie sich dem äußeren Rand näherten, sollten sie sich langsam in der Zeit vorwärts bewegen. Aber Feldwebel Camino kehrte das Verfahren um und brachte sie in einen Zeitbereich, mit dem wir nicht gerechnet hatten.«

»Warum tat er das? Warum hielt er sich nicht an die Anweisungen? Haben sie bei den Behörden keine Flugpläne einreichen müssen?«

»Doch, die TachynautInnen hatten ihre Zeit-Flugpläne bei der Föderalen Zeit-Flug-Agentur (FZFA) eingereicht. Sie sollten einen typischen Einsatz fliegen, der sie zunächst in die Nullzone führte und dann radial an den inneren Rand des Rings der Negativität. Dort sollten sie einige Minuten bleiben und danach zurück in die Nullzone kommen. Die TachynautInnen sollten sie dort verlassen und in ein paralleles Universum eintreten, das etwa einige Millionen Jahre jünger ist als das unsere, dann das Verfahren umkehren und zurückkehren.«

»War es nicht gefährlich, sie so weit in die Zeit zurückzuführen?«

»Wir meinen nicht. Uns bereitete die nur kurz zurückliegende Zeit die größte Sorge, und das ahnte offenbar Feldwebel Camino. Und dann mußte natürlich das Primparadoxon bedacht werden. Dieses »Doppel-P«, wie es heute genannt wird, hat mit dem zu tun, was passieren würde, wenn die Zeitperiode, in die TachynautInnen hineinkommen, keine Zeitmaschine hat.

Das Paradoxon war gelöst, als den Physikern klar wurde, daß der einzige Ausweg die Widerspruchsfreiheit ist. Die Reisenden konnten nur in einem solchen Universum in die Vergangenheit gehen, in dem es eine Zeitmaschine gibt.«

»Sie meinen vor einer Million Jahren gab es schon Zeitmaschinen? Wie kann das sein?«

»Das war ein Problem, bevor wir parallele Universen entdeckten. In den alten Zeiten dachten wir, es gäbe nur ein einziges Universum. Die TachynautInnen konnten nur zu parallelen Universen gehen, in denen der Zeitzylinder schon – widerspruchsfrei – existierte. Selbst wenn unser Universum in der Vergangenheit noch keinen Zylinder hatte, so hatten ihn doch andere. Mit der Entdeckung paralleler Universen wurde also deutlich, daß es kein Problem gab und also kein PP. Es wurde zudem klar, warum es parallele Universen geben muß. Sie sind aus Gründen der Widerspruchsfreiheit nötig. Alle Ereignisse in allen Universen sind miteinander verwoben und beeinflussen einander. Nicht nur liefern die parallelen Universen nach den Regeln der Quantenphysik eine notwendige Grundlage für die Existenz der Materie, sie liefern auch eine Möglichkeit, wie widerspruchsfreie Zeitschleifen existieren können. Sie können nur in Universen existieren, in denen das Gesetz der Selbst-Konsistenz niemals gebrochen wird. Auf diese Weise wurden alle Zeitreisen-Paradoxa gelöst.«

»Aber was geschah?«

»Dazu komme ich gerade. Lassen Sie mich fortfahren. Als wir parallele Universen entdeckten, wurden Zeitreisen Wirklichkeit. Es schälte sich ein wunderbar stimmiges Bild vom Universum heraus. Damit es ein Universum geben kann, braucht man Information, die sowohl aus der Zukunft als auch aus der Vergangenheit stammt. Die Quantenphysik zeigte, daß es eine Gegenwart nur geben kann, wenn es Information sowohl von der Zukunft als auch von der Vergangenheit gibt – eine *Gegenwart* war gegenwärtig. Anders gesagt kann sich die Jetzt-Welt physikalischer Materie nur manifestieren, weil es parallele Universen gibt. Wenn es keine parallelen Universen gibt, muß es einen äußeren Einfluß geben, der einen Quantensprung oder eine plötzliche Veränderung in der Wahrscheinlichkeit verursacht. Das machte Physikern lange Zeit große Sorgen.«

»Aber bitte, Herr Professor, sagen Sie doch, was passiert ist.«

»Entschuldigen Sie, ich wollte nicht abschweifen, aber es ist nötig, diese Hintergrundinformation wirklich zu verstehen, wenn man begreifen will, was mit Feldwebel Camino passiert ist. Auch Reisen von der Vergangenheit in die Gegenwart müssen widerspruchsfrei sein. Nachdem die Zeitreisenden, aus der Vergangenheit kommend, die Nullzone betreten hatten, bewegten sie sich zum äußeren Rand des Rings der Positivität hin und erfuhren dabei eine rasche Bewegung durch die Zeit bis zur Gegenwart. Dann kehrten sie zur Nullzone zurück und traten aus ihr heraus in das ein, was sie für dieses Universum hielten, in dem es die Zeitmaschine gibt. Sie glaubten, sie seien frei, alles zu tun, was ihnen in den Sinn kam.«

»Einfach alles?«

»Nicht ganz. Die Forderung der Widerspruchsfreiheit setzt moralische Grenzen. Sie sollten nichts tun, was ihrer Vergangenheit durch die Zeit zurück eine Botschaft schicken könnte, die sie in Gefahr brachte. Sie glaubten, sie hätten ihre Mission ohne jede Schwierigkeit ausgeführt.«

»Aber sie hatten doch in der *Vergangenheit* ein Problem!«

»Ja. Dort hatte Feldwebel Camino die Regel verletzt. Und wir alle haben gesehen, was mit ihm passiert ist. Es scheint, daß der Gedächtnisspeicher des Computers nicht ganz richtig funktionierte, als sie in das eintraten, was sie für unsere Gegenwart hielten. Sie kamen nicht in *dieser* Zeitspanne an, sondern vor etwa hundert Jahren und nicht in unserem Universum. Feldwebel Camino erkannte das vor den anderen, vermutlich, weil er am Kontrolltisch lag, als das passierte. Er bemerkte, daß sie an dem Tag in einem parallelen Universum gelandet waren, als sein Großvater ein kleiner Junge war und bei einem Bootsausflug vor dem Ertrinken gerettet wurde. Es scheint, als ob Feldwebel Camino den alten Herrn niemals wirklich gemocht hat – aber wir wußten nicht, daß er jemals versuchen würde, etwas derartiges zu tun. Er erinnerte sich, daß seine Großmutter ihm von diesem Tag erzählt hatte und daß sein Großvater damals fast ertrunken wäre. Camino lokalisierte mit Hilfe eines hochauflösenden Holo-Lorans und eines Holo-Fernrohrs den genauen Ort, richtete einen Holo-Laserstrahl auf das Boot und arrangierte es so, daß sein junger Großvater nicht gerettet wurde.«

»Aber wie konnte Camino je geboren werden, wenn er seinen Großvater umbrachte, bevor der fortpflanzungsfähig war?«

»Ich weiß nicht, was Camino über parallele Universen wußte. Ich denke, er meinte, es könne ihm nicht schaden, wenn er seinen Großvater in einem parallelen Weltall tötete, und er könne so seine Beziehung zu dem alten Herrn nach seiner Rückkehr in dieses Universum verändern. Er hatte leider recht. Natürlich schafften es die anderen, als sie entdeckten, was er getan hatte, ihn zu beruhigen; irgendwie schafften sie es, den Kurs zu korrigieren und in diese Zeit und in unser Universum zurückzukehren.«

»Aber wie konnte Camino geboren werden?«

»In der parallelen Welt, in der sein junger Großvater niemals

seinen achten Geburtstag feiern konnte, wurde gewiß kein Feldwebel Camino geboren. Das war Caminos Fehler. Daß er in
einem parallelen Universum nicht geboren wurde, hatte
schlimme Folgen für ihn in jenen Universen, in denen er geboren
worden war.

Als Camino in unser Universum zurückkam, bemerkte er, daß
sein Großvater sich verändert hatte. Er war natürlich noch da,
aber er war nicht der alte. Der Großvater behauptete immer
wieder, nicht er, sondern der Zeitreisende habe sich geändert.
Und jeder, der Camino kannte, stimmt wohl eher seinem Großvater zu.«

»Aber – Moment mal. Kam Camino jemals zurück in unser
Universum?«

»Der Zeitreisende kam in ein etwas anderes Universum.«

»Das scheint mir unmöglich zu sein. Ich meine, ich bin doch
hier in diesem Universum. Ich weiß, wie Camino uns vor wenigen Tagen verließ.«

»Es ist verwirrend. Caminos anderes Universum überlappt
sich mit unserem in all den Quantenüberlagerungen, die wir
ungelöst gelassen haben. Solange sein Universum nicht mit dem
unserem im Widerspruch stand, war Widerspruchsfreiheit ge-
währleistet, und niemand konnte einen Unterschied zwischen
ihnen feststellen. In jenen Bereichen, in denen sich sein Universum von dem unseren unterschied, stellte sich heraus, daß der
Unterschied vor allem von ihm gefühlt wurde. Wir spürten nur,
daß er sich verändert hatte. Er fühlte sich also so, als ob er ein
Universum betreten hatte, das anders war als das, was er verlassen hatte. Wir meinten alle, wir wären im selben Universum.

Wie Sie sahen, bekam er die schlimmsten Folgen zu spüren.
Seine Mitreisenden hatten dieses Gefühl nicht. Sie kamen in ein
Universum zurück, das für sie völlig widerspruchsfrei war –
genau das, was sie verlassen hatten –, sie waren nur ein paar
Tage älter geworden. Der Verbrecher jedoch nicht. Er verlor
anscheinend nach wenigen Tagen den Verstand und starb bald
darauf.«

»Ich danke Ihnen wiederum, Herr Professor. Und damit
verabschiedet sich der Sender KLAS.«

Zurück in die Gegenwart

Natürlich kommt uns dieses Szenario merkwürdig vor, denn wir verfügen noch nicht über die technischen Mittel, mit denen wir Neutronensterne zusammentreiben und aus ihnen einen Tipler-Zylinder bauen können. Ich glaube jedoch, daß die Regel der Quantenwiderspruchsfreiheit wirklich zutrifft. Parallele Universen und Zeitreisen passen zusammen. Ich finde keinen Fehler in der Physik. Sie gibt uns auch ein neues Verständnis für die Zeit. In Teil Sechs werden wir sehen, wie dieses neue Verständnis eine »Unterhaltung« mit der Zukunft ermöglichen könnte. Wir werden uns die Arbeit mehrerer Physiker ansehen, die unsere Art und Weise, Zeit und Geist unter Berücksichtigung paralleler Universen zu betrachten, verändert haben, und wir werden Wirklichkeit und Existenz neu definieren müssen.

VI. Zeit und Geist in parallelen Universen

> With a bit of a mind slip
> Your're in for a time slip
> and nothing can ever be the same.
>
> *»Zeitkrümmung«, The Rocky Horror Picture Show*

> Die Unendlichkeit ist nur die Zeit auf einem Ego-Trip.
>
> Lily Tomlin

> Das Ego ist nur die Zeit auf einem Unendlichkeits-Trip.
>
> Der Verfasser

Am Anfang und im Verlauf dieses Buches habe ich behauptet, daß es dann, wenn es parallele Universen wirklich geben würde, einen tiefen Zusammenhang zwischen Zeit und Geist geben müsse. Dieser Zusammenhang ist für unsere gewöhnliche Zeitvorstellung völlig verwirrend. Wenn wir die Theorie paralleler Universen ernst nehmen, finden wir auch, so scheint es, daß der Geist auf eine neue und unerwartete Weise in die physikalische Welt hineinkommt.

Ich möchte darauf hinweisen, daß die Vorstellung von parallelen Universen nicht neu ist, denn sie entstand schon 1957 in der Quantenphysik. Kenner der Science-fiction waren vermutlich schon mit parallelen Universen vertraut, bevor wir Physiker auf sie stießen. Meiner Meinung nach ist eines der besten Bücher, das sich damit beschäftigt, wie der Geist in eine parallele Welt gelangt, das Buch *The Lathe of Heaven*[1] von Ursula Le Guin.

Der Held dieses Buches steht vor einer schrecklichen Wirklichkeit: Seine Träume werden wahr – was er auch träumt, wird in dem Augenblick wirklich, in dem er aus seinem Traum erwacht. Wenn er aufwacht, sieht er ein neues Universum. Er erkennt nach einer Weile, daß er gar nicht träumt. Er reist vielmehr von einem parallelen Universum in ein anderes. Nach jedem Traum erwacht er in einem parallelen Universum. In diesem Universum ist alles völlig widerspruchsfrei. Außer ihm kennt in diesem Universum niemand etwas anderes als dieses Universum. Der Unterschied ist lediglich, daß der Held sich an das Universum erinnert, das er bewohnte, bevor er einschlief.

Kann unser Geist im Schlaf andere Welten erleben? Vielleicht nimmt unser Geist, der im Traum nicht ganz mit dieser Wirklichkeit beschäftigt ist, andere Wirklichkeiten wahr. Vielleicht liegt der Schlüssel zu Reisen in andere Welten darin, den Geist einfältiger zu machen. In der Welt lenkt uns einfach zu vieles ab – etwa die Kunst, im Dschungel des Betons der modernen Zeit zu überleben.

Möglicherweise sind die unerwarteten Verbindungen von Zeit und Geist mit parallelen Universen nicht nur ein Zufall. Diese Verbindungen zeigen, daß Zeit und Geist in der Tat in einer noch nicht ganz bekannten Weise dasselbe sein könnten. In diesem Teil des Buchs möchte ich dem nachgehen, wie einige Physiker in den Grenzgebieten der Forschung begonnen haben, diesen tieferen Zusammenhang zu erkunden, und dann einige eigene Gedanken hinzufügen.

Einige dieser Physiker erkennen, daß das Problem der Messung – die paradoxe Veränderung der Wahrscheinlichkeit, mit der ein Ereignis eintritt, sobald das Ereignis eintritt oder bekannt wird – sich völlig durch die Existenz paralleler Universen erklären läßt.[2] Sie überlegen dann, wie der Beobachter einer physikalischen Erscheinung handeln würde, wenn er mit dem beobachteten physikalischen Objekt völlig allein wäre, dabei aber der Spaltung des Universums ausgesetzt wäre, die bei der Beobachtung eines physikalischen Systems erfolgt. Sie schließen, daß ein Beobachter dann, wenn es außer ihm und dem betrachteten physikalischen Objekt nichts anderes im Universum gäbe, unfähig wäre, sich für ein Ergebnis zu entscheiden, wenn einmal eine Beobachtung des Systems angestellt würde.

Wenn das beobachtete System zum Beispiel zwei physikalisch mögliche Zustände hätte, würde der Beobachter nach der

Beobachtung in zwei Geisteszuständen sein. Nur wenn ein anderer Geist ins Bild kommt, wird eine Entscheidung möglich.

Ganz ähnlich wrd unser eigener Geist dann, wenn er hinreichend einfältig ist, nur die Überlagerung der möglichen Zustände sehen; er wird aber nicht sagen können, was eigentlich passiert. Während unser Geist immer komplexer wird, werden die Wirkungen der Interferenz der parallelen Welten immer geringer; jeder integrierte komplexe Geist kann dann zwischen den Möglichkeiten unterscheiden – eine wird Tatsache und die andere Fantasie. Vielleicht hatte die Schriftstellerin Le Guin bei ihrem Helden dieses im Sinn.

Parallele Universen können also eine Einsicht in das Wesen der menschlichen Intelligenz und Vorstellungskraft vermitteln. Sie könnten uns auch helfen, einige Geisteskrankheiten, zum Beispiel die Schizophrenie, zu verstehen. Schizophrene erleben oft andere Wirklichkeiten – spüren die Gegenwart anderer Wesen. Sie hören Stimmen, riechen etwas oder haben, wie wir gern sagen, Wahnvorstellungen. Aber vielleicht sind das gar keine Halluzinationen. Vielleicht sind es verzerrte Zeugen anderer Wirklichkeiten, wie sie in parallelen Welten auftreten könnten.

Mir scheinen die Überlegungen einiger Physiker, auch wenn diese nicht unbedingt mit mir übereinstimmen, doch nahezulegen, daß mit der Theorie paralleler Universen Botschaften aus der Zukunft erklärbar werden.[3] Wir haben uns schon in Teil Fünf einige betrachtet. Nach einer anderen Deutung brauchen diese Botschaften in der Gegenwart einen mit Verstand begabten Empfänger. Ein unintelligenter Empfänger könnte die Botschaften nicht entziffern und deshalb auch nicht nutzen. Wenn die globale Intelligenz zunimmt, sollten diese Botschaften von immer mehr verständigen Menschen empfangen werden, bis der ganze Planet eines Tages auf die Zukunft eingestimmt wäre.

Parallele Welten ermöglichen also ein neues Verständnis für das Wesen von Geist und Zeit. Eine andere Gruppe von Physikern untersucht die neue Natur der Zeit mit Hilfe sogenannter Zwei-Zeit-Messungen.[4] Obwohl Zwei-Zeit-Messungen recht radikal sind, nehmen die Erfinder diese Vorstellung nicht an, sie hätten es mit parallelen Universen zu tun. Sie stellen die Frage nicht, sondern beschäftigen sich vielmehr mit dem, was man jetzt über ein System wissen kann, wenn sowohl ein vergangenes Ereignis als auch ein komplementäres zukünftiges gegeben sind. (Komplementarität ist hier im Sinn des Unschärfeprinzips gemeint, wonach etwa Ort und Impuls eines Teilchens komplementär sind.)

Diese Aspekte der Theorie paralleler Universen führen zu einem neuen Begriff, nämlich dem des Quantenautomaten, eines elementaren Gedächtnisspeichers in einem Quantencomputer, der nicht nur den Zustand einer äußeren Observablen aufzeichnen kann, sondern auch den, in dem sein eigenes Gedächtnis ist.[5] Dieser Automat kann Vorhersagen über seinen eigenen Zustand machen, die es ihm ermöglichen, schneller zu rechnen als irgendein heutiges Boolesches Computerelement. Vielleicht ist dieser Automat schon in unserem eigenen Gehirn an der Arbeit.

Der Geist in parallelen Welten

Folgt auch die Existenz des Bewußtseins – die Gegenwart von Materie, die denken kann und das Universum beobachtet – aus der Wirklichkeit paralleler Universen? Dann wäre es ganz normal, wenn man sich gleichzeitig sowohl mit der Vergangenheit als auch mit der Zukunft verständigen könnte. Vielleicht ist dies sogar die einzige Möglichkeit, wie wir überhaupt denken oder schreiben können. Irgendwie müssen wir in der Lage sein, alles, was wir gerade sagen oder schreiben wollen, irgendwo schon geschrieben zu haben, bevor wir »denken«. Vielleicht ist unser Gehirn eine Zeitmaschine – eine Maschine, die Botschaften aus der Vergangenheit und aus der Zukunft senden und empfangen kann.

Welcher physikalische Mechanismus ist am Werk, wenn wir Botschaften sowohl aus der Zukunft als auch aus der Vergangenheit empfangen? Wie gelangt Information von einem parallelen Universum zum anderen und welchen Einfluß hat solche Information auf unser Gehirn? Obwohl die Erfinder der Zwei-Zeit-Messung sich diese Frage nicht stellen, kommt es mir so vor, als ob eine Möglichkeit für das Wirken unseres Gehirns aus

Zwei-Zeit-Messungen folgt – Beobachtungen von Systemen, die zu verschiedenen Zeiten gemacht werden.

Diese Messungen zeigen, wie es zwischen parallelen Welten Interferenzen geben kann– nicht nur Interferenzen von Quantenmöglichkeiten, wie sie in der gewöhnlichen Quantenphysik auftreten, sondern Interferenzen der Geschichte von zwei oder mehr interferierenden Universen.* Diese Überlegung erklärt möglicherweise, wie der menschliche Geist eine Wahl trifft und treffen kann. Zwei-Zeit-Messungen zeigen auch, daß die Zukunft die Entscheidungen, die wir jetzt treffen, genauso stark beeinflußt wie die Vergangenheit.

Schließlich betrachten wir, nachdem wir diese Gedanken so gut wie möglich verstanden haben, das Wesen der Wirklichkeit und Existenz wie durch die Augen eines, der von ›parallelen Welten begeistert‹ ist. Vielleicht enthält die Wirklichkeit sowohl die Vergangenheit als auch die Zukunft, die Existenz jedoch nur die Gegenwart; sie könnte voll und ganz von der Wirklichkeit vergangener und zukünftiger Universen abhängig sein. Ohne sie gibt es im Jetzt keine Existenz.

26. Geist und Bewußtsein in parallelen Universen

Ein Hauptproblem der Deutung mit Hilfe der parallelen Welten und eigentlich mit der Physik überhaupt ist, wie sich unser eigenes subjektives Bewußtsein erklären läßt. Wie entsteht das Bewußtsein aus der Sicht eines Physikers? Die Antwort darauf ist so vielfältig wie die verschiedenen Deutungen der Quantenphysik. Die Physiker Bryce De Witt, Hugh Everett, John A. Wheeler

---

* Susan D'Amato schrieb mir kürzlich, daß ihre Arbeit mit Albert und Aharonov sich nicht speziell auf die »Parallele Welten-Deutung« bezieht. Sie schreibt: »Während wir (jedenfalls ich) in der Viele-Welten-Deutung eine interessante und wichtige Alternative zu dem Postulat eines Kollaps sehen, wäre es doch irreführend, wenn man sagte oder folgerte, daß wir von der Idee der ›parallelen Welten begeistert‹ wären«. D'Amato glaubt jedoch, daß parallele oder mögliche Geschichte miteinander interferieren kann. Sie unterscheidet zwischen Geschichten und Universen. Die Parallele-Welten-Deutung ist hier meine eigene.

und Neill Graham haben keine Schwierigkeiten dabei, einige Aspekte des menschlichen Erinnerungsvermögens mit Hilfe von Computerautomaten in parallelen Welten zu erklären; sie nehmen an, daß es in jeder solchen Welt ein Gedächtnis gibt, in dem eine Ereignisfolge in einem Aufnahmegerät gespeichert werden kann. In einigen parallelen Universen kann es kein Gedächtnis oder Bewußtsein, weder Ihres noch meins, geben, weil diese Universen statistisch gesehen zu verrückt sind, um eins zuzulassen. In anderen Universen wiederum kann es ein mechanisches Gedächtnis geben. Es könnte also in fast allen parallelen Universen Gedächtnis und Erinnerungsvermögen als Ereignisfolgen geben.

Eine etwas konservativere Antwort stammt von dem Astrophysiker Fred Hoyle. Er glaubt, daß die vielen Universen einfach eine Überlagerung von Botschaften aus der Zukunft sind. Wenn wir uns ihrer bewußt werden, stimmen wir uns auf die Möglichkeit nur eines Universums ein, und dadurch gehen die anderen Möglichkeiten, die uns durch andere Botschaften übermittelt werden, für immer verloren. In diesem Fall wird das gegenwärtige Universum daran gehindert, sich zu dem zukünftigen Weltall zu entwickeln, dessen Botschaft es nicht erhält. Der große Baum aller möglichen parallelen Universen ist einfach ein Bezugsbaum, der die statistischen Möglichkeiten definiert. Für Hoyle wird Bewußtsein erst möglich, wenn die nicht benutzten Zweige abgehackt werden.

Wenn wir uns auf eine bestimmte Zukunft einstimmen, wählen wir eine bestimmte Route und damit ein bestimmtes paralleles Universum aus. Wer trifft die Wahl? Hoyle schreibt die Wahl einem superintelligenten zukünftigen Wesen zu. Diese Superintelligenz könnte das sein, was wir mit Gott meinen. Sie könnte auch ein neues zukünftiges technisches Wissen sein, das die Möglichkeiten vervollkommnet hat, Botschaften von ihrem Universum in die Vergangenheit an unser Universum zu schicken.

Hoyle betont auch, daß es dann, wenn alle Zweige – alle anderen Universen – wirklich existieren, möglicherweise heute Aufzeichnungen gibt, die die Erinnerungen anderer Universen enthalten, und nicht nur der Welt, in der wir heute zufällig leben. Wieder könnte dies ein Hinweis zur Erklärung ungewöhnlicher Geisteszustände sein.

Der Physiker David Z. Albert, der an den Universitäten von Süd Carolina in den USA und Tel-Aviv in Israel arbeitet, hat ein Modell der parallelen Welten aufgestellt, das es ermöglicht, von einer anderen parallelen Welt »eine Aufnahme zu machen«, während wir noch in dieser wohnen. Er erklärt auch, wie sich auf diese Weise eine neue Art von Computern erschaffen läßt – eine, die sich selbst beschreiben kann. Diese Beschreibung geht über die üblichen Kopenhagener Theorien der Messung hinaus.

Der Nobelpreisträger Leon Cooper und Deborah Van Vechten von der Brown-Universität beschäftigten sich 1969 mit der Beziehung zwischen dem Meßproblem der Quantenphysik und dem menschlichen Erkenntnisvermögen und versuchten, die Frage, wie etwas gewußt werden kann, mit Hilfe der parallelen Welten zu beantworten. Sie glauben, ein einfältiger Geist könne parallele Wirklichkeiten gleichzeitig erfahren. Für einen so hochentwickelten Geist wie den unseren jedoch sei das nicht einfach.

In den achtziger Jahren wiesen David Albert, Yakir Aharonov und Susan D'Amato darauf hin, daß eine »merkwürdige neue statistische Vorhersage der Quantenmechanik« vermuten lasse, zukünftige Messungen könnten für das, was man über die Gegenwart weiß, eine Rolle spielen. Sie führten dann aus, wie eine Reihe von »Zwei-Zeit«-Messungen (Beobachtungen von Ereignissen in Vergangenheit und Zukunft) zwischen beobachtbaren Größen Zusammenhänge (sinnvolle Beziehungen, die längere Zeit bestehen) schaffen kann, auch wenn es normalerweise keine Beziehung zwischen ihnen gibt. Solche beobachtbaren Größen der gewöhnlichen Quantentheorie, wie zum Beispiel Impuls und Ort eines Quantenobjekts, lassen sich nicht in Beziehung zueinander setzen, weil das die Unschärferelation verletzen würde.

Zwei-Zeit-Ereignisse engen den jetzigen Augenblick von zwei Seiten her ein. Vielleicht ist dies die Art und Weise, wie Botschaften von der Vergangenheit und der Zukunft mit der Gegenwart wechselwirken. Weil die vergangenen und die zukünftigen Ereignisse komplementäre Aspekte wirklicher physikalischer Objekte festlegen, sind beide Botschaften unvollständig. Nur wenn beide Botschaften in der Gegenwart empfangen werden, wird so glaube ich, ein Wirklichkeitssinn angesprochen. Die Wirklichkeit, die wir jeden Tag sehen, ist aus meiner Sicht nur dann den Sinnen zugänglich, wenn wir solche komplementären Botschaften empfangen.

Es scheint also, daß all diese Physiker versucht haben, auf der Grundlage der Quantenphysik den Geist wieder in die Physik zu bringen.* Bis jetzt sind diese Vorstellungen noch zu neu, als daß sie zu unmittelbaren experimentellen Folgerungen über den menschlichen Geist führen könnten. Wenn die Computertechnik jedoch weiter so rasche Fortschritte macht wie bisher, werden wir bald mit Computergedächtnisspeichern umgehen können, die gleichzeitig sowohl makroskopisch als auch quantenmechanisch sind. Solcher Fortschritt, wie er 1986 bei einer Konferenz der New Yorker Akademie der Wissenschaften mit dem Titel »Neue Verfahren und Gedanken in der Theorie der Quantenmessung«[6] beschrieben wurde, läßt vermuten, einige der von den neuen Physikern gestellten Fragen könnten schon, während ich diese Worte schreibe, beantwortet werden.

In den nächsten Kapiteln möchte ich mich mit den Gedanken von Sir Fred Hoyle, Leon Cooper und Deborah Van Vechten sowie von David Albert, Yakir Aharonov und Susan D'Amato beschäftigen. Aus ihrem Werk kann ich in bezug auf parallele Universen und die mögliche Rolle von Geist und Bewußtsein unterschiedliche Perspektiven aufzeigen.

Die Quantenspielregeln nach Hoyle

Sir Fred, wie er in Adelskreisen heißt, der auch als Fred Hoyle bekannt ist, Plumian Professor für Astronomie und Begründer des Instituts für theoretische Astronomie an der Universität Cambridge, wurde 1972 von der Königin von England zum Ritter geschlagen; sie verlieh ihm auch die hohe Auszeichnung der Royal Medal. Er ist weithin wegen seiner Beiträge zur

---

* Dies ist jedoch meine Deutung ihrer Arbeit und nicht unbedingt ihre eigene Sicht. Das gilt besonders im Fall von Albert, Aharonov und D'Amato.

theoretischen Physik und Astronomie und als Verfasser von
Romanen und Sachbüchern bekannt.

Einer seiner Romane, *October the First Is Too Late*[7], enthält
eine wirkliche, aber ziemlich bizarre Möglichkeit, die auf einer
Sicht der Quantenphysik beruht, die auf parallelen Universen
gründet. In einem späteren Artikel sagt er dazu[8]:

> Es wäre möglich, an jedem Morgen neben einem anderen Gatten
> aufzuwachen, obwohl die Erinnerung an jedem Morgen mit dem
> Gatten des Tages verträglich ist und wir uns der anderen Möglich-
> keiten deshalb überhaupt nicht bewußt werden.

Hoyles Sicht beginnt mit seiner Suche nach den Grenzen zwischen Geist und Materie. Er weist darauf hin, wie merkwürdig es
ist, daß die Naturwissenschaft es geschafft hat, das Bewußtsein
aus allen Diskussionen über die Welt der Materie völlig heraus-
zuhalten, obwohl es Materie ist, die diese Worte schreibt, und
Materie, die sie liest.

Irgendwie haben diese Atome, die in meinem Kopf herumras-
seln, Bewußtsein. Wir nutzen dieses atomare Gewahrsein – diese
wache Materie – als unser Bewußtsein. Wir denken und machen
Beobachtungen, und es würde uns sehr überraschen, wenn es
keine wissenschaftlich darstellbare Wechselwirkung zwischen
den Welten des Geistes und der Materie geben würde.

Der klassischen Physik ist von einem Sprung ins tiefe Wasser
der Suche nach Erkenntnis schwindlig geworden. In ihr gibt es
keinerlei Hinweis darauf, daß der Geist entweder als Nebenprodukt der Stofflichkeit oder als Kraftfeld zu erklären sei, als
etwas, das irgendwie Materie manipulieren und seinem Willen
unterwerfen kann.

Die Quantenmechanik, die uns nicht mehr als äußere Beobachter sieht, scheint uns nahezulegen, daß wir uns nicht von den
Ereignissen absondern können, die wir beobachten. Aus ihr folgt
auch, daß unsere Beobachtungen das, was sich wirklich abspielt,
mitgestalten oder sogar bestimmen.

Trotz dieser Tatsachen müssen Naturwissenschaftler gewöhnlich lernen, daß die »Makroereignisse« – also Ereignisse
auf der Skala der menschlichen Erkenntnisfähigkeit, die sogenannten Ereignisse des täglichen Lebens – Abermilliarden

von Atomen umfassen, die durch ungeheuer viele einzelne Quantenereignisse bestimmt sind und deshalb nur von statistischen Durchschnitten abhängen, die sich mit Sicherheit berechnen lassen. Diese Durchschnittsbildung verwischt alle Quantenverrücktheiten; die Welt nimmt ihren Lauf in statistischer Alltäglichkeit. Große Mengen von Atomen, die spontan handeln, sind Makroereignisse und vollständig vorhersagbar. Beispiele dafür sind die Zimmertemperatur oder der Druck in einer Wasserleitung; die Quantenmikroereignisse, die diese gemittelten Makroereignisse ausmachen, sind jedoch nicht vorhersagbar.

Hoyle weist auf die Willkürlichkeit dieser Unterscheidung zwischen Makro- und Mikroereignissen hin. Wenn wir diese Lehre wörtlich nehmen, bedingt die Quantenmechanik immer größere Unbestimmtheit in der Welt; sogar alltägliche Ereignisse würden vage erscheinen. Augenscheinlich geschieht das nicht. Irgendwie gibt es in der Welt so etwas wie eine genaue Vorhersagbarkeit. Irgendwie wird das vage Quantenbild geschärft. Irgendwie entsteht aus Unvorhersagbarem Vorhersagbares.

Wie geht das vor sich? Es genügt nicht zu sagen, daß eine Durchschnittsmenge unvorhersagbarer Ereignisse eine Makrowelt der Vorhersagbarkeit erzeugt. Unsere Gehirne, Ansammlungen von Milliarden Zellen, bestehen aus Abermilliarden von Atomen, deren Schicksal jeweils von Quantenregeln bestimmt wird. Alle Atome in unseren Gehirnen und Nervensystemen verhalten sich in Übereinstimmung mit den Quantenregeln. Jeder Gedanke, jedes Gefühl, jede Wahrnehmung von Klang, Licht, Farbe, Geruch, Tastsinn, jede sexuelle Erregung, jedes veränderte oder normale Bewußtsein, jedes Gesicht, das wir in einer Menge erkennen, jede Melodie, die wir hören und die in uns romantische Gefühle weckt, jede Liebe und jeder Haß wird durch das Verhalten von Atomen in unserem Gehirn und unserem Nervensystem beeinflußt. Das Leben mit all seiner von uns erfahrenen Reichhaltigkeit folgt also den Regeln des Quantenspiels.

Menschliche Entscheidungen hängen gewöhnlich von statistischen Mittelwerten vieler Quantenereignisse ab. Ist dann aber jede menschliche Entscheidung ein Makroereignis, das in Übereinstimmung mit diesen Mittelwerten entsteht?

Hoyle bezweifelt das sehr, und ich stimme ihm zu. Wir machen

oft »Blitzentscheidungen«, treffen eine »irrationale Wahl«, entscheiden uns »ganz plötzlich«. Vielleicht sind dies wirklich nur
sprachliche Bilder, die auf unsere Quantennatur hinweisen, aber
nur sehr wenige von uns haben sich nicht schon einmal mit einer
wichtigen Entscheidung gequält, sich entschlossen, das eine zu
tun, und dann plötzlich, ohne weitere Überlegung, unsere Meinung im letzten Augenblick völlig geändert. Diese plötzlichen
Entscheidungen lassen an Quantenereignisse denken.

Hoyle spekuliert weiter und weist darauf hin, wie die ganze
Auseinandersetzung über freien Willen und Determinismus in
ein neues Chaos geriet, als die Quantenunschärfe entdeckt
wurde. Die Stoiker unter den alten Griechen glaubten und
lehrten, alles im Leben sei vorherbestimmt – nichts geschehe
zufällig. Descartes übertrug diese Vorstellung im siebzehnten
Jahrhundert auf die Philosophie, und sie war auch unter den
Physikern des siebzehnten, achtzehnten und neunzehnten Jahrhunderts noch sehr beliebt. Jeder Wirkung, so dachte man,
müsse eine Ursache vorausgegangen sein. Wenn diese Kette von
Ursache und Wirkung zur ersten Ursache zurückverfolgt wird,
hat man die Beschreibung der Kausalität oder des Determinismus im Taschenformat.

Aber dann kam das Quantum, und die Antagonisten des
Determinismus erhielten neuen Auftrieb. Das menschliche Gehirn brauchte nicht länger dem Diktat der äußersten Vorhersagbarkeit zu folgen. Wie aber unterscheidet sich der Wille, ob frei
oder nicht, dann, wenn unsere Gehirne Quanteninstrumente
sind, von Zufallsereignissen? Wie kann eine Folge von Kopf und
Zahl, die sich je nach dem Ausgang des Falls einer Münze ergibt,
einen Sinn haben? Steckt in einer langen Beobachtungsreihe, bei
der etwa gleich oft Kopf und Zahl fiel, irgendwie eine Botschaft?

Hoyle betont, das könne in der Tat so sein. Für eine Folge von
einhundert Quantenwürfen gibt es etwa 10^{30} verschiedene Möglichkeiten, obwohl etwa fünfzigmal Kopf und etwa fünfzigmal
Zahl erscheint. Vielleicht sind nicht alle diese Folgen willkürlich.
Vielleicht liegt die Information in der Folge selbst – ist also eine
Art kosmischer Morsekode. Woher kommt diese Information,
wenn das der Fall ist? Hoyle behauptet, die Information stamme
aus der Zukunft. Eine solche Vorstellung mag zunächst ziemlich

verrückt erscheinen, aber es scheint mir, daß Hoyle nicht der einzige Physiker ist, der so argumentiert.*

Hoyle glaubt, daß Botschaften aus der Zukunft, sogenannte Quantenereignisse, die nicht durch vergangene Umstände beschrieben werden können, nur auf diese Weise kausal festgelegt werden können. Auf diese Weise kann eine Folge von Zwischenergebnissen, die sowohl eine Zukunft als auch eine Vergangenheit haben, Information übertragen, also einen Sinn haben.

Hoyle ist auch durch die Vorhersage beunruhigt, daß sich beim Modell der parallelen Universen aus einer Folge von einhundert Würfen der Quantenmünze etwa 10^{30} verschiedene parallele Universen ergeben.

Da Hoyle gern Geschichten erzählt, versucht er gewöhnlich, seine Vorstellungen in die Form von Geschichten zu kleiden. Die nächsten beiden Geschichten sind nicht wirklich seine eigenen. Ich habe sie erfunden, um einige der Ansichten zu veranschaulichen, die er in bezug auf parallele Universen vertritt.

Die alter ego eines Ritters

Es war einmal ein Ritter in glänzender Rüstung, der gegen einen Drachen zu kämpfen hatte. Er hatte dabei gemischte Gefühle und beschloß, eine Münze zu werfen, um die Götter des Zufalls entscheiden zu lassen, ob er das Ungetüm an jenem Tag bekämpfen sollte oder nicht. Er führte also den Versuch durch, und da dies ein Märchen ist, warf er eine Münze. Aber bevor er die Münze betrachtete und sah, ob Kopf oder Zahl oben lag, beschloß er, wie es wohl die meisten von uns machen, wenn sie einen ungünstigen Ausgang erwarten, »auf Nummer Sicher« zu gehen und die Münze noch einmal zu werfen. Das aber verärgerte die Götter des Zufalls, und sie sandten aus ihrer Mitte einen, den Quantengott, zu ihm. Der Gott sagte: »Weil du so ängstlich bist, mußt du dich auf die Reise in fremde Länder

---

* Albert, Aharonov und D'Amato haben ein Modell aufgestellt, das zeigt, wie sich eine solche Folge ergeben könnte, und wir werden uns bald mit ihren Überlegungen beschäftigen.

machen, die parallele Universen heißen. Zuerst mußt du zwei parallele Universen betreten, und erst dann darfst du die Münze ein zweites Mal werfen.«

Der Ritter verstand nicht, was das sollte, aber er stimmte zu – denn schließlich war es vermutlich besser, zu den Bürgern der parallelen Welt dieses Gottes zu gehören, auch wenn er sie nicht kannte, als gegen den fürchterlichen feurigen Drachen zu kämpfen. Nachdem er das gesagt hatte, verließ ihn der Gott, und der Ritter schaute sich die Münze an, die schon am Boden lag. Da aber sah er, was er überhaupt nicht erwartet hatte – allein durch den einfachen Akt der Beobachtung befand er sich gleichzeitig in zwei parallelen Universen.

Der Ritter fragte sich, wer der wahre Ritter sei, er oder er? Denn er war verflucht. Er konnte sich selbst gleichzeitig in beiden Welten spüren. Der Ritter war schizophren geworden.

Wie es in solchen Geschichten nun einmal geht, war der Ritter überhaupt nicht glücklich, denn er konnte sich, gespalten wie er war, nicht entscheiden. In einer Welt hatte er Köpfe gesehen und in der anderen gleichzeitig Zahlen. Machte er sich nun auf zum Kampf gegen den Drachen oder blieb er in dem Schloß, um sehnsuchtsvoll an die letzte Liebe seines Lebens zu denken? Er steckte also immer noch in der Klemme und entschloß sich ohne weiteres Nachdenken, die Münze noch einmal zu werfen. Und als sie gefallen war, fanden der Ritter und seine Münze, daß jede der Welten, in denen sie zuvor gewesen waren, sich wieder geteilt hatte und sich ihm jetzt vier Möglichkeiten boten. Jetzt gab es also vier parallele Welten, die durch die beiden Wechselwirkungen zwischen dem Ritter und seiner Münze bewirkt worden waren. Jedes Alter ego des Ritters hatte eine Münze gesehen, und jedes sah einen der vier möglichen Ausgänge der Würfe: kk, kz, zk oder zz. Aber das half dem Ritter kein bißchen, weil er wieder in all diese Welten gespalten ward.

Da erschien einer der Götter des Zufalls. Und er sagte: »Halt ein, alter Ritter. Was ist denn das Problem?«

»Ich weiß nicht, was ich im Sinn habe ... oder ist es in meinen Sinnen?«

»Nun, laß dir helfen. Dein Gedächtnis funktioniert nicht

richtig. Laß mich die Folgen, an die du dich erinnerst, etwas umordnen. Vielleicht hilft das.«

Während der Ritter die Münze(n) auf dem Erdboden nicht sah, veränderte der Gott das Gedächtnis des Ritters und die Münze in Welt Eins von kk zu zk. Und er verwandelte das Gedächtnis des Ritters und die Münze in Welt Drei von zk zu kk. Und dann verschwand der Gott, wie Götter das so oft tun, wenn die Sache schwierig wird.

War das eine Hilfe für den Ritter? Überhaupt nicht, denn als sein Gedächtnis und die Münze umgeordnet waren, war er wieder genau dort, wo alles begonnen hatte. Er war immer noch in vier Welten, und alle vier Möglichkeiten der beiden Würfe der Münze waren noch da. Wieder also warf der Ritter, insgesamt also zum dritten Mal, die Münze. Und jede der zuvor vier parallelen Welten spaltete sich wieder, und so wurden es acht. Und der Ritter war noch verwirrter, weil er jetzt in acht Körpern war und also auch achtfaches Bewußtsein hatte.

Wieder erschien der Gott, und wieder ordnete er das Gedächtnis und die Münze in jeder Welt um. Am Ende von allem aber war der Ritter immer noch in allen acht Welten, und alle acht Möglichkeiten der Münzwürfe bestanden noch.

Also warf er die Münze ein viertes Mal, und Sie wissen schon, was passiert. Jetzt gab es sechzehn Ritter und sechzehn Welten. In jeder Welt sah ein Ritter eine Münze auf dem Boden des Rittersaales liegen. Und in jeder Welt glaubte der Ritter, er könne sich daran erinnern, wie die Münze das vorige Mal gefallen war. Aber sein Gedächtnis führte ihn in die Irre, denn der Gott hatte wieder die Münzen und sein Gedächtnis in jedem parallelen Universum umgeordnet, und seine Tricks hatten nichts verändert. Der Ritter, immer verwirrter, entschloß sich, die Münze ein fünftes Mal zu werfen.

Und wie es in der Geschichte so ist, mischten sich wieder die Götter des Zufalls ein und sagten zu jedem der Alter ego-Ritter dasselbe: »Uns langweilt es, dich so feige zu sehen. Einer von dir muß gehen und mit dem Drachen kämpfen.« Der (die) Ritter kauerte(n) sich in eine Ecke des Schlosses und warf(en) von neuem die Münze. Vorher noch drang ein Drachen in das Schloß (eigentlich in alle sechzehn) ein und fraß den Ritter – nachdem er

ihn in seinem Atem gegrillt hatte, denn rohe Ritter sind ja etwas
zäh. Und damit ist die Geschichte aus.

Nehmen wir für einen Augenblick an, wir hätten die Geschichte nach dem vierten Münzwurf etwas angehalten und die
Folgerungen betrachtet. Normalerweise sind wir uns der parallelen Welten nicht bewußt. Hätten die Götter des Zufalls nicht
in die Geschichte eingegriffen, hätte der Ritter nichts von den
alter ego gewußt. In jedem Universum hätte ein Ritter als
Beobachter gesessen, ein alter ego des ersten Beobachters. Ohne
die Intervention des Gottes hätte jedes alter ego geglaubt, daß er
weit und breit das einzige ego sei und daß er dieselbe Münze sah,
die er zuerst geworfen hatte. Mit anderen Worten, was er vor
dem nächsten Wurf sah, war die Münze, die auf der Erde lag und
eine bestimmte Seite zeigte. Und an was er sich zu erinnern
glaubte, war die Folge von Kopf und Zahl, die er zuvor geworfen
hatte.

Bei einem Wurf hätte er überhaupt keine Aufspaltung des
Universums gespürt. Er hätte nicht gemerkt, daß es nach dem
vierten Wurf außer seinem eigenen fünfzehn andere Universen
gibt. Er wäre der Meinung gewesen, in seinem einen und einzigen Gedächtnis sei eine Folge von vier Würfen gespeichert. Und
diese Folge muß in seinem Universum, dem einzigen, das es gibt,
entstanden sein.

Das war jedoch nicht das, was sich tatsächlich abspielte, oder
doch? Der Quantengott des Zufalls war hinzugekommen. Und
er richtete Unheil an. Als der beobachtende Ritter nicht hin-
schaute, brachte er alle Münzen in diesen Universen durcheinander, so daß die Seiten, die zuvor oben gelegen hatten, nicht länger
in allen Universen die gleichen waren. In Welt Zwölf zum
Beispiel verwandelte der Gott den dritten Kopf in der Reihe in
Zahl und in Welt drei die dritte Zahl in Kopf, um alles im
Gleichgewicht zu halten.

Nun, es stellt sich heraus, daß es, solange alles im Gleichgewicht ist, keine Möglichkeit gibt, zu registrieren, was die Götter des Zufalls anrichten. Es gibt nur einen einzigen Unterschied
zwischen der Geschichte und dem wirklichen Leben: Wir wissen
gewöhnlich nicht, daß wir in parallelen Universen leben. Ein
solches Vertauschen ist in der Quantenwelt durchaus möglich

und läßt sich mit den üblichen Regeln der Quantenphysik beschreiben. Am Ende der Vertauscherei in der wirklichen Welt hat sich jede Münze so entwickelt, daß, ganz gleich, wie sie landet, die Chance gleich groß ist, Kopf oder Zahl vorzufinden.

In der wirklichen Welt oder in der des Ritters gibt es keine Bedingungen, daß das alter ego sich in jedem Universum an die ursprüngliche Folge erinnert, mit der es begann, weil die Quantengötter des Zufalls ihr Spiel spielen. Sein Gedächtnisspeicher kann das Gedächtnis eines anderen Alter ego enthalten. Es gibt keine Bedingung, wonach der Beobachter des ersten Münzwurfs derselbe sein muß wie der des zweiten. Nötig ist nur die Widerspruchsfreiheit von vier Beobachtungen.

In der Geschichte werden an den Zustand des Bewußtseins des Ritters nach dem zweiten Wurf keine Bedingungen gestellt: Er braucht sich nicht aus dem Zustand des Bewußtseins nach dem ersten Wurf entwickelt zu haben. Und im wirklichen Leben erinnern wir uns nach der Viele-Welten-Deutung in späteren Perioden unseres Lebens vielleicht an die Erfahrungen eines alter ego in einer früheren Periode. Anders gesagt ist das, was in unserem Gedächtnis ist, vielleicht der Überrest der Leben, die wir niemals wirklich gelebt haben. Die zweite Geschichte läßt uns diese Möglichkeit bedenken.

Der Gatte des Tages

Hier läßt sich der amüsante Ausspruch erläutern, den Hoyle über den Gatten des Tages machte. In einem kleinen Dorf legt sich an einem ruhigen Sonntagabend Herr Meyer neben Frau Meyer schlafen. Daran ist nichts Ungewöhnliches. Frau Meyer lächelt ihrem Ehemann zu und denkt an die Veilchen, die er ihr zu ihrem Geburtstag schenkte – das tut er nur selten, denn der Arme arbeitet so schwer. Sie hat wirklich das Gefühl, er verbringe zuviel Zeit im Büro, und sie fragt sich, ob das gut sei. Seine abendlichen Sitzungen sind für sie eher eine Last. Aber den letzten Freitag hat er nicht vergessen. Sie hat sich wirklich über die Blumen gefreut, obwohl sie Heuschnupfen hat – was er sich offenbar auch nach vierzehn – oder sind es dreizehn? – Ehejah-

ren immer noch nicht merken kann. Sie schläft ein und träumt
von Rittern, die sie von einem Schloß zum nächsten tragen.

Als sie am nächsten Morgen aufwacht, liegt Herr Meyer
neben ihr. Neben dem Bett glänzt wie immer seine Rüstung und
spiegelt das Licht von seinem Schild wider. Die vertrauten
Geräusche der Bauern, die auf dem Feld arbeiten, dringen an ihr
Ohr und der Geruch der Pferde aus dem königlichen Stall in ihre
empfindliche und feine Nase. Sie erwacht mit einem Ruck und
muß sofort und unaufhörlich niesen.

Herr Meyer wacht auf und ist überrascht, daß er an einem
Montag morgen so früh geweckt wird, nachdem er am Abend
zuvor Banditen aus der Festung jagen mußte. Seine Frau lächelt
ihn an: »Entschuldige. Aber Du weißt, bei Blumen muß ich
immer niesen. Die Veilchen sind wirklich wunderschön, aber
bitte, Liebling, schenk mir etwas mehr Aufmerksamkeit und sitz
nicht so viel am runden Tisch beim Bier! Stundenlang hörst du
dem alten Kerl mit seinen Geschichten zu.«

Herr Meyer – genauer Ritter Lanzelot Meyer von Hohenberg
– sieht Frau Genoveva Meyer an und fragt sich, ob das dieselbe
Frau ist, die er vor dreizehn Jahren geheiratet hat.

Diese Geschichte setzt die Existenz von zwei Meyers voraus.
Ein Paar lebt in der Gegenwart und das andere in der Vergangen-
heit. Tatsächlich sind sie wirklich vom Ego ein- und desselben
Meyer abgespalten.

Nun übertreibe ich die Sache etwas, wenn ich die Alter egos zu
verschiedenen Zeiten leben lasse. Ich bin sicher, daß es Hoyle
ursprünglich nicht darum ging. Er hätte sicherlich beide Meyers
zur selben Zeit leben lassen. Aber die Zeit schafft in der Quantenphysik ziemlich viel Unordnung. Wir wissen nicht genau, was
wir damit anfangen sollen.

Vielleicht haben die zukünftigen Meyers Kontakt mit den
vergangenenen. Vielleicht funktionieren Geist oder Gedächtnis
genau auf diese Art. Alle Zeiten existieren jetzt, und Erinnerungen oder Vorausnahmen sind Botschaften aus parallelen Welten,
die es in der Zukunft und in der Vergangenheit gibt, in der
Gegenwart jedoch immer gleichzeitig sind.

27. Quanten-»Zwei-Zeiter« und andere Botschaften aus der Zukunft

Das größte Paradoxon bei der Deutung der parallelen Universen besteht darin, daß es so schwer ist zu glauben, es gäbe in diesem Augenblick unendlich viele andere *Ichs* in der Welt, und daß jedesmal, wenn ich mich entscheide, das eine und nicht das andere zu tun, ein neues *Ich* entsteht. Eine Möglichkeit, aus diesem Paradoxon der parallelen Welten herauszukommen, besteht darin, Hoyles Idee der Botschaften aus der Zukunft ernst zu nehmen. Wenn die Folgen unseres Lebens durch Information bestimmt werden, die sowohl aus der Vergangenheit als auch aus der Zukunft stammen, braucht ja zu jeder vorgegebenen Zeit nur eines der parallelen Universen bewohnt zu sein – das eine, dessen wir uns subjektiv bewußt sind. Die anderen Universen gehen an uns vorbei, weil wir ihnen nicht genug Aufmerksamkeit schenken und unser Nervensystem und unser Gehirn sie nicht registrieren.

Die Botschaften aus der Zukunft und die Erinnerungen an die Vergangenheit wirken in diesem Universum auf sehr interessante Weise zusammen und führen zu einem veränderten Gedächtnis, das anscheinend wohlbestimmte Inhalte und Begriffe hat. Mit wohlbestimmt meine ich, daß es in unserem Gehirn anscheinend keine Unschärfe gibt, die das Unschärfeprinzip verletzt.

In diesem neuen Gedächtnis, das auch eine Vorwegnahme der Zukunft darstellt, die es schon gegeben hat und die uns Botschaften durch die Zeit zurückschickt, scheint die Welt recht festgelegt zu sein. Wir wissen, wo wir gewesen sind, und wir haben ein deutliches Gefühl dafür, wohin wir gehen. Sowohl der Ort als auch die Bahn unserer Gehirnteilchen sind anscheinend bekannt; und doch haben wir wohl noch nicht ganz die Kontrolle über das alles.

Wie könnte sich eine solche Situation ergeben? Eine überraschende Antwort stammt von den drei Physikern David Albert, Yakir Aharonov und Susan D'Amato, die in Süd Carolina arbeiten. In einer Reihe von Arbeiten,[9] die sie in den letzten Jahren in physikalischen Fachzeitschriften veröffentlichten, wie-

sen sie auf eine »merkwürdige neue Vorhersage der Quantenmechanik« hin. Es ist möglich, in Verletzung des Unschärfeprinzips
Ort und Impuls eines Teilchens gleichzeitig zu kennen und doch
weder das Unschärfeprinzip noch irgendein anderes quantenme-
chanisches Gesetz zu verletzen.

Wie das Unschärfeprinzip
verletzt werden kann:
Rede zu dir in der Zukunft

Was bei ihren Berechnungen zur Debatte steht, ist die Zeitspanne zwischen zwei Entscheidungen. Albert, Aharonov und
D'Amato weisen darauf hin, daß sowohl der Ort als auch der
Impuls des Teilchens mit Gewißheit in der Gegenwart bestimmt
werden können, wenn der Ort eines Teilchens in der Vergangenheit gemessen wird und der Impuls in der Zukunft. Bevor man
nun die Verletzung des Unschärfeprinzips behauptet, ist zu
bedenken, daß man den Impuls in der Gegenwart noch nicht
wirklich gemessen hat. Soweit wir ihn praktisch bestimmen
können, ist der Impuls also noch ungewiß. Nur wenn man die
Sache aus einem Blickwinkel jenseits des Stroms der Zeit
betrachtet, sieht man die Sache aus der Sicht dieser drei
Physiker.

Diese Sichtweise wird durch Hoyles Spekulationen über zukünftige Botschaften gestützt. Er bietet auch eine bequeme
Möglichkeit, Ordnung und Determinismus in das Weltall zu
bringen. Die Ordnung verletzt jedoch nicht das Unschärfeprinzip, wie wir es erfahren, weil sich herausstellt, daß dieses Prinzip
nur für Vorgänge gilt, die eine einzige Zeitrichtung haben –
entweder von der Vergangenheit in die Zukunft oder aus der
Zukunft in die Vergangenheit. Es versagt, wenn beide Richtungen, aus der Zukunft in die Vergangenheit und aus der Vergangenheit in die Zukunft, zugelassen sind.

Dies enthebt uns jedoch nicht der Qual der Wahl. Wir müssen
immer noch eine Wahl treffen, die auf Information beruht, die
wir sowohl aus der Vergangenheit als auch aus der Zukunft
erhalten. Die von uns getroffene Wahl bestimmt, auf welchem

der vielen Wege wir durch den Irrgarten der parallelen Universen gehen werden.

Es taucht auch ein neues Paradoxon auf – das der Zeit. Wenn uns die Zukunft Botschaften schickt, muß es die Zukunft doch jetzt schon geben. Es erscheint uns als selbstverständlich, daß die Vergangenheit real ist. Wir sehen sie in unserem Gedächtnis. Wenn das aber alles wäre, was das Gedächtnis ausmacht, würde unser Geist von den Launen der Unschärferelation überschwemmt, und wir könnten uns an gar nichts mehr erinnern. Wenn ich mich von der Theorie von Aharonov, Albert und D'Amato leiten lasse, denke ich, daß unsere Fähigkeit der Erinnerung an die Vergangenheit auch auf unserer Fähigkeit zur Erinnerung an die Zukunft beruht. Sowohl die Vergangenheit als auch die Zukunft muß es, was unser Gedächtnis betrifft, irgendwie schon früher gegeben haben. Nur so kann es wohlbestimmte Gedächtnisinhalte geben.

So wird also jede Erinnerung an die Vergangenheit – etwas, das wir in der Gegenwart erfahren – auch durch die Zukunft bestimmt. Wo aber ist die Zukunft, falls es sie jetzt gibt? Natürlich in einem parallelen Universum.

28. Ein Foto von einem parallelen Weltall

Das folgende Gedankenexperiment ist die wahrscheinlich ausgefallenste Idee, auf die man kommen kann, wenn man fest von der Existenz dieser und natürlich keiner anderen Welt überzeugt ist. Der Physiker David Z. Albert, sein Urheber, meint, es sei nur eine Frage der Zeit, bis eine parallele Welt entdeckt wird. Der Gerechtigkeit zuliebe sei gesagt, daß Albert den Namen *parallele Universen* nicht mag. Er sagt[10]:

> Es ist wahrscheinlich höchst bedauerlich, daß diese sehr einfache These überhaupt Viele-Welten (oder parallele Universen)-Deutung genannt wurde, denn dieser Name hat manchmal den falschen Eindruck geweckt, es könne nach einer Messung mehr Universen geben als zuvor. Es wäre vielleicht besser gewesen, das,

was Everett sich ausdachte, als »Viele-Sichtweisen«-Deutung zu
bezeichnen ... Die Regeln von Everetts Spiel, das er unbedingt bis
zum Ende spielen möchte, setzen jedoch voraus, daß jedes der
physikalischen Systeme, aus denen das Weltall besteht (mit allen
Katzen, Meßgeräten, dem Gehirn meines Freundes und meinem
eigenen) in solch seltsamen Überlagerungen vorliegen kann und
auch vorliegt. Die verschiedenen Elemente einer solchen Überlagerung entsprechen im Fall des Gehirns sozusagen einer Vielfalt
einander ausschließender Sichtweisen der Welt, die alle gleichzeitig mit ein und demselben Beobachter verknüpft sind.

Albert hat also nicht das Gefühl, es gebe mehr als ein Universum,
wohl aber unendlich viele einander ausschließende Sichtweisen.
Und diese Sichtweisen können sogar gleichzeitig in einem einzigen Gehirn sein. Hier liegt ein Hinweis auf die Existenz gespaltener Persönlichkeiten. Es wäre sicherlich aufregend, wenn es
möglich wäre, diesen anderen »Blickpunkt« zu entdecken, während wir noch unseren eigenen vertreten. Vielleicht tut das eine
gespaltene Persönlichkeit.

Holen Sie Ihren Fotoapparat

Jetzt können wir uns mit Alberts Erklärung beschäftigen, wie
man ein paralleles Universum fotografieren kann, während wir
uns in diesem befinden. Zur Verdeutlichung betrachten wir
wieder das Beispiel der winzigen molekülgroßen Quantenmünze, die wir weiter oben untersuchten.* Die Münze kann
entweder ihre Lage, also Kopf oder Zahl, zeigen oder ihre Farbe,
also Rot oder Grün. Die Farbe ist komplementär zur Lage. Beide
lassen sich nicht gleichzeitig bestimmen. Wegen der Quantenregel für komplementäre Größen können die Farbe der Münze und
ihre Lage nicht ohne Verletzung des Unschärfeprinzips gleichzeitig bestimmt werden.

* Siehe Teil II, Kapitel 8.

Die Regeln für das Fotografieren
von parallelen Universen

Ich möchte die Regeln am folgenden Beispiel wiederholen. Denken Sie sich, Sie hätten einen ganz besonderen Fotoapparat. Er kann Licht bei unterschiedlichen Wellenlängen aufspüren. Bei langwelligem Licht läßt der Film in der Kamera die Farbe des Lichts erkennen, bei kurzwelligem jedoch zeigt sich keine Farbe. Wenn kurzwelliges Licht in den Apparat gelangt, kann der Film sehr feine Einzelheiten des Gegenstands verzeichnen, der das Licht spiegelte, also etwa die winzige Inschrift auf der molekularen Münze, aber nicht ihre Farbe.

Sie können die Kamera so oder so einstellen. Wenn Sie beschließen, die Farbe der Münze, also Rot oder Grün, beobachten zu wollen, können Sie nicht erkennen, welche Seite der Münze oben liegt. Wenn Sie die Lage der Münze bestimmen wollen, können Sie ihre Farbe nicht erkennen. Denn der von Ihnen benutzte Apparat ist so beschaffen, daß die Beobachtung des einen die des anderen ausschließt.

Um Farbe zu sehen, brauchen Sie weißes Licht, und die Wellenlängen des weißen Lichts sind zu lang, um die feinen Einzelheiten der geprägten Seite der Münze erkennen zu lassen. Wenn Sie die Lage der Münze betrachten, brauchen Sie viel kürzere Wellenlängen, so kurz, daß keine Farbe erkennbar wird.

Im Modell der parallelen Welten ist das Universum, in dem die Beobachtung der Farbe Rot oder Grün stattfindet, eigentlich eine Überlagerung von Universen, in denen Kopf und Zahl gleichzeitig beobachtet werden. Entsprechend ist das Universum, in dem die Lage der Münze, also Kopf oder Zahl, beobachtet wird, ebenfalls eine Überlagerung von Universen, in denen die Farben getrennt gesehen werden.

Wir machen eine Aufnahme von einer parallelen Welt

Denken wir uns jetzt, zwei Freunde, Hans und Franz, führten eine Reihe von Beobachtungen durch. Nehmen wir an, Franz wollte mit dem Fotoapparat die Lage der Quantenmünze beobachten. Wenn er die Münze sieht, spalten er und die Münze sich also in zwei parallele Welten auf. Franz sieht in einer Welt Kopf und in der anderen Zahl. Er sieht jeweils eine bestimmte Lage der Münze und kann nichts über die Farbe der Münze aussagen. Und doch existieren beide Welten gleichzeitig.

Die Überlagerung der Welt, in der Franz Kopf sieht und in der die Münze Kopf zeigt, und der Welt, in der Franz Zahl sieht und in der die Münze Zahl zeigt, ist also selbst eine Welt, die von einem anderen Beobachter beobachtet werden kann, der fotografieren und so die Überlagerung der beiden Welten betrachten kann. Der zweite Beobachter benutzt denselben Kameratyp, wenn er die Überlagerung der beiden parallelen Universen beobachten will, die die Lage anzeigen. Er fotografiert also eine Farbe.

Wir nennen diese Welt, in der Franz, seine Kamera und die Münze in zwei Welten sind, in der die Lage der Münze erkennbar ist, die »Farbwelt«. Sie entspricht einem Zustand von Franz zusammen mit seiner Münze, obwohl Franz in keiner der von ihm bewohnten Welten Farbe sieht.

Stellen wir uns jetzt vor, ein zweiter Beobachter, Hans, käme daher und Hans mache keinen Versuch, das zu fotografieren, was Franz sieht. Hans ist nur daran interessiert, ein Farbbild von Franz und der Münze zu erhalten. Ihn interessiert die Lage der Münze überhaupt nicht. Hans verwendet also weißes Licht. Nun weiß Hans nicht, welche Farbe Hans und die Münze reflektieren werden. Die Chancen stehen halbe-halbe, daß Hans Franz und die Münze in Rot oder Grün fotografiert. Vielleicht sieht Hans Franz und die Münze Rot reflektieren. Natürlich ist, soweit es Franz selbst betrifft, überhaupt keine Farbe zu sehen. Er sieht das Farbbild nicht, weil er durch seine eigene Beobachtung der Münze gespalten ist. Franz sieht nur Kopf oder Zahl.

Aber nehmen wir an, Hans macht die Aufnahme und erzählt Franz von seiner Beobachtung. Er sagt ihm, daß er ihn und die

Münze in wunderschönem rotem Licht sieht. Er zeigt ihm sogar eine Aufnahme von Franz und der Münze in leuchtendem Rot. Franz schaut sich die Aufnahme an und ist erstaunt, denn aus seiner eigenen Sicht erkennt er weder seinen eigenen Farbzustand noch den der Münze. Und noch erstaunlicher ist, wie Franz sich aufgrund der Quantenregeln klarmacht, daß es dann, wenn er und die Münze rotes Licht reflektieren, einen anderen Franz geben muß – den in der parallelen Welt.

Sobald Franz die Aufnahme sieht, ändert sich auch sein Gedächtnis. Es enthält jetzt zwei Aufzeichnungen. Im einen Universum sieht er ein Bild von sich und der Münze in leuchtendem Rot, und er glaubt, daß die Münze Kopf zeigt, und die Münze zeigt auch Kopf. Im zweiten Universum sieht er die Aufnahme von sich und der Münze in leuchtendem Rot, und er glaubt, daß die Münze Zahl zeigt, und die Münze zeigt Zahl.

Dieser Stand der Dinge ist verrückt, weil Franz vor zwei Tatsachen steht, die auf den ersten Blick das Unschärfeprinzip zu verletzen scheinen. Zunächst ist Franz in der Lage, eine Vorhersage über die Farbe zu machen. Er kann vorhersagen, daß er und die Münze leuchtend rot sind, obwohl er sieht, daß die Münze Kopf zeigt (im Universum Eins). Er ist sich also, während er in Universum Eins ist, der Existenz des Universums Zwei bewußt, weil der rote Zustand nur beobachtet werden kann, wenn die beiden die Lage anzeigenden Zustände der Münze gleichzeitig existieren und sich überlagern. Er weiß jetzt aufgrund dessen, was sein Freund ihm gezeigt hat, daß es die andere Welt gibt, obwohl er sie nicht direkt erfahren kann.

Außerdem ist Franz nun in der Lage, mit Sicherheit vorherzusagen, daß er ein leuchtendes Rot sehen wird, wenn er die Farbe der Münze fotografiert – und diese Messung würde die Existenz einer anderen Welt anzeigen als die, in der er zur Zeit ist. Er kann diese bemerkenswerte Vorhersage machen, wenn er in seiner Hand eine Aufnahme der Münze hält, auf der die Münze Kopf zeigt. Er kann mit Sicherheit vorhersagen, daß die Münze und er selbst bei weißem Licht Rot reflektieren werden. Wenn er zuerst die Farbe fotografieren würde und dann die Lage der Münze, könnte er beide Ergebnisse vorhersagen.

Wenn er jedoch seine Beobachtung wiederholen müßte und

zuerst die Lage der Münze fotografierte – also die Lage der Münze, die er sieht, bestätigte – und dann mit Hilfe von weißem Licht die Farbe der Münze bestimmen wollte, könnte er die Farbe nicht vorhersagen, weil die Messung nur das eine Universum betreffen würde, das er selbst bewohnt. Wenn Hans nach der Messung der Lage wieder die Farbe bestimmen wollte, könnte Hans sie als Grün oder Rot sehen. Die Reihenfolge der Messungen ist also wichtig.

Dieses Verfahren der Betrachtung von Fotos von sich selbst in einer Vielzahl paralleler Welten ist eine seltsame Sache, die sich vielleicht gelegentlich auch auf den Geisteszustand von Menschen auswirken könnte. Es könnte erlauben, gewisse Formen von Geisteskrankheiten zu verstehen, so etwa die Schizophrenie, bei der eine Person glaubt, es gebe Ereignisse außerhalb des Universums, das sie bewohnt.

Ich erinnere mich an eine merkwürdige Unterhaltung, die ich vor einigen Jahren mit einem als gefährlich schizophren diagnostizierten Mann führte, den ich hier Ron nennen will. Er war ganz außerordentlich durch die Gegenwart eines fremden Mannes beunruhigt, der ihm überallhin folgte. Er hielt diesen Mann für Gott oder einen Boten Gottes. Und dieser Mann sagte ihm, er solle seine Frau töten. Ron tat das unter grauenvollen Umständen und wurde daraufhin in eine Nervenheilanstalt gebracht. Die Geschichte, die er erzählte, war angsterregend, insbesondere, weil Ron sich so sicher zu sein schien, daß es den »Mann« wirklich gab.

Als Ron mir seine Geschichte erzählte, stand er bereits unter dem Einfluß eines starken Medikaments, das ihn weitgehend in der Gegenwart hielt. Aber obwohl ihm der »Mann« nicht mehr erschien, mußte Ron ständig überwacht werden; er erinnerte sich mit großer Deutlichkeit an seine Tat, obwohl sie zu der Zeit, als ich mit ihm sprach, schon über zehn Jahre zurück lag.

Vielleicht sah Ron sich selbst in einer anderen Welt. Vielleicht war sein krankes Gehirn in der Lage, sein alter ego zu »fotografieren«. Die Tragödie bestand darin, daß Ron dieses Ego als äußerst widerwärtig empfand. Ob es so etwas wie einen guten Schizophrenen gibt?

Obwohl die Anwendung der Fotografie paralleler Welten auf

Geistesstörungen noch eine Weile warten muß, dauert es vielleicht nicht lange, bis dieser Begriff beim Bau völlig neuartiger Computer Anwendung findet – bei Quantencomputern. Hier spielen sich an einem Speicherplatz des Computers eine Reihe von parallelen Vorgängen ab; nach Abschluß der Arbeit wird die Überlagerung der Ergebnisse gespeichert, und dieser Gedächtniszustand wird dann später abgerufen. Ein solches System[11] wurde zuerst von David Deutsch von der Universität Oxford als ein Mittel zur Lösung einer Klasse von Problemen vorgestellt, die sich auf keine andere Art lösen lassen.

Wie sich der Aktienmarkt mit Hilfe paralleler Welten vorhersagen läßt

Deutsch dachte an eine sehr praktische Anwendung seiner Gedanken – die Vorhersage des Aktienmarkts. Er hat sich ein zweiteiliges Computerprogramm ausgedacht, das es ermöglicht, die morgigen Aktienkurse aufgrund des heutigen Börsenverlaufs vorherzusagen. Das Programm enthält eine Investmentstrategie, die auf den Ergebnissen des Vortags beruht. Das Problem ist jedoch recht komplex und erfordert eine Computerlaufzeit von vollen zwei Tagen – für jeden Teil des Programms ein Tag. Das Programm ist also völlig nutzlos. Bis der Computer seine Rechnungen durchgeführt hat, ist der Zeitpunkt, zu dem die Investitionen gemacht sein sollten, schon verstrichen. Die Vorhersagen für Dienstag sind am Mittwoch nicht mehr von Nutzen.

Deutsch sagt jedoch, man stelle sich vor, beide Teile des Programms würden in parallelen Welten am selben Tag an einem einzigen Platz gespeichert. Dann würde das Programm rechtzeitig zum nächsten Börsentag fertig. Aber wenn man solche Programme in parallelen Welten lassen will, gibt es Probleme. Da sie parallele Programme sind, sind die Ergebnisse nicht immer genau. Die Vorhersage des Programms trifft im Mittel nur an einem von zwei Tagen zu. An diesem Tag ist die Anlage erfolgreich. Am nächsten Tag wird keine Investition gemacht.

Um zu sehen, warum das so ist, müssen wir auf das Beispiel

der Quantenmünze zurückkommen. Erinnern Sie sich daran, daß Hans dann, wenn er ins Bild kommt, Franz zeigt, daß Franz und die Münze rot leuchten, obwohl Franz in jedem parallelen Universum nur Kopf oder Zahl sieht. Da es auch möglich ist, daß Hans sich die Überlagerung von Franz und der Münze anschaut und die Farbe Grün sieht, hätte Hans Franz auch zeigen können, daß er und die Münze leuchtend grün waren. Hans kann nicht vorhersagen, welche Farbe er sehen wird. Die Chancen stehen halbe-halbe, daß er Franz und die Münze in einem roten oder grünen Zustand antrifft.

Die Berechnung einer erfolgreichen Strategie läuft auf dasselbe hinaus. Teil eins des Programms besteht darin, daß Franz die Seite der Münze rot sieht, die Kopf zeigt. Der zweite Teil besteht darin, daß Franz die Seite der Münze sieht, die Zahl zeigt. Franz muß beide Seiten sehen, damit das Programm Erfolg hat. Aber die von Franz gesehene Kombination könnte rot oder grün sein.

Nehmen wir an, der rote Zustand entspräche der erfolgreichen Beendigung einer Strategie und der grüne einem Fehlschlag. Wenn die Strategie richtig berechnet wurde, zeigt ein Gedächtnisbit die Farbe Rot, während es dann, wenn sie nicht erfolgreich berechnet wurde, Grün zeigt.

Der praktische Anleger hat also einen deutlichen Vorteil und kann *seine Wette gewichten*, indem er dann und nur dann investiert, wenn das Computerbit in seinem Speicher Rot zeigt. An einem solchen Tag wurde die Strategie erfolgreich berechnet.

Deutsch meint, Quantencomputer könnten schon in naher Zukunft möglich sein. Sie werden seiner Meinung nach als fundamentale logische Einheiten – statt der heutigen Ein-Aus-Schaltungen der Booleschen Logik – von Magnetstromquanten verwendet, weil diese im quantenphysikalischen Sinn überlagert werden können. Deutsch meint, Everetts Modell der parallelen Universen sei nicht nur eine Frage der Interpretation, sondern überprüfbare Wirklichkeit. Er weist, wie ich in einem frühen Buch[12] beschrieb, darauf hin, daß ein Computer, der wirklich über künstliche Intelligenz verfügt, erst realisiert werden kann, wenn Quanteninterferenzwirkungen wie jene, wie sie die Theorie der parallelen Universen vorhersagt, gemessen werden können.

Ob es ethisch ist, eine solche Maschine zu verwenden, läßt sich nicht sagen. Wenn dieser Computer in die Zukunft sehen kann, würde er zweifellos den Verlauf der Ereignisse drastisch beeinflussen. In Kapitel 30 werden wir einige der ethischen Probleme erwägen, die Computer in parallelen Universen mit sich bringen.

29. Wie können wir etwas wissen?

Was meinen wir, wenn wir sagen, wir wüßten etwas? Wir meinen gewöhnlich, daß wir irgendwann in unserem Leben eine Erfahrung gemacht haben. Vielleicht waren wir uns dieser Erfahrung nicht so sicher, deshalb fragten wir unsere Freunde oder unsere Eltern oder unseren Ehepartner. »Oh ja, ich erinnere mich daran, wie mir das mal passiert ist«, sagt uns vielleicht unser Freund. »Mach dir deshalb keine Sorgen.« Wir finden Trost bei dem Gedanken, daß die Erfahrung eigentlich nicht ungewöhnlich war.

Häufig ist es ein Freund, der uns sagt, unser Wissen sei in Ordnung, wir hätten die richtige Information. Hier möchten wir ein bißchen genauer darüber nachdenken, wie Übereinstimmung die Wirklichkeit »erschafft«. Vielleicht sollte ich sagen: »gegenseitig zugesicherte Wirklichkeit?« Ist unser Weg der »gegenseitig zugesicherten Zerstörung« unsere eigene Schöpfung der Wirklichkeit? Vielleicht ist die Wirklichkeit, an die wir uns gewöhnt haben, nicht wirklich so einfach und persönlich, wie wir denken. Was wir sehen, hören, riechen, fühlen und schmekken, könnte sehr wohl das sein, was unsere Sinne wahrnehmen, die Empfindungen sein, die wir haben, weil wir untereinander genau übereingekommen sind, was diese Sinne empfinden sollen.

Nach Meinung einiger Quantenphysiker könnte das wirklich so sein. Die Frage der Kapitelüberschrift wurde zuerst 1969 von Leon N. Cooper und Deborah Van Vechter von der Brown Universität quantenphysikalisch beantwortet.[13] Cooper und Van Vechter deuteten das Problem des Wissens als ein Problem, das die Messung einer physikalischen Eigenschaft umfaßt. Immer wenn ein physikalisches System gemessen wird, scheint das System in einen von vielen physikalischen Zuständen zu »springen«. Nach der Quantenphysik kann das System nur in einem dieser Zustände sein, bis die Messung angestellt wird. Bis jetzt gibt es keine Möglichkeit, diesen Sprung ohne die Einführung weiterer Begriffe zu erklären.

Mit anderen Worten wissen wir Menschen dann etwas, wenn etwas gemessen oder bewertet ist. Das Meßproblem ist das ureigene Problem der Quantenmechanik, aber es bleibt ein Geheimnis, wenn man nicht die Existenz paralleler Welten fordert. Wenn man sie voraussetzt, spaltet sich jedoch das Universum immer dann, wenn eine Messung vorgenommen wird, in so viele Universen, wie es Möglichkeiten gibt.

Der Physiker Evan Harris Walker vom Aberdeen Testgelände in Maryland jedoch glaubt, diese Frage müsse sich experimentell entscheiden lassen.[14] Da ihm die Theorie paralleler Universen nicht gefällt, führt er das »Bewußtsein« auf andere Weise in die Quantentheorie ein. Seine Lösung besteht darin, hinter der Quantenphysik die Wirkung verborgener Variablen anzunehmen, die dann diese Frage »aufkommen« lassen und das System zwingen, dann, wenn es von einem bewußten Wesen beobachtet wird, einen Wert anzunehmen.

Für Walker ist das Bewußtsein also eine solche verborgene Variable – eine, die keiner normalen Kontrolle unterliegt, weil nur wenige von uns unseren Geist oder unsere Gedanken so weit kontrollieren, daß die Kontrolle deutlich wird. Im Blick darauf schlug er jedoch Experimente vor, die auf die Materie wirkende »psychische« Kräfte aufzeigen könnten.

Walker also konnte sich nicht mit dem Gedanken befreunden, unser Universum spalte sich immer dann, wenn uns etwas bewußt wird; im Blick darauf wies der Physiker Bryce DeWitt, ein starker Verfechter der Theorie paralleler Universen, darauf hin, daß die meisten Menschen sich sehr verunsichert fühlen, wenn sie zum ersten Mal von einer Aufspaltung der ganzen Welt hören.[15] In Walkers Modell (das die Aufspaltung vermeidet) bewirkt das Bewußtsein dann, wenn eine Wahl getroffen wird, daß der beobachtete Zweig der einzige ist, den es gibt. DeWitt behauptet, das sei nicht die einzige Möglichkeit, Bewußtsein in die Theorie einzuführen. Er bezog sich auf die Arbeit des Nobelpreisträgers Leon Cooper und seiner Mitarbeiterin Deborah Van Vechten von der Brown Universität, die eine für die Physik durchaus angemessene Definition von Bewußtsein gegeben haben.

Die von Cooper und Van Vechten vertretene Theorie des Bewußtseins ist völlig in Übereinstimmung mit der quantenphysikalischen Theorie der parallelen Universen. Eine Messung liefert danach nicht plötzlich eine einzige Antwort, sondern aus der Sicht der parallelen Welten wird jede mögliche Antwort in einer parallelen Welt erzeugt.

Für Cooper und Van Vechten war dieses Problem durch die Existenz paralleler Universen völlig lösbar. Man braucht keine anderen Welten, wenn es eine bessere Möglichkeit gibt zu erklären, wie eine Quantenüberlagerung widersprüchlicher Ergebnisse sich plötzlich auf nur einen ihrer Werte zu reduzieren scheint, sobald eine Beobachtung angestellt wird. Bis jetzt weiß niemand, wie das geschieht.

Cooper und Van Vechten, die anscheinend unabhängig von Hugh Everett* arbeiteten, obwohl Everetts Arbeit 1969 schon bekannt war, argumentieren ähnlich wie Everett. Sie fordern uns auf, zu überlegen, wie ein Verstand dazu kommt, eine Tatsache zu wissen. Diese anscheinend selbstverständliche Fähigkeit, Tatsachen zu wissen – jeder von uns ist in der Lage, sich selbst eine Meinung darüber zu bilden, was sich in unserer Umgebung abspielt –, läßt sich nicht leicht erklären, wenn die Quantenphysik eingeführt wird.**

Nehmen wir zum Beispiel an, wir betrachteten noch einmal das jedoch leicht veränderte einfache Doppelspalt-Experiment. Dabei wird einem einzigen subatomaren Teilchen erlaubt, von einer Quelle durch den Raum zu einem Schirm zu gelangen. Bevor es auf den Schirm trifft, muß es eine Grenze passieren, die bis auf zwei Spalte, von denen einer über dem anderen liegt,

---

* Er ist der Erfinder des quantenphysikalischen Modells der parallelen Universen.

** Es ist, so scheint mir, in der klassischen Physik noch schwieriger.

undurchlässig ist. Das Teilchen muß deshalb durch den einen
oder anderen Spalt, wenn es den Schirm erreichen soll. Wenn
diese Hürde genommen ist, ist es, so sagt einem der gesunde
Menschenverstand, entweder durch den unteren Spalt gegangen
und dort entdeckt worden oder durch den oberen und dort
entdeckt worden.

Nach der Quantenphysik muß es beide Möglichkeiten nebeneinander geben – daher rührt ja die Idee des Teilchens in zwei
parallelen Universen. Aber nur ein Teilchen ist, wie wir sehen
werden, »wirklich« da. Nachdem es durch die Spalte gelaufen
ist, landet das Teilchen auf dem Schirm, wo es eine Spur hinterläßt. Ein Beobachter zeichnet den Ort auf, an dem das Teilchen
angekommen ist.

Es läßt sich jedoch auch ein anderes Experiment durchführen,
das wirklich feststellt, daß das Teilchen sowohl durch den
oberen als auch durch den unteren Spalt gelaufen ist. Ein einzelnes Teilchen läuft also gleichzeitig auf zwei Bahnen zum Schirm.
Durch ein Magnetfeld lassen sich die beiden Bahnen überlagern,
wodurch sie miteinander interferieren können. Diese Interferenz
beweist, daß es beide Bahnen gleichzeitig gibt. Das hat mit dem
sogenannten Stern-Gerlach-Versuch zu tun. Ich verzichte hier
auf eine Erklärung der Einzelheiten, weil sie für die Überlegung
unwichtig sind.*

Dies ist nichts anderes als die oben beschriebene Wellen-
Teilchen-Dualität. Wenn das Teilchen sowohl durch den oberen
als auch durch den unteren Spalt läuft, hat es die Wirkung einer
Welle. Wenn es nur einen Spalt durchläuft, wirkt es als Teilchen.

Cooper und Van Vechten behaupten, daß das Teilchen als
Welle auch dann, wenn es schließlich auf dem Schirm nur als
Punkt aufgezeichnet wird, durch beide Spalte laufen muß. Nehmen wir zur Verdeutlichung ihrer Überlegung an, daß zwei
getrennte Detektoren verwendet werden, von denen jeder genau
hinter seinem Spalt sitzt. Wenn ein Teilchen in einem der Detek-

---

* Obwohl die Einzelheiten anders sind, ist es weitgehend dasselbe Prinzip,
  das ich in den früheren Kapiteln bei der Quantenmünze beschrieben habe.
  Die Bestimmung der Farbe der Münze läuft auf die Aufdeckung der
  Überlagerung der Zustände der Münze als Kopf und Zahl hinaus.

toren verzeichnet wird, zeigt er das an. Wenn der *obere* Detektor bemerkt, daß das Teilchen durch den Spalt ging, verzeichnet er: *Teilchen vom Detektor am oberen Spalt beobachtet*. Wenn der *untere* Detektor das Teilchen durch den Spalt gehen sah, zeichnet er auf: *Teilchen vom Detektor am unteren Spalt beobachtet*. Bevor das Teilchen hindurchgeht, sind die Detektoren beide im leeren Zustand − keine Information. Nachdem es durch die Spalte gegangen ist, sind das Teilchen und die Detektoren in parallelen Universen. Der obere Detektor hat ein Teilchen entdeckt, so daß er verzeichnet: *Teilchen vom Detektor am oberen Spalt beobachtet,* und der untere verzeichnet: *Teilchen vom Detektor am unteren Spalt beobachtet*. Im oberen Detektor haben wir die »Tatsache« zu verzeichnen, daß das Teilchen hindurchgegangen ist, also ein Teilchen des oberen Spalts ist, und der Detektor sich vom leeren Zustand zu *Teilchen vom Detektor am unteren Spalt beobachtet* gewandelt hat. Zusammen ist ihr Zustand *oberes Teilchen* UND *Teilchen vom Detektor am unteren Spalt beobachtet*. Dieses Ergebnis ist dasselbe, wie wenn zwei Möglichkeiten multipliziert werden. Ein ähnliches Ergebnis ergibt sich auch für den unteren Spalt: *unteres Teilchen* UND *Teilchen vom Detektor am unteren Spalt beobachtet*.

Diese Geschichte erinnert etwas an den Mann, der einen Mann traf, als er nach St. Ives ging. Zuerst trifft er auf den Mann, der sieben Frauen hat, und jede Frau hat sieben Katzen, und jede Katze hat sieben Mäuse gefangen und so weiter. Wie viele gehen nach St. Ives? Wir haben also all die Zustände *unteres Teilchen* UND *Teilchen vom Detektor am unteren Spalt beobachtet* UND *oberes Teilchen* UND *Teilchen vom Detektor am oberen Spalt beobachtet*. Nun kommt ein Beobachter namens Micki, der zur Zeit gerade nichts im Sinn hat. Nachdem er die Ergebnisse des Experiments sieht, spaltet sich sein Verstand ebenfalls in zwei Zustände: (1) *Micki beobachtet oberes Detektorteilchen,* was kurz sagen soll, daß er beobachtete, daß der obere Detektor das Ereignis des Teilchendurchgangs durch den oberen Detektor aufgezeichnet hat, und (2) *Micki beobachtet unteres Detektorteilchen,* was bedeutet, daß er beobachtete, daß der untere Detektor den Teilchendurchgang durch den unteren

Detektor aufgezeichnet hat. Der Geisteszustand von Micki, dem Beobachter, und dem Detektor und dem Teilchen ist *unteres Teilchen* UND *Teilchen vom Detektor im unteren Spalt beobachtet* UND *Micki beobachtete das untere Detektorteilchen* plus *oberes Teilchen* UND *Teilchen vom Detektor in oberen Spalt beobachtet* UND *Micki beobachtete oberes Detektorteilchen*.

Das sind viele Worte, nur um zu sagen, daß das Universum in zwei Teile gespalten wurde. Im Universum Eins ist das Teilchen durch den unteren Detektor gelaufen, der Detektor hat das Teilchen im unteren Detektor entdeckt, und ein verständiges Wesen hat ein Teilchen im unteren Detektor registriert. Genauso muß es nun für den oberen Detektor gemacht werden.

Es scheint also, als ob unser Beobachter Micki sich nicht entscheiden kann. Er ist geteilter Meinung, aber irgendwie ist es auch entschieden, daß das Teilchen durch den unteren Detektor lief oder durch den oberen, aber nicht durch beide. Wenn ein anderer Beobachter, Alain, jetzt vorbeikommt und sich irgendwie in den Beobachter und den Detektor und das Teilchen versetzen und sie zusammenbringen kann, hätten wir eine Situation, die der im vorigen Kapitel erwähnten ähnelt – ein Foto einer parallelen Welt. Man kann das nicht machen, weil der Geist sich nicht wie ein Teilchen messen läßt, aber nach der Theorie der parallelen Welten weiß Micki das nicht, obwohl beide Vorstellungen in seinem Kopf sind. Cooper und Van Vechten meinen, er *könne* es wissen, wenn sein Geist einfach genug wäre.

Wie ist das möglich? Cooper und Van Vechten behaupten, daß wir allein uns nicht entscheiden können. Wir brauchen zusätzliche Information, die von anderen Beobachtern kommt, die mit uns darüber einig sind, daß unsere Beobachtung die richtige ist. Ziehen wir also weitere Beobachter heran. Wir nennen sie Alain, Barbara, Charles, Diana usw. Auch sie sind zunächst ganz unvoreingenommen. Nachdem sie den Detektor beobachtet haben, sind für ihren Geist die folgenden Zustände möglich: Alain hat ein oberes Detektorteilchen beobachtet, Alain hat ein unteres Detektorteilchen beobachtet, Barbara hat ein oberes Detektorteilchen beobachtet, Barbara hat ein unteres Detektorteilchen beobachtet und so weiter, je nachdem, welche Beobachtungen gemacht wurden. Der Zustand der Welt der Beobachter, der Spalte, der Detektoren und des Teilchens ist also:

WELT EINS – unteres Teilchen UND *Teilchen vom Detektor beobachtet in unterem Spalt* UND *Micki beobachtet unteres Detektorteilchen* UND *Alain beobachtet unteres Detektorteilchen* UND *Barbara beobachtet unteres Detektorteilchen* UND ...

plus

WELT ZWEI – oberes Teilchen UND *Teilchen vom Detektor in oberem Spalt beobachtet* UND *Micki beobachtet oberes Detektorteilchen* UND *Alain beobachtet oberes Detektorteilchen* UND *Barbara beobachtet oberes Detektorteilchen* UND ...

In jedem Zweig oder Universum herrscht Übereinstimmung. Die Matrix der Meinungen, die so komplex wie möglich sein kann, wenn es mehrere mit Verstand begabte Wesen gibt, ist so zusammengesetzt, daß zwischen den beiden Zweigen keine Interferenz mehr möglich ist. Hier hört die Sache für Cooper und Van Vechten auf. Wenn all diese vernunftbegabten Wesen einmal in das Bild hineingekommen sind, verschwindet jede Möglichkeit der Interferenz, und die Welten trennen sich völlig voneinander. Wenn dies passiert, bestehen die Welten ohne weitere Wechselwirkung nebeneinander. Von diesem Punkt an ist jede getrennte Welt eine wirkliche Welt der Wissenden, und es gibt keine Verwirrung mehr.

Ich muß hier an jene denken, die an dem Syndrom einer *Persönlichkeitsspaltung* leiden. Vielleicht bestehen wir alle aus vielen verschiedenen Persönlichkeiten. Wenn sie alle übereinstimmen, gibt es keine Probleme. Die Alains, Barbaras, Mickis, Dianas und Charles in mir haben keine Meinungsverschiedenheiten. Wir alle sind uns einig, daß ich Fred bin. In einem geschlagenen und mißbrauchten Kind ist das vielleicht nicht so. Alain und Barbara sind sich nicht darüber einig, was sie tun sollen, wenn der kleine Freddie von seinem Vater eine Ohrfeige bekommt. Freddie erhält Zimmerarrest. Spaltet sich Freddie auf? Trennt sich Freddies Geist auf, wenn Alain und Barbara darüber streiten, was passiert sein könnte, als Papi wenige Augenblicke zuvor zum Schlag ausholte?

Ein Streit könnte Fred dazu bringen, entweder Alains oder Barbaras Persönlichkeit anzunehmen, weil sie sich nicht mehr darüber einigen können, was in der betrüblichen Situation, in der sie sich befinden, getan werden sollte. Hier liegt Interferenz zwischen zwei oder noch mehr Welten vor. Wenn Fred sich in Alain spaltet, kann er Barbara nicht länger hören oder dulden, weil sie mit Alain uneins ist. Wenn Fred zu Barbara wird, kann er Alains Gegenwart nicht länger fühlen. Ist das die Lösung des Problems der Persönlichkeitsspaltung?

Vielleicht könnte die Wirklichkeit, die wir als »normale« Menschen wahrnehmen, ganz anders sein, wenn wir unsere Sichtweise der Welt änderten und nicht in allen Dingen mit der Mehrheit übereinstimmten. Die Welt, die wir bewohnen, ist ein Zweig von vielen und spaltet sich immer weiter auf, je besser wir miteinander übereinstimmen. In jeder Welt bleibt eine stagnierende Gesellschaft voller strenger Regeln übrig.

Andere Gruppen oder Völker sehen die Welt vielleicht anders. Während es vieles geben könnte, mit dem wir übereinstimmen, gibt es auch Dinge, mit denen wir nicht übereinstimmen, weil wir nicht auf demselben Planeten leben, obwohl wir auf derselben Erde leben. Vielleicht können wir, wenn wir die parallelen Universen bedenken, lernen, toleranter zu sein. Wer ist schon wirklich im Besitz der einzigen Wirklichkeit, die es gibt? Selbst wenn nur einer nach St. Ives geht, gibt es nichtsdestoweniger alle Welten.

30. Quantencomputer und Quantenethik

Nach Meinung der Physiker Cooper und Van Vechten war die Schizophrenie bei jedem einzelnen Geist durchaus möglich und vielleicht sogar notwendig, bis es nicht mehr nur einen solchen Sinn gab, sondern viele. Wenn der Verstand hinreichend einfältig ist, lassen sich die beiden parallelen Zweige mit einem Verfahren, das dem der Magnetverfahrens von Stern-Gerlach ähnelt, zu einem verschmelzen. Wie das in einem menschlichen

Gehirn gemacht werden könnte, wissen wir nicht. Aber ein Computerspeicher ist eine andere Sache. In ihm gibt es reichlich Magnetfelder; sie sind zur Aufzeichnung von Information notwendig.

Es erscheint durchaus möglich, daß schon in naher Zukunft eine neue Generation von Quantencomputern entwickelt wird, die dieses »einfältige« quantenphysikalische Überlagerungsverfahren zu nutzen weiß. Man kann sich zwei parallele Ströme der Datenverarbeitung vorstellen, die beide in einer einfachen Speicher- oder Verarbeitungseinheit fließen, die supraleitende elektrische Ströme als Detektoren verwendet. Wenn man nach einer Reihe paralleler Vorgänge die Ströme verschmilzt, ergibt sich ein neuer Zustand, der mit den heutigen Computern unmöglich zu erreichen ist. Dieser neue Zustand enthält eine Erinnerung an Ereignisse, die niemals in irgendeinem einzelnen Universum vorkamen, sondern nur durch quantenphysikalische Überlagerung der Ströme erzeugt werden konnten, wodurch sie schließlich miteinander interferieren. Bis zu dem Tag können wir jedoch nur beobachten und abwarten.

Quantenethik

Wenn Quantencomputer tatsächlich Wirklichkeit werden sollten, werden sich einige neue Fragen nach ethischen Maßstäben stellen. Wenn unsere Beobachtungen der Tatsachen nur davon abhängen, worin wir übereinstimmen, kann die Vergangenheit keine Folge unbestreitbarer Tatsachen sein. Dann hängt nach Meinung von Cooper und Van Vechten die Vergangenheit also davon ab, zu welcher Übereinstimmung viele einzelne kommen. Jeder einzelne wäre angesichts des Ansturms interferierender paralleler Universen hilflos. Wir brauchen einander, um eine Grundlage für die Wirklichkeit zu schaffen.

Darin liegt nun aber die Schwierigkeit. Es gibt viele Gruppen, die in der Tat die Vergangenheit so umgestalten, daß sie ihrer Sichtweise entspricht. Mir fällt die Neonazibewegung ein. Indem die Neonazis betonen, daß in den Konzentrationslagern nur wenige Leute umkamen, vielleicht 60 000, aber nicht

6 000 000, hat diese Bewegung eine Vergangenheit geschaffen, die, wenn genug Menschen sie glaubten, wirklich zur Vergangenheit würde. So etwas wie den Holocaust würde es dann in der Erinnerung gar nicht mehr geben. Wer doch noch daran glaubte, würde für verrückt gehalten.

Religiöse Sekten und Gehirnwäscher arbeiten nach demselben Prinzip. Sowie genügend viele Gruppenteilnehmer eine Sache glauben, wird sie zur Wirklichkeit.

In dem Buch *1984* konfrontiert George Orwell uns mit der Macht der quantenphysikalischen Sichtweise. *Wer die Vergangenheit kontrolliert, kontrolliert die Gegenwart. Wer die Gegenwart kontrolliert, kontrolliert die Zukunft.* Durch die Manipulation der Fakten der Vergangenheit wird eine neue Vergangenheit geschaffen, die schließlich die allgemeine Überzeugung der Orwellschen Gesellschaft wird. Ich will damit sagen, daß die Vergangenheit bestenfalls eine sehr fragwürdige Sache ist und es vielleicht gar keine wirkliche Vergangenheit gibt, sondern nur eine Vergangenheit, die so zu nennen wir uns geeinigt haben.

So scheint es, obwohl es uns anmaßend vorkommt zu denken, wir könnten eine Vergangenheit erschaffen, wenn wir nur genügend Übereinstimmung erreichen. Das, was wir Vergangenheit nennen, ist das, was nach übereinstimmender Meinung der meisten stattfand. Ich bin sicher, daß die Vergangenheit, an die sich die militanten Shiiten und die Anhänger des Ayatollah Khomeini »erinnern«, eine ganz andere ist als die, an die sich die Bürger des Irak erinnern. Israelis erinnern sich an eine andere Vergangenheit als die palästinensischen Flüchtlinge. Ich meine damit nicht nur die persönlichen Schicksale, sondern das kollektive Gedächtnis, über das in einem Land Übereinstimmung besteht. Sicherlich gibt es auch innerhalb der Grenzen unseres eigenen Landes unterschiedliche Erinnerungen, verschiedene Vergangenheiten der verschiedenen Gruppen.

Wenn es erst Quantencomputerspeicher gibt, die den vergangenen Zustand absichtlich ändern können, indem sie aus parallelen Verarbeitungsströmen eine Vergangenheit erschaffen, wird das Problem auch eines der physikalischen Aufzeichnungen. In einer Episode von *Star Trek* wird Kapitän Kirk vorgeworfen, er habe seine Sorgfaltspflicht verletzt und dadurch sei es zu einem

Totschlag gekommen. Aufgrund einer Computeraufzeichnung eines *gelben Alarms* auf der Enterprise wird er vor Gericht gestellt. Der Ankläger ist in diesem Fall der Computer, der deutlich zeigt, daß Kirk einen Knopf gedrückt hatte, der den Abschuß einer Rakete auslöste, in der sich ein Offizier befand. Ein solcher Abschuß hätte nur im Fall eines *roten Alarms* erfolgen sollen. Kirk behauptet, der Abschuß habe nicht während des gelben Alarms stattgefunden und der Offizier sei gewarnt worden, die Rakete zu verlassen. Die Rakete sei erst später abgeschossen worden, als Alarmstufe rot herrschte und anzunehmen war, der Offizier hätte die Rakete verlassen und sei in Sicherheit.

Aber die Computeraufzeichnungen unterscheiden sich deutlich von Kirks Behauptungen. In der Zukunft von *Star Trek* ist der Computer zweifellos ein Quantencomputer. Er enthält Aufzeichnungen, die heute nicht möglich sind, etwa vollständige holographische audiovisuelle Berichte. Der Benutzer kann jedes einzelne Bild genau betrachten oder mit Hilfe von Strahlen verschiedene Teile des Schiffes genauer absuchen, ähnlich wie eine Fernsehkamera eine Szene erfaßt. Die Kontrolle kann also in der Gegenwart durchgeführt werden und sehr genau sein. Kirk wird auf diese Weise genauestens untersucht. Der visuelle Taster zeigt, wie er den Knopf drückt, während noch gelber Alarm herrscht.

Aber Kirk wird auf freien Fuß gesetzt und für unschuldig befunden, als der Verteidiger klarmacht, daß der Computer schließlich nur eine Maschine und kein Mensch ist. Er behauptet, was sich als wahr herausstellt, der Offizier in der Rakete habe die Aufzeichnungen geändert, um Kirk eins auszuwischen. Tatsächlich war der Offizier noch am Leben und hielt sich versteckt.

Was uns hier interessiert, ist die Tatsache, daß die Vergangenheit von dem versteckten Offizier mit Hilfe quantenphysikalischer Verfahren verändert wurde, die in der Tat eine solche Aufzeichnung als Tatsache erscheinen lassen könnten.

Wenn Quantencomputer einmal ihren Weg in unser Leben finden, wird eine solche Situation wie eine Rekonstruktion der Vergangenheit eine Wirklichkeit werden (in gewisser Weise ist

sie das selbst mit den heutigen Computern schon). Vielleicht
spielt sich das imaginierte *1984* in der Zukunft ab, wenn der
Kalender das Jahr 2010 anzeigt. Ich hoffe nicht.

31. Ein Gespräch
mit dem parallelen Universum von morgen

Wenn Sie bis hierher gelesen haben, sind sicherlich viele Fragen
offengeblieben. Wie Sie inzwischen erkannt haben werden, ist
die Physik selbst ein Versuch, das Unlogische logisch zu ergründen – vielleicht eine unmögliche Aufgabe. Was in den Tagen
Galileis und Newtons als theoretisches Hilfsmittel begann – ein
mathematisches Bild der Wirklichkeit –, hat sich in eine moderne abstrakte Sicht der Wirklichkeit verwandelt, in der nichts
Vertrautes mehr zu finden ist. Manche Menschen haben das
Gefühl, wir Physiker hielten uns bedeckt; eigentlich wüßten
wir, wie die Wirklichkeit aussieht. Ich kann dem Leser versichern, daß keiner von uns irgendeine verborgene Agenda für
die Wirklichkeit hat oder seine Ansicht geheimhält. Wir versuchen, ein widerspruchsfreies Bild des Weltalls zu gewinnen.
Letztlich halten wir das Universum für logisch – aber diese
Logik könnte über unseren gewöhnlichen Gebrauch des Wortes
hinausgehen.

In der Tat haben die neuen Erfahrungen, die wir Physiker
machen, während wir immer tiefere und abstraktere Fragen
stellen, es erforderlich gemacht, die Bedeutungen der Wörter zu
verändern und immer wieder neue zu erfinden. Wir brauchen
neue Bezeichnungen für die Wirklichkeit.

In diesen letzten Kapiteln will ich versuchen, Wirklichkeit
und Sein zu definieren, zwei Worte, die ich nicht für Synonyme
halte. Ich werde auch versuchen, meinen eigenen hier vertretenen Gesichtspunkt zusammenzufassen. Die parallelen Universen, die von der Relativitätstheorie vorhergesagt werden, sind
dieselben, die auch die Quantentheorie vorhersagt. Aufgrund
dieser Überlegung kommen wir zu den folgenden Schlüssen.

1. Es gibt unendlich viele parallele Universen.
2. Die Quantenwellen übermitteln Information, die aus der

Vergangenheit in die Gegenwart und von der Zukunft in die Gegenwart reicht.

3. Wir sollten in der Lage sein, genauso klar mit der Zukunft zu »sprechen«, wie wir mit der Vergangenheit »sprechen«.

4. Das Sein, wie wir es kennen, ist eine Teilmenge der Wirklichkeit, die wir nicht kennen können.

Die unendliche Anzahl paralleler Universen ...
in Ihrem Kopf

So, wie man nicht lange auf einem Bein stehen kann, kann es auch nicht nur ein paralleles Universum geben. Wenn es eines gibt, muß es unendlich viele geben. Nach dieser Logik bedingen parallele Universen die Quantenphysik, nicht umgekehrt. Wenn wir einmal zur Quantenweltanschauung gelangen und ihre so ausgefallene Vorhersage paralleler Universen akzeptieren, erhalten wir ein widerspruchsfreies Bild. Das Universum hängt durch die Existenz all dieser parallelen Universen zusammen.

Jedes einzelne Atom unseres Gehirns und Körpers ist mit jedem anderen Atom verknüpft. Die engsten Beziehungen bestehen zwischen dem Atom und seinen Geschwistern in den lokalen parallelen Universen in seiner unmittelbaren Umgebung. Diese Universen machen seine Elektronenwellenwolke aus. Solange kein Versuch angestellt wird, um herauszufinden, wo sich das Elektron befindet, ist es in all diesen Universen gleichzeitig. Diese Universen überlappen sich und erzeugen das eine Universum, das ein stabiles Atom enthält.

Wenn ein Elektron durch ein Beobachtungsgerät oder einen Atomwissenschaftler entdeckt wird, spalten sich die überlappenden Universen auf. Dann tritt dieses Gerät oder dieser Wissenschaftler in alle parallele Universen ein, und jedes der Geräte oder der Gehirne des Wissenschaftlers zeichnet eine andere Messung für den Ort des Elektrons auf. All diese Messungen sind mit der von der Quantenwellenfunktion vorhergesagten Verteilung in Übereinstimmung, die anzeigt, mit welcher Wahrscheinlichkeit das Elektron an einem bestimmten Punkt des Atoms gefunden werden kann.

Das Gehirn des Wissenschaftlers
wird vom Atom gespalten

Daß das Gehirn des Wissenschaftlers durch das Atom gespalten wird, läßt sich im allgemeinen nicht bemerken. Die Gesamtheit paralleler Gehirne nimmt in nur einem Universum denselben Raum ein, und die Spaltung geschieht praktisch unbemerkt. Der Rest des Universums macht sich einfach nichts daraus, daß dieser bestimmte Wissenschaftler diese bestimmte Entdeckung gemacht hat. In bezug auf die Welt ist die Einheit, die »Wissenschaftler« oder »Gerät« heißt, nur eine einzige Größe, obwohl sie sich in unendlich viele parallele Größen aufgespalten hat.

Dies ist genau dieselbe Situation wie bei einem unbeobachteten Atom. Das Elektron in ihm existiert in unendlich vielen parallelen Universen. Aber wenn keiner den Ort des Elektrons beobachtet, überlappen sich die Universen. Niemand hat versucht zu messen, in welchem Universum sich das atomare Elektron befindet. Alle atomaren Elektron-Universen, die die Wellenwolke ausmachen, stecken also in diesem einzigen Universum, weil niemand sich die Mühe des Hinschauens macht.

Entscheidend ist, daß jedes einzelne Universum aus praktisch unendlich vielen potentiellen oder unbeobachteten überlappenden parallelen Universen besteht, solange keine Auflösung oder Beobachtung versucht wird. Auf diese Weise stellt die ganze Bandbreite unbeobachteter Phänomene ein völlig ungeteiltes Universum dar. Diese ganze ungeteilte Masse ist größer als die Summe ihrer Möglichkeiten, weil die verschiedenen Möglichkeiten miteinander auf einer Ebene interferieren können, die vor der Beobachtung bestand. Eben diese Interferenz hat die Quantenphysik so einzigartig gemacht.

Da wir an die Quantenphysik glauben, müssen wir ihre wichtigsten Schlußfolgerungen sehr sorgfältig betrachten, auch wenn sie unserem Bedürfnis nach Sicherheit und Wohlbefinden entgegenstehen. Eine dieser wichtigen Folgerungen wird in diesen Augenblicken, in denen ich diese Worte niederschreibe, weiter erforscht. Es ist das Wesen der Zeit in der Quantenphysik. Es scheint, daß Zeit und Geist miteinander zusammenhängen, und eine gute Möglichkeit, wie es im Universum zu Ordnung und Evolution kommen könnte, kommt aus der Zukunft. Also –

Information fließt aus der Vergangenheit in die Gegenwart und aus der Zukunft in die Gegenwart

Was meine ich damit, daß Information aus der Vergangenheit in die Gegenwart und von der Zukunft in die Gegenwart fließt? Ich beziehe mich auf ein Bild, das die Zeit mit einem Fluß vergleicht. Ein Strom trägt uns immer von der Vergangenheit in die Zukunft. Natürlich könnten wir uns auch vorstellen, daß der Strom von der Zukunft in die Vergangenheit fließt und wir im Boot sitzen und uns bemühen, unseren Ort gegen die Strömung der Zeit zu behaupten. Während wir so sitzen und den Anblick genießen, treibt allerlei an uns vorbei. Vielleicht sehen wir eine Flaschenpost. Wir reichen ins Wasser, fischen die Flasche heraus und lesen die Botschaft: »Grüße aus dem einundzwanzigsten Jahrhundert«.

Das beste quantenphysikalische Bild ist die Vorstellung, Information könne gleichzeitig in beide Richtungen fließen. Der Strom der Zeit hat zwei gegensätzliche Strömungen. Information, die aus der Zukunft kommt, beeinflußt die Gegenwart genauso wie die aus der Vergangenheit. Wir fischen also jedesmal, wenn wir in den Fluß reichen, zwei Flaschen heraus, nicht eine. Und wir finden darin zwei Botschaften.

Diese Flaschen sind sonderbar. Es gibt sie nicht wirklich, bis wir in den Fluß hineinreichen. Wenn wir »sehen« könnten, was der Fluß wirklich enthält, würden wir zahllose geisterhafte Flaschen sehen, die von der Quelle des Flusses in die Berge von Information hineinfließen, die sich in unserer Vergangenheit angesammelt haben und die aus dem Meer zukünftiger Information stammen, die uns sagt, wie das Wetter sein wird. Diese Gegenströmungen mit ihren Flaschen werden nur in unseren Händen real. Wenn wir in den Fluß hineinreichen, verschmelzen Vergangenheitsflasche und Zukunftsflasche zu einer einzigen,

und wie ein Flaschengeist erscheint augenblicklich eine Botschaft.

Diese Botschaft erklärt die Situation im jetzigen Augenblick.
Sie enthält auch eine Orientierungskarte, die sagt oder darstellt,
was die Vergangenheit war und was die Zukunft sein wird.

Aber die Botschaft kann nicht als absolute Wahrheit gesehen werden. Sie ist nur eine wahrscheinliche Wahrheit. Die
Wahrscheinlichkeit betrifft sowohl die Vergangenheit als auch
die Zukunft. Nur der erlebte gegenwärtige Augenblick ist gewiß.

So seltsam dieses Bild auch ist, kommt es doch der Wahrheit
vermutlich näher, als wir es uns vorstellen können.

32. Alpha und Omega

Trotz ihres enormen Anwendungsbereichs verträgt sich die
Quantenphysik gar nicht mit der menschlichen Erfahrung. Die
Einsteinsche Relativitätstheorie mit ihren Vorhersagen von
Schwarzen Löchern und ähnlichem ist fast genauso schlimm.
Diese Gedanken widersprechen einfach unseren alltäglichen
Erfahrungen und sind deshalb außerordentlich schwer zu glau-
ben.

Das Hauptproblem der Quantenphysik ist ihre Deutung. Wie
können wir glauben, daß es unendlich viele Universen gibt, von
denen jedesmal eines entsteht, wenn jemand zufällig etwas
beobachtet? Und weiter, daß diese Universen nicht nur Möglichkeiten sind, sondern Möglichkeiten, die irgendwie zusammenwirken, um die Welt zu erzeugen, die wir erfahren?

Selbst wenn dieser Gedanke sehr schwierig zu fassen ist, stelle
man sich doch die Alternative vor. Es gibt nur ein Universum;
darin aber gibt es das Problem mit dem Beobachtereffekt –
immer dann nämlich, wenn ein intelligentes Wesen einen Aspekt
der physikalischen Welt beobachtet, wird dieser Aspekt, der
ursprünglich nur eine unter vielen Möglichkeiten darstellte,
plötzlich existent.

Folglich wird die Quantenphysik zwar jeden Tag in Physik-
laboren in der ganzen Welt verwendet, aber niemand versteht sie

wirklich – insbesondere niemand, der an ein objektives, kausales, logisches Universum glaubt.

Ich glaube, daß die Theorie der parallelen Universen die befriedigendste Möglichkeit zum Verständnis der Wirklichkeit bietet, obwohl sie so bizarr ist. Meine Vorstellung, daß die parallelen Welten der Quantenphysik dieselben sind, die im Urknall entstanden, und dieselben, die von der Allgemeinen Relativitätstheorie vorhergesagt wurden, zeigt auch Möglichkeiten auf, wie sie entdeckt werden könnten. Um ein paralleles Universum zu entdecken, müssen wir uns einigen neuen Wahlmöglichkeiten stellen – neue Entscheidungen treffen, die auf neuem Wissen beruhen.

Wir treffen tagtäglich Entscheidungen. Diese Entscheidungen sind Ereignisfolgen – Geschichten von Geschehnissen, von denen eines dem anderen folgt. Dazu müssen wir durch das Leben gehen, als ob wir alle Information schon hätten. Aber das Unschärfeprinzip hindert uns daran, je irgendeine Ereignisfolge vollständig zu kennen. Es ist deshalb etwas paradox, daß wir vorgeben können, wir hätten solch vollständiges Wissen.

Die Vorstellung, daß diese Ereignisse sich wohl oder übel abspielen, ohne daß irgend jemand Macht über sie hat oder das Ergebnis genau bestimmen kann, ist unbefriedigend. Wenn wir nur die normale oder Kopenhagener Deutung der Quantenphysik benutzen, dürfen wir der Zukunft keinen Einfluß auf die Gegenwart zuschreiben. Dadurch erhält nach dem Weltverständnis der klassischen Physik die Vergangenheit eine Sonderrolle. Nur die Vergangenheit bestimmt die Gegenwart, wenn auch etwas dürftig. In der klassischen Physik bestimmt die Vergangenheit die Gegenwart. Nirgends ist Raum für einen sich entscheidenden Geist.

Die Vergangenheit spielt in der Kopenhagener Deutung der Quantenphysik eine ähnliche Rolle. Sie bestimmt dort jedoch nicht die Gegenwart, sondern legt die Anfangsbedingungen für die Quantenwellenfunktion fest. Sie setzt also dem Grenzen, was sich in Zukunft entwickeln könnte, nicht dem, was sich entwickeln wird. Das und nicht mehr. Diese Funktion, die in Form von Wahrscheinlichkeiten Information überträgt, breitet sich dann nach den Quantenregeln der Wellenausbreitung in die Zukunft aus. Nur wenn eine Beobachtung gemacht wird, hört die Welle auf, sich auszubreiten; sie kollabiert plötzlich, wenn ein Ereignis aufgezeichnet wird, ob nun im Speicher eines Aufzeichnungsgeräts oder im Gedächtnis eines Menschen.

Es gibt also überhaupt keine Grundlage für die verbreitetste aller Erfahrungen – die Fähigkeit zu wählen. Wir scheinen durch Zufallsgesetze bestimmt zu sein, die uns erbarmungslos zwingen, die Vergangenheit als einen schlechten Führer in die Zukunft zu sehen. Die Gegenwart passiert nach dieser Sicht der Quantenphysik ohne unsere Zustimmung; wir haben anscheinend überhaupt keine Macht über sie. Wie läßt sich dieses Rätsel lösen? Eine Möglichkeit besteht in der Annahme, es gebe Vergangenheit und Zukunft gleichzeitig. Einige Physiker jedoch erheben gegen alle Schlüsse Einwände, die man über parallele Universen ziehen kann.

Es gibt Zukunft und Vergangenheit

Die Ansicht, die ich in diesem Buch vertrete, besagt, daß sowohl die Zukunft als auch die Vergangenheit wirklich sind. Die Zukunft spielt eine Rolle, indem sie eine Grundlage festlegt, auf der wir Entscheidungen treffen. Dazu müssen parallele Wege in die Zukunft auch wirklich sein. Wenn sie es sind, ist die Welt viel komplexer, als wir es uns je vorgestellt haben. Gottes Werk übertrifft bei weitem alles, was dem menschlichen Bewußtsein möglich ist. Vielleicht ist die Quantenphysik die Art Gottes, das Universum zu regieren.

Der Physiker Toyoki Koga aus Redondo Beach, Kalifornien, griff bei einer Diskussion über die Existenz paralleler Welten die vermutete Unantastbarkeit der Quantentheorie an.[16] Er stimmte der Meinung, die Quantentheorie sei alles, nicht zu und fand deshalb, die Vorstellung von den vielen Welten werde zu wörtlich genommen. Seiner Meinung nach liegt es jenseits unserer experimentellen Möglichkeiten, eine Theorie von einer anderen zu unterscheiden, wenn wir es mit solchen Dingen wie Atomen und Molekülen zu tun haben. Diese Elemente sind nicht direkt beobachtbar; man kann sich auf eine Theorie deshalb nicht verlassen, weil sie von Dingen handelt, die nicht unmittelbar erfahrbar sind.

Ein anderer Physiker, Joseph Gerver aus Berkeley in Kalifornien, wies in derselben Diskussion[17] auf ein anderes Paradoxon der Viele-Welten-Theorie hin. Die Theorie von Everett läßt ja nur Verzweigungen zu, die in die Zukunft weisen, und keine, die in die Vergangenheit laufen; dagegen erhebt Gerver folgenden Einwand:

Parallele Welten sollten sich nicht nur aufspalten, solange die Zeit vorwärts läuft, wenn eine Beobachtung oder Wechselwirkung mit subatomaren Teilchen passiert, sondern, logisch gesehen, auch dann, wenn die Zeit rückwärts geht. Mit rückwärts gerichteter Zeit meint er dasselbe, was passiert, wenn ein Film vom Weltall von seinem Projektor rückwärts abgespult wird. Er sagt dazu:

> Wenn es möglich ist, daß sich das Universum durch ein quantenmechanisches Ereignis in zwei etwas verschiedene Wirklichkeiten aufspaltet, dann ist es sicher genauso möglich, daß zwei etwas verschiedene Universen auf diese Weise gleich werden.

Da wir also gleich viele Aufspaltungen sehen sollten, wenn wir die Zeit umdrehen, wie wenn sie vorwärts läuft, möchte Gerver sehen, daß parallele Welten mit derselben Häufigkeit verschmelzen, wie sie sich nach den Vorhersagen der Theorie spalten. Es gibt in Everetts Theorie nichts, was das ermöglicht. Wenn also das Verschmelzen mit derselben Häufigkeit stattfindet wie das Verzweigen, sollte man, wenn man einen Film aller möglichen Verzweigungen rückwärts laufen sieht, Welten sehen, die genauso aussehen wie Welten, die in der Zeit vorwärts laufen. Weil man Zweigen folgen kann, die in der Zeit unendlich weit vorwärts und zurück laufen, muß es unendlich viele Universen geben. Dann wäre an diesem Universum also nichts Besonderes, und das bereitet Gerver Sorgen.

Universen, die sich verzweigen, wenn man einen Film beobachtet, der rückwärts läuft, sollten genauso aussehen, wie wenn man einen Film vom Universum vorwärts laufen sieht. Zweifellos werden einige der Zweige, die wir rückwärts laufen sehen, genauso aussehen wie einige der Zweige, die wir als Vergangenheit erkennen. Aber die überwältigende Mehrheit dieser vergangenen Zweige werden wie ein rückwärts laufender Film aus der Zukunft aussehen. (In der Tat werden einige der »atypischen« zukünftigen Zweige wie rückwärtslaufende Filme aus der Vergangenheit aussehen.) Gerver wies jedoch darauf hin, daß die parallelen Welten auch Gutes verheißen:

> Wenn wir Vielfachwelten akzeptieren, brauchen wir uns nicht länger darüber Gedanken zu machen, was wirklich in der Vergangenheit passierte, weil jede mögliche Vergangenheit gleich wirklich ist. Deshalb können wir, um zu verhindern, daß wir verrückt werden, mit guten Gewissen die Wirklichkeit einfach als jenen Zweig der Vergangenheit definieren, der mit unserer Erinnerung übereinstimmt.

Der Omegapunkt

Der Physiker Bryce DeWitt nahm zu den Bemerkungen Kogas und Gervers Stellung. Zu Koga sagte er, die Vorstellung paralleler Welten bedinge nichts Besonderes oder gar Heiliges. Sie sei einfach die beste Theorie, die wir bis heute haben. Gerver entgegnete er, daß seine ganze Überlegung auf der Existenz eines bestimmten Raumpunktes beruhe – einem Omegapunkt –, in dem die Zeit eine Spiegelsymmetrie aufweist. Die Theorie der parallelen Welten setzt keinen solchen Punkt voraus. Er stimmt nicht mit Gervers Ansicht überein, die Vergangenheit der Universen (die nicht mit unserer eigenen Geschichte, die nur einen Zweig erfaßt, verwechselt werden sollte) würde nur »wie ein rückwärts ablaufender Film aus der Zukunft« aussehen. Das wäre nur dann der Fall, wenn das jetzige Universum das Ergebnis einer Schwankung aus einem Gleichgewichtszustand eines unendlich alten Universums wäre – wenn unser Universum also nichts anderes als ein glücklicher Zufall in der Zeit wäre.

Es gibt viele Gründe für die Annahme, daß dies nicht der Fall ist. Die Urknalltheorie legt der Zeit eine Richtung auf. Deshalb sollte die Zeitentwicklung der vielen Universen nicht unbedingt einen zeitsymmetrischen Punkt haben müssen.

Aber nehmen wir an, es gäbe einen solchen Punkt. Der Urknall könnte einer sein. Das würde bedeuten, daß es genau vor dem Urknall einen »Endknall« gab, bei dem alles zusammenfiel. Für jene aber, die die Zeit vor dem Ende des Universums, wie sie es kannten, durchlebten (sie würden natürlich restlos zerquetscht und wüßten gar nicht, welche Erleichterung ihnen so kurz bevorstand), wäre die Erfahrung zeitlich umgekehrt. Sie würden den Endknall auch als Urknall erleben. Unter der Annahme, daß der Urknall ein zeitsymmetrischer Punkt ist, würde alles, was zum Endknall führte, ein genau zeitverkehrtes Bild von allem darstellen, was nach dem Urknall passierte. Die beiden Universen wären so identisch, daß niemand sie auseinanderhalten könnte.

Wenn der Symmetriepunkt im Augenblick der größten Ausdehnung liegt, gibt es Welten (Zweige), in denen die Zeit in eine Richtung fließt, und Welten, in denen die Zeit in die andere fließt. Es wird auch einige Außenseiterwelten geben, in denen die Zeit vielleicht sogar oszilliert, also zuerst in eine Richtung fließt und dann zu früheren Zuständen zurück.

All diese Welten wüßten nichts voneinander, wenn es zwischen ihnen keine Quanteninterferenzen gäbe, wie es beim Doppelspalt-Experiment und der Quantenmünze mit ihren beiden Zuständen der Fall ist. In diesen Fällen nimmt die Anzahl der Zweige, in die sich eine gegebene Welt aufspaltet, im Lauf der Zeit zu, solange die Zeit nicht rückwärts läuft. Die Richtung, in der die Anzahl der Zweige zunimmt, würde dann als Zeitrichtung genommen werden. Wenn es also einen Punkt der »Großen Symmetrie« gäbe, würden wir es nie wissen.

Eine Gesamtsicht

Wenn wir dieses komplexe Bild insgesamt betrachten, sehen wir die Quantenwellenfunktion als eine wirkliche Welle. Wenn sie wirklich ist, existiert sie in allen parallelen Welten gleichzeitig. Sie breitet sich immer weiter aus. Es scheint sogar, daß sie sich sowohl von der Vergangenheit (jener unvorstellbaren Vergangenheit, die wir »Urknall« oder »Alphapunkt« nennen) als auch von der Zukunft (manchmal »Omegapunkt« genannt) her ausbreitet.

Von Alpha bis Omega haben wir die eine universale Welle, die sich auf endlosen Bahnen fortpflanzt – die Geschichte von Ereignissen, die in allen Bewußtseinsformen, die es zufällig gibt, aufgezeichnet werden. Wir haben auch die Quantenwelle, die von Omega nach Alpha fließt, also gegen den Zeitstrom, der Information über die Zukunft zurück zum vergangenen Alpha trägt. Diese beiden Wellen stoßen ständig gegeneinander. Sie sind einander fast immer entgegengesetzt.

Von Zeit zu Zeit jedoch fallen diese Wellen in dem unendlichen Bereich der Zeit, der mit Alpha beginnt und mit Omega aufhört, zufällig zusammen – sie sind in Phase. Zusammenfallende Wellen neigen dazu, sich zu Gruppen zu bündeln. Diese Gruppen werden zu parallelen Universen. Jedes parallele Universum ähnelt dem anderen sehr, aber es gibt Unterschiede, die vom Maß der Übereinstimmung abhängen. Der Unterschied zwischen einem Universum und dem anderen wird durch den Mangel an zusammenfallenden Wellen gemessen.

In einem Universum, dem Ort, an dem Wellen zusammenfallen, treten Ereignisse ein. Mit dem Auftreten eines physikalischen Objekts, eines subatomaren Teilchens, eines Atoms, eines Moleküls, einer Gruppe von Molekülen, einer Anordnung von Molekülen, einer Zelle, einer Gruppe von Zellen und fast allem, was es in dem gibt, das wir Universum nennen, gibt es auch etwas anderes. Dieses andere ist Verstand, Ordnung und Bewußtsein.

Immer wenn es einen physikalischen Körper gibt, ist damit auch ein Ort für das Wissen gegeben. Wenn diese Orte des Wissens in einem engen Raumbereich beisammen sind, haben wir Bewußtsein.

Bewußtsein ist also eine Ansammlung von gleichzeitig vorhandenen Quantenwellen — sich begegnenden Zeitwellen —, die in Resonanz sind und von denen eine aus der Zukunft und die andere aus der Vergangenheit kommt. Dies definiert, was wir mit Jetzt oder Gegenwart meinen. Und so entsteht der Geist als der Brennpunkt von Wellen, die sowohl aus der Zukunft als auch aus der Vergangenheit kommen.

Wenn wir einen Augenblick an den menschlichen Geist denken, können wir mit Hilfe dieses Bildes überlegen, wie wir etwas wissen können. Die Kenntnis eines einzigen Ereignisses, isoliert von allen anderen, ist noch kein Wissen. Wissen ohne ein Gefühl für die Vergangenheit und ohne Vorausahnung der Zukunft ist noch kein Wissen. Kurz, einzelne Datenpunkte ohne Bezug zur Zukunft oder zur Vergangenheit werden nicht einmal als Fakten registriert. Es gibt sie einfach nicht. Nur wenn Vergangenheit und Zukunft zusammenfließen – wenn sie eine Beziehung haben, die sich über die Zeit erstreckt –, kann es Wissen geben.

Wissen oder Geist ist dann also die Beziehung zwischen Zukunft und Vergangenheit – diese Beziehung, die uns als jetziger Augenblick erscheint und ihn erschafft. Wissen ist also gleichbedeutend mit Bedeutung, und Bedeutung gibt es nur, wenn es zwei Ereignisse gibt – ein zukünftiges und ein vergangenes. Wissen, Bedeutung und Zeitordnung sind also gleichbedeutend. Wissen heißt, Ereignisse zeitlich zu ordnen, ihnen einen Sinn zu verleihen. Sinngebung ist die Verknüpfung eines Ereignispaars. Dieses Paar ist immer so orientiert, daß ein Ereignis die Vergangenheit ist und das andere die Zukunft. Der Ort, an dem Wissen passiert, ist die Gegenwart. Das, was die Gegenwart erkennt, ist der Geist.

Der Geist entsteht als das Organ, das Vergangenheit und Zukunft am besten erkennt. Ein Geist ohne Vergangenheit ist überhaupt kein Geist. Ein Geist ohne Zukunft ist überhaupt kein Geist. Der Geist kann nicht sein, wenn Vergangenheit und Zukunft gleichzeitig erscheinen. In der Trennung der Zeiten entsteht der Geist. Das ist die Bedeutung des jetzigen Augenblicks.

Aus der hier vertretenen Sicht, der der Quantenphysik, kann die Vergangenheit allein nicht die Gegenwart definieren, weil die Gegenwart sich nicht allein aus der Vergangenheit vorhersagen läßt. Eine vergangene Bestimmung eines Ereignisses bietet keine Sicherheit. Eine Messung der Lage eines Objekts in der Vergangenheit führt nicht zur Kenntnis des Impulses des Objekts und deswegen nicht zur Kenntnis der Gegenwart des Objekts.

Dieses Bild muß durch die Zukunft ergänzt werden. Die zukünftige Messung des Impulses allein bietet jedoch eine Grundlage für die »Danachsage« (analog zur Vorhersage) des Ortes des Objekts und also ebenfalls keine Grundlage für das

Wissen um die Gegenwart des Objekts. Insgesamt aber stimmen der vergangene Ort und der zukünftige Impuls in der Gegenwart überein; es gibt das Objekt »jetzt«. Der zukünftige Impuls und der vergangene Ort erschaffen zusammen eine gleichzeitig erfahrbare Gegenwart von Impuls und Ort.

Diese Übereinstimmung komplementärer Eigenschaften ist nötig, damit unser Geist in der Lage ist, das, was physikalisch geschieht, vorherzusagen. Die Vorhersagbarkeit hängt davon ab, daß komplementäre Variablen gleichzeitg bekannt sind. Vielleicht hängt unsere Fähigkeit, die Gegenwart als sinnvoll zu erleben, nicht nur von dem ab, was wir in der Vergangenheit erreicht haben, sondern auch davon, was wir uns verpflichtet fühlen, in der Zukunft zu erreichen.

Wenn Zukunft oder Vergangenheit fehlten, wäre unser Leben sinnlos.

Die Welt, die wir dort draußen sehen, erscheint uns in physikalischer Form, weil Informationen aus Vergangenheit und Zukunft, die komplementäre Beobachtungen des fraglichen Objekts enthalten, sich für einen Augenblick des Bewußtseins zusammenfinden. Obwohl der gegenwärtige Moment durch die Beobachtung einer der beiden komplementären Observablen nur zum Teil bekannt sein kann, sind doch beide Eigenschaften »gegenwärtig« und können gewußt werden. Deshalb erscheint die Welt so gewöhnlich und vollgestopft mit Materie. Wenn man Alpha oder Omega hinauswirft, verschwindet auch das Bewußtsein – die Welt wird eine Geisterwelt, in der es keine festen Körper mehr gibt.

33. Wirklichkeit und Sein

Was also ist die Wirklichkeit? Was ist Sein? Aus meiner Quantensicht, dem Gesichtspunkt, den wir in diesem Buch einnehmen, ist das Universum, jedes Universum, jedes der parallelen Universen wirklich, aber nicht alle existieren. In diesem Finale möchte ich die Realität von der Existenz trennen und beschreiben, wie parallele Universen in diese Überlegungen einbezogen werden können.

Betrachten wir zunächst, was wir mit Wirklichkeit meinen. Im Lexikon läßt sich folgender Eintrag finden:

1. Die Eigenschaft oder der Zustand, tatsächlich oder wahr zu sein.
2. Eine Person, Größe oder ein Ereignis, die es tatsächlich gibt.
3. Die Gesamtheit aller Dinge, die es tatsächlich gibt oder die Wesen haben.
4. Das, was es objektiv und tatsächlich gibt.
5. Die Summe von allem, das wirklich, absolut und unveränderlich ist.

Die Definition der Wirklichkeit, die ich hier verwende, übernimmt einige, aber nicht alle dieser Bedeutungen. Für mich besteht die Wirklichkeit aus einem gigantischen Superraum – dem mathematischen Raum aller Möglichkeiten. Wir könnten ihn uns auch als den *Geist Gottes* vorstellen. Jede Dimension in dem Raum ist wie eine Dimension in unserem gewöhnlichen dreidimensionalen Raum. Jede Dimension des Raums gibt auch eine »Richtung« an. Diese Richtung ist eine Möglichkeit. In diesem Raum strömt etwas, das Geist genannt wird und frei assoziieren kann. Es kann – für einen flüchtigen Augenblick, der eine Ewigkeit dauern kann, je nachdem auf welcher Zeitskala man es betrachtet – zwei oder mehr Dimensionen zusammenfassen. Und was fragt es sich dann in bezug auf diese Kombination?[18]

Unser Geist ist also auf viele Dimensionen, viele Wirklichkeiten eingestimmt oder einstimmbar. Der frei assoziierende Geist kann Zeitschranken überwinden, die Zukunft fühlen und die Vergangenheit neu bewerten. Unser Geist ist eine Zeitmaschine, die den Fluß der Möglichkeitswellen sowohl aus der Vergangenheit als auch aus der Zukunft fühlen kann. Aus meiner Sicht kann es so etwas wie das Sein ohne diese höhere Form der Quantenwirklichkeit nicht geben.

Ich glaube, daß diese Einsicht in das Wirken der Quantenphysik, die auf der Arbeit mehrerer anderer Physiker gründet, darunter John Cramer, John A. Wheeler, Sir Fred Hoyle, David Z. Albert, Yakir Aharonov, Susan D'Amato, Jack Sarfatti und viele andere, die wichtigste Einsicht in diese seltsame Landschaft gibt, die wir überhaupt seit der Entdeckung der Quantenphysik gewonnen haben.

Wenn sie sich als eine überprüfbare Hypothese erweist, wird das unsere Sicht der Welt revolutionieren. Dann stellt die Zeit keine Schranke mehr dar. Die Zukunft und auch die Vergangenheit sind im Jetzt.

So gesehen ist schließlich vieles offensichtlich. Wir wählen uns sowohl die Teilmengen der Wirklichkeit, und wir sind Baumeister des Seins. Weil wir die Produkte von vergangener und zukünftiger Zeit sind, »stecken« wir in der Zeit fest.

Dieses Steckenbleiben ist Gottes Weg, etwas Wirkliches ins Sein zu bringen. Es muß im doppelten Fluß der Transaktionen stecken, wie der letzte Mittelsmann, der von beiden Seiten gleichzeitig Provision einsteckt. Je resonanter die Transaktion ist, um so größer ist die Wahrscheinlichkeit und um so größer ist die Anzahl der parallelen Universen, die zum transaktionalen Sein beitragen. Da diese Universen sich ständig überlappen und in der Zeit aufspalten, sind letztlich wir die Empfänger der Wohl- oder auch der Übeltaten in diesem Spiel der parallelen Welten.

T. S. Eliot sagt in den *Vier Quartetten*:

> Jetzige Zeit und vergangene Zeit
> Sind vielleicht gegenwärtig in künftiger Zeit
> Und die künftige Zeit enthalten in der vergangenen.
> Ist aber alle Zeit ewige Gegenwart,
> Wird alle Zeit unwiderrufbar.
> Was hätte sein können, ist ein abstrakter Begriff
> Und bleibt als stete Möglichkeit bestehn
> Nur in der Welt spekulativen Denkens.
> Was hätte sein können und was wirklich war,
> Weisen auf ein stets gegenwärtiges Ende.
> Und das Ende unseres Forschens
> Ist, an den Ausgangspunkt zu kommen
> Und zum erstenmal den Ort zu erkennen.*

Tatsächlich scheinen das Durchschauen des Zeitennebels und die Existenz paralleler Universen Hand in Hand zu gehen. Die Nebel der Zeit sind parallele Universen. Meiner Meinung nach wird es möglich sein, Erfahrungen der Zukunft zu machen. Wir wissen schon, daß es »Medien« und Seher gibt, und wenn auch

---

* Übersetzung von Nora Wydenbruck.

viele den Gedanken ablehnen, können sich andere leicht mit ihm befreunden.

Könnte es, wenn Zeit doch gegenwärtig und unwiederbringlich ist, möglich sein, ein zukünftiges paralleles Universum zu beobachten?

Die Zeit kann nur dann unwiederbringlich sein, wenn sie als ein Labyrinth paralleler Universen existiert. Vielleicht ist ein besseres Bild das eines Hologramms paralleler Universen.

Was man beim Betrachten eines Hologramms sieht, hängt vom Blickwinkel ab, unter dem man es betrachtet. Dieser Blickwinkel verändert das Hologramm, weil er durch die Bewegung in der Zeit die Wahrscheinlichkeiten verändert.

Wer schreibt schließlich, wenn das Hologramm aus transagierenden Quantenwellen konstruiert wurde, die sich in alle Zeitrichtungen bewegen, die Wahrscheinlichkeiten zu? Irgendwie muß ein Bewußtseinsfeld das Hologramm erleuchten; es schreibt dann die Wahrscheinlichkeiten zu.

Es muß einen bewußten Beobachter geben. Aus meiner Sicht sind wir selbst dieser Beobachter – ein Spritzer aus dem riesigen Ozean der Gedanken, der Gott ist, vorübergehend eingefangen vom Hologramm, aber auch unerlösbar und unveränderlich.

Woody Allens in der Einführung zitierte Bemerkung über die ungesehenen Welten erinnert uns, daß die Innenstadt zwischen den Polen der Zukunft und Vergangenheit liegt. Es erinnert uns auch daran, daß wir mit solchen Gedanken nirgendwohin gehen können, wenn es nicht direkt beobachtbare Folgen gibt. Wir müssen herausfinden können, wie lange der Laden geöffnet hat und ob es dort gutes Brot gibt.

Ich glaube, es gibt es (gutes Brot und beobachtbare Folgen). Der menschliche Geist ist das Labor der neuen Physik. Er ist schon auf die Vergangenheit und die Zukunft eingestimmt und macht wahrscheinliche Wirklichkeiten zu existentiellen Gewißheiten. Das geschieht einfach durch Beobachtung: die Beobachtung von sich selbst im Traum. Die Beobachtung von sich selbst in dieser Welt im Wachzustand. Die Beobachtung des Beobachtens. Wenn wir den Mut haben, uns im Bündnis mit dem Bewußtsein in diese Welt zu begeben, durch unsere Träume und veränderten Bewußtseinszustände hindurch, können wir das

Hologramm vielleicht verändern, indem wir mehr bewußtes »Licht« in die höllischen Welten bringen, die es ebenfalls Seite an Seite mit unserer eigenen gibt.

Mit unserer Neigung, uns immerzu »selbst zu verteidigen«, ist diese parallele Welt schon eine höllische Welt. Es ist Zeit, den Vorgang der Illuminierung des Hologramms zu beschleunigen, Zeit, den großen Laser des Bewußtseins einzuführen. Die Evolution geht auch uns an. Es ist Zeit, dieses Universum zum ersten Mal kennenzulernen.

Anmerkungen

I. Was sind parallele Universen?

1 Diese Geschichte wird erzählt in Bradbury, Ray, *Februar 2002: Die Heuschrecken*, in: *Die Mars-Chroniken*, Übers. Thomas Schlück, Zürich 1981, S. 118.

2 Siehe die Darstellung von Everetts Ideen in DeWitt, Bryce S. und Graham, Neill, *The Many-Worlds Interpretation of Quantum Mechanics,* Princeton, New Jersey 1973.

3 Borges, Jorge Louis, *Fiktionen*, Frankfurt a. M. 1992, S. 88.

4 »New Techniques and Ideas in Quantum Measurement Theory«, Konferenz der New Yorker Akademie der Wissenschaften, vom 21.-24. Januar 1986, in New York City.

5 Thomsen schreibt gute Artikel über Quantenphysik für ›Science News‹. Einige seiner Artikel zu diesem Thema seien hier aufgeführt.

Thomsen, Dietrick E., *A Knowing Universe Seeking to be Known*, in: ›Science News‹, Bd. 123 (19. Feb. 1983), S. 124.

– *The Quantum Universe: A Zero-Point Fluctuation?*, ebd., Bd. 128 (1985), S. 72.

– *Going Bohr's Way in Physics*, ebd., Bd. 129 (1986), S. 26.

– *Holism and Particlism in Physics*, ebd., Bd. 129 (1986), S. 70.

– *Quanta at Large: 101 Things to Do with Schrödinger's Cat*, ebd., Bd. 129 (1986), S. 87.

– *Notes of an Ex-Physics Student*, ebd., Bd. 129 (1986), S. 141.

6 Mein früheres Buch beschäftigt sich auch mit Bohrs Kopenhagener Deutung. Siehe Wolf, Fred Alan, *Der Quantensprung ist keine Hexerei. Die neue Physik für Einsteiger*, Basel 1985.

7 Siehe Bohm, D. J., Dewdney, C., und Hiley, B. H., *A Quantum Potential Approach to the Wheeler Delayed Choice Experiment*, in: ›Nature‹, Bd. 315 (1985), S. 294, und Dewdney, C., Gueret, Ph., Kyprianidis, A., und Vigier, J. P., *Testing Wave-Particle Dualism with Time-Dependent Neutron Interferometry*, in: ›Physics Letters‹, Bd. 102A, Nr. 7 (1984), S. 291.

II. Eine Neubewertung:
Wie steht es mit der Einheit des Universums?

1 Ein Kommentar zur Schreibweise 10^{11}. Sie bedeutet, daß die Zahl 10 elfmal mit sich selbst multipliziert wird. In Worten sind das einhundert Milliarden.

2 Siehe Barrow, John D., und Tipler, Frank J., *The Anthropic Cosmological Principle*, New York 1986. – Breuer, Reinhard, *Das anthropische Prinzip*, München 1981, und Gribbin, John, und Rees, Martin, *Ein Universum nach Maß*, Basel 1991 (erscheint 1994 als insel taschenbuch).

3 Der Physiker Leslie E. Ballentine von der kanadischen Simon-Fraser-Universität in British Columbia zum Beispiel glaubt, die Vorstellung von sich unendlich multiplizierenden, nichtwechselwirkenden Welten sollte weniger ernst genommen werden als die Ptolemäische Theorie der Epizyklen. Siehe Ballentine, L. E., Pearle, P., Walker, E. H., Sachs, M., Koga, T., Gerver, J., und DeWitt, B., *Quantum Mechanics Debate*, in: ›Physics Today‹, April 1971, S. 36.

4 Siehe DeWitt, Bryce S., *Quantum Mechanics and Reality*, in: ›Physics Today‹, Sept. 1970, S. 30-35.

5 Siehe Anm. 3.

6 Siehe Anm. 3.

7 Siehe Anm. 3.

8 Siehe Anm. 4.

9 Die Diracgleichung ist eine vom Physiker Paul Dirac entwickelte mathematische Formel, die das Verhalten von Elektronen erklärt, die sich mit nahezu Lichtgeschwindigkeit bewegen. Dirac entdeckte, daß sich alle Materieteilchen mit Lichtgeschwindigkeit im Zickzack durch den Raum bewegen. Diese »Zitterbewegung« erzeugt den Eindruck, Materie bewege sich langsamer als Licht. Er zeigte auch, daß jedes subatomare Teilchen in der Lage ist, unterhalb jeder Wahrnehmungsschwelle zu existieren, und daß auf dieser Ebene unendlich viele ähnliche Teilchen existieren müssen. Wenn genügend Energie zugeführt wird, läßt sich eines dieser Teilchen aus dem Nichts erzeugen, wobei ein Loch zurückbleibt. Dieses Loch hat physikalische Eigenschaften; es ist das Antiteilchen des erzeugten Teilchens.

III. Innen und Außen:
Zeitkrümmung und Raumwindung

1 Einstein, A., und Rosen, N., *Particle Problem in the General Theory of Relativity*, in: ›Physical Review‹, Bd. 48 (1935), S. 73-77.

2 Betrachten wir die Möglichkeit, daß unser Universum ein Schwarzes Loch ist. Dazu müssen wir uns überlegen, was ein Schwarzes Loch kennzeichnet. Es wird durch seine Masse M, den Radius R und die Dichte D beschrieben. Der Radius eines Schwarzen Lochs ist direkt proportional zu seiner Masse (R ~ M). Die Dichte eines Schwarzen Lochs ist gleich dem Quotienten aus Masse und Volumen gegeben (D = M/V). Da das Volumen eines Schwarzen Loches proportional zur dritten Potenz des Radius des Schwarzen Loches ist (V ~ R^3), ist die Dichte eines Schwarzen Loches umgekehrt proportional zum Quadrat seiner Masse (D ~ M^{-2}). Wenn also ein Schwarzes Loch eine sehr große Masse hat, ist es nicht sehr dicht! – Unser Universum ist sicherlich nicht sehr dicht, da es hauptsächlich leerer Raum ist. Aber es enthält viel Masse. Daher scheint unser recht schweres, aber nicht sehr dichtes Universum in der Tat ein Schwarzes Loch sein zu können.

3 Clark, Ronald W., *Albert Einstein: Leben und Werk*, Esslingen 1974, S. 91.

4 Ebd.

5 In der Mathematik gibt es eine bestimmte Klasse von Zahlen, die imaginäre Zahlen heißen. Bevor wir sie betrachten, müssen wir Zahlen betrachten, die mit ihnen nichts zu tun haben, nämlich die *Quadratwurzeln*. Es ist nicht zu schwierig zu begreifen, was eine Quadratwurzel ist. Zum Beispiel ist 2 die Quadratwurzel aus 4. Die Quadratwurzel aus 9 ist 3. Also ist die Quadratwurzel einer Zahl (z. B. 4) eine andere Zahl (z. B. 2), die, mit sich selbst multipliziert, die ursprüngliche Zahl ergibt. Die Quadratwurzel von 1 ist jedoch auch 1. Die Zahl 1 ist in dieser Beziehung merkwürdig. Ihr Quadrat ist 1 und also auch ihre Quadratwurzel. (Dies bedeutet nur $1 \times 1 = 1$ oder $1^2 = 1$). – Hat jede Zahl eine Quadratwurzel? Läßt sich zu jeder Zahl eine Zahl angeben, die, mit sich selbst multipliziert, diese Zahl ergibt? Man sollte es denken. Aber was ist mit den negativen Zahlen? Negative Zahlen begegnen Ihnen, wenn Sie Ihr Bankkonto überziehen. Kann Überzogenes auch eine Quadratwurzel haben? Was bedeutet es, wenn wir die Quadratwurzel aus minus eins ziehen? Nun, dann erhalten Sie eine Zahl, die, mit sich selbst multipliziert, minus eins ergibt. Solche Zahlen gibt es in der wirklichen Welt nicht. Ich habe zum Beispiel nicht die Quadratwurzel von minus eine Mark in meiner Tasche. Ich könnte die Quadratwurzel von vier Mark in der Tasche haben (zwei Mark). Aber die

von minus eine Mark? Nichtsdestoweniger ist es sinnvoll, solche Zahlen einzuführen, denn wenn Sie sie quadrieren, erhalten Sie eine nützliche Zahl. Ich könnte minus eine Mark in meiner Tasche haben. Das würde bedeuten, daß ich jemandem eine Mark schulde. Immer wenn eine Zahl nützlich ist, wir aber kein Symbol dafür haben, erfinden wir eins. Im Falle der Quadratwurzel von minus eins ist das Symbol i. Dies bedeutet, daß $i \times i = -1$ ist. Wir bezeichnen alle mit i multiplizierten Zahlen als imaginäre Zahlen. Daher ist $5i$ die imaginäre Zahl fünf und $(5i)^2 = -25$.

Wenn man, so bemerkte Minkowski, die Zeit in Einsteins Gleichungen mit i multipliziert und alle Geschwindigkeiten in bezug auf die Lichtgeschwindigkeit angibt, kann man alle Beziehungen in Einsteins Gleichungen nachvollziehen und ihnen einen anschaulichen geometrischen Sinn geben. Wenn wir dies tun, wird die uns vertraute Zeit zu einer imaginären Raumdimension. Unter Verwendung imaginärer Zeit und des reellen Raums lassen sich alle Beziehungen in Einsteins Gleichungen als Dreiecke zeichnen. Dazu braucht man nur die Zeitseite des Dreiecks als imaginäre Raumdimension zu sehen und die Raumseite des Dreiecks als reelle Raumdimension.

6 Siehe Anm. 3.
7 Siehe Anm. 1.
8 Kerr, Roy P., *Gravitational Field of a Spinning Mass as an Example of Algebraically special Metrics*, in: ›Physical Review Letters‹, Bd. 11 (1963), S. 137-38.

IV. Am Anfang war ...

1 Weinberg, Stephen, *Die ersten drei Minuten*, München 1977.
2 Siehe
Wolf, Fred Alan, *Der Quantensprung ist keine Hexerei*, Basel 1985.
– *Starwave*, New York 1984.
– *Körper, Geist und neue Physik*, Frankfurt a. M. 1993.
3 Berichtet von Dietrick E. Thomsen, in: ›Science News‹ vom 30. Mai 1987, Bd. 131, S. 346.

V. Wie parallele Universen
einen neuen Zeitbegriff bedingen

1 Siehe Wheeler, John A., *Delayed Choice Experiments and the Bohr-Einstein Dialogue*, Vortrag bei einer gemeinsamen Konferenz der amerikanischen philosophischen Gesellschaft und der Royal Society am 5. Juni 1980, London. Katalogkarte 80-70995, 1980 der Library of Congress. – Tipler, Frank J., *Rotating Cylinders and the Possibility of Global Causality Violation*, in: ›Physical Review‹, Bd. 9 (1974), S. 2203. – Ders., *Interpreting the Wave Function of the Universe*, in: ›Physics Reports‹, Bd. 137 (Mai 1986), S. 4.

2 Siehe Vonnegut, Kurt, *Schlachthaus 5*, Reinbek 1977.

3 Cramer, John G., *Generalized Absorber Theory and the Einstein-Podolsky-Rosen Paradox*, in: ›Physical Review‹, Bd. 22 (1980), S. 362. – Ders., *The Transactional Interpretation of Quantum Mechanics*, in: ›Review of Modern Physics‹, Bd. 58. Nr. 3 (Juli 1986).

4 Siehe Hellmuth, T., Zajonc, Arthur C., und Walther, H., *Realizations of Delayed Choice Experiments*, in: *New Techniques and Ideas in Quantum Measurement Theory*, hg. v. D. M. Greenberger, Bd. 480, ›Annalen der New York Academy of Sciences‹, 30. Dezember 1986. – Wheeler, John A., *The Mystery and the Message of the Quantum*, Vortrag bei der gemeinsamen jährlichen Konferenz der American Physical Society und der American Association of Physics Teachers, Januar 1984. – Ders., in: *The Mathematical Foundations of Quantum Mechanics*, hg. v. A. R. Marlow, New York 1978. – Ders., *Beyond the Black Hole*, in: *Some Strangeness in the Proportion: A Centennial Symposium to Celebrate the Achievements of Albert Einstein*, hg. v. Harry Woolf, Reading, Mass. 1980, S. 341. – Ders., *Delayed-Choice Experiments and the Bohr-Einstein Dialogue*, Vortrag bei einer gemeinsamen Konferenz der amerikanischen philosophischen Gesellschaft und der Royal Society am 5. Juni 1980, London, Katalogkarte 80-70995, 1980 der Library of Congress.

5 Allman, William F., *Newswatch: The Photon's Split Personality*, in: ›Science‹ 86, Juni 1986, Seite 4 beschreibt dieses Experiment allgemeinverständlich. – Hellmuth, T., Zajonc, Arthur C., und Walther, H., *Realizations of Delayed Choice Experiments*, in: *New Techniques and Ideas in Quantum Measurement Theory*, hg. v. D. M. Greenberger, Bd. 480, ›Annalen der New York Academy of Sciences‹, 30. Dezember 1986.

6 Eine Beschreibung des Doppelspalt-Experiments findet sich in Teil I, Kapitel 2.

7 Siehe Tipler, Frank J., *Rotating Cylinders and the Possibility of Global Causality Violation,* in: ›Physical Review‹, Bd. 9 (1974), S. 2203.

VI. Zeit und Geist in parallelen Universen

1 Le Guin, Ursula, *The Lathe of Heaven,* New York 1973.

2 Siehe dazu den Artikel von Leon Cooper und Deborah van Vechten in: DeWitt, Bryce S., und Graham, Neill, *The Many Worlds Interpretation of Quantum Mechanics,* Princeton, New Jersey 1973.

3 Siehe Hoyle, Fred, *The Intelligent Universe,* New York 1983. Ders., *The Universe: Past and Present Reflections,* Preprint Serie No. 70 in: ›Astrophysics and Relativity‹, Cardiff, England: Department for Applied Mathematics and Astronomy, University College, Mai 1981. – Aharonov, Yakir und Albert, David Z., *Is the Usual Notion of Time Evolution Adequate for Quantum-Mechanical Systems?,* in: ›Physical Review‹, Bd. 29 (1984), S. 223. – Aharonov, Yakir, Albert, David Z., und D'Amato, Susan S., *Multiple-Time Properties of Quantum-Mechanical Systems,* in: ›Physical Review‹, Bd. 32 (1985), S. 32. – Aharonov, Yakir, Albert, David Z., und D'Amato, Susan S., *Curious New Statistical Prediction of Quantum Mechanics,* in: ›Physical Review Letters‹, Bd. 54 (1985), S. 5. – Cramer, John G., *Generalized Absorber Theory and the Einstein-Podolsky-Rosen Paradox,* in: ›Physical Review‹, Bd. 22 (1980), S. 362. – Ders., *The Transactional Interpretation of Quantum Mechanics,* in: ›Reviews of Modern Physics‹, Bd. 58, Nr. 3 (Juli 1986).

4 Siehe Aharonov, Yakir, Albert, David Z., und D'Amato, Susan S., *Multiple-Time Properties of Quantum-Mechanical Systems,* in: ›Physical Review‹, Bd. 32 (1985), S. 32 – D'Amato, Susan S., *Two-Time States of a Spin-Half Particles in a Uniform Magnetic Field,* in: ›New Techniques and Ideas in Quantum Measurement Theory‹, hg. v. D. M. Greenberger, Bd. 480, ›Annalen der New York Academy of Sciences‹, 30. Dezember 1986.

5 Siehe Albert, David Z., *On Quantum-Mechanical Automata,* in: ›Physics Letters‹, Bd. 98A (1983), S. 249-252. – Deutsch, D., *Quantum Theory, the Church-Turing Principle and the Universal Quantum Computer,* in: ›Proceedings of the Royal Society of London‹, Bd. A400 (1985), S. 97-117.

6 *New Techniques and Ideas in Quantum Measurement Theory,* Konferenz der New York Academy of Sciences vom 21.-24. Januar 1986 in New York City.

7 Hoyle, Fred, *October the First Is Too Late,* London 1966.

8 Hoyle, Fred, *The Universe: Past and Present Reflections*, in: Preprint Series No. 70 ›Astrophysics and Relativity‹, Cardiff, England: Department für Angewandte Mathematik und Astronomie, University College, Mai 1981.

9 Siehe Aharonov, Yakir, Albert, David Z., und D'Amato, Susan S., *Multiple-Time Properties of Quantum-Mechanical Systems*, in: ›Physical Review‹, Bd. 32 (1985), S. 32. – Dies., *Curious New Statistical Prediction of Quantum Mechanics*, in: ›Physical Review Letters‹, Bd. 54 (1985), S. 5. – D'Amato, Susan S., *Two-Time States of a Spin-Half Particle in a Uniform Magnetic Field*, in: *New Techniques and Ideas in Quantum Measurement Theory*, hg. v. D. M. Greenberger, Bd. 480, ›Annalen der New York Academy of Sciences‹, 30. Dezember 1986.

10 Siehe Albert, David Z., *How to Take a Photograph of Another Everett World*, in: *New Techniques and Ideas in Quantum Measurement Theory*, hg. v. D. M. Greenberger, Bd. 480, ›Annalen der New York Academy of Sciences‹, 30. Dezember 1986.

11 Siehe Deutsch, D., *Quantum Theory, the Church-Turing Principle and the Universal Quantum Computer*, in: ›Proceedings of the Royal Society of London‹, Bd. A400 (1985), S. 97-117.

12 Siehe Wolf, Fred Alan, *Star Wave: Mind, Consciousness, and Quantum Physics*, New York 1984.

13 Siehe Cooper, Leon W., und Van Vechten, Deborah, *On the Interpretation of Measurement Within the Quantum Theory*, in: ›American Journal of Physics‹, Bd. 37, Nr. 12 (1969), S. 1212.

14 Siehe Ballentine, L. E., Pearle, P., Walker, E. H., Sachs, M., Koga, T., Gerver, J., und DeWitt, B., *Quantum Mechanics Debate*, in: ›Physics Today‹, April 1971, S. 36.

15 Siehe Anm. 13.

16 Siehe Ballentine, L. E., Pearle, P., Walker, E. H., Sachs, M., Koga, T., Gerver, J., und DeWitt, B., *Quantum Mechanics Debate*, in: ›Physics Today‹, April 1971, S. 36.

17 Siehe Anm. 13.

18 Das ist ähnlich, wie wenn Lehrer in der Schule den Zeigestock halten. Wenn der Zeiger so gehalten wird, daß er genau nach oben zeigt, zeigt er die eindimensionale Möglichkeit Oben-Unten an. Wenn der Stock so gehalten wird, daß er senkrecht zur Nord-Süd-Richtung ist, wird eine andere Raumrichtung, nämlich Nord-Süd, einbezogen. Wenn der Zeigestock in eine Diagonale weist, wird mehr als eine der Dimensionen Oben-Unten oder Nord-Süd berücksichtigt. Wird der Stock bewegt, ändern sich diese Möglichkeiten immerzu, genauso rasch, wie sich die Richtung des Zeigestocks ändert.

   Aber die Lehrerin sei nicht allein. Ein anderer Lehrer im selben Raum ist fast identisch mit ihr. Dieser parallele Lehrer ist so etwas wie ein Automat. Er kann die Bewegungen der Lehrerin nur nachmachen oder versuchen zu verdoppeln. Wir nennen diesen parallelen Lehrer den Lehrer-2. Jedesmal, wenn die Lehrerin in eine Richtung /a> schaut, versucht Lehrer-2, in dieselbe Richtung zu schauen, aber gewöhnlich verfehlt er das Ziel und zeigt in Richtung <b/. Die Richtung /a> nennen wir *MER* und die Richtung <b/ *KLA*. Zusammengenommen erhalten wir so das Wort *KLAMMER* und die Verbindung von b und a, nämlich <b/ a>. Dies ist eine flüchtige Verbindung – im Gehirn kommen zwei Gedanken zusammen. Das könnte sich im *Es* abspielen. Dort gibt es immerzu freie Assoziationen. Die meisten sind bedeutungslos. Diese Assoziation ist flüchtig, aber sie enthält ein Element der Wirklichkeit. Es ist die Assoziation der Möglichkeiten a und b.

Wenn Lehrerin und Lehrer-2 »zusammenkommen« und den Tanz wiederholen, entsteht ein Muster, bei dem der erste Lehrer nach a weist, Lehrer-2 nach b und dann die Lehrerin nach b, worauf Lehrer-2 nach a weist. Der Tanz sieht also so aus: <a/b><b/a>. Wenn er beginnt, wird die Verbindung von a und b mehr als eine Wirklichkeit, sie wird existent. Dieser Tanz ist jenseits der Zeit. Er ist ein doppelter Strom von einer Vergangenheit a in eine Zukunft b und dann von einer Zukunft b in eine Vergangenheit a.

Noch etwas. Die Lehrerin bewegt den Zeigestock von der Vergangenheit in die Gegenwart, während Lehrer-2 seinen Zeiger von der Zukunft in die Vergangenheit führt. Die doppelte Verbindung von a und b ist die Möglichkeit der Verbindung von a und b. Sie läßt sich als logische Aussage *Wenn a, dann b* sehen, wenn wir sie aus der normalen Sicht der Zeit betrachten, die von der Vergangenheit in die Gegenwart (die Sichtweise des Lehrers) reicht, oder als logische Aussage *Wenn b, dann a* sehen, nämlich aus der Sicht der Zeitumkehr (Lehrer-2). Wichtig ist dabei, daß zwischen zwei Möglichkeiten eine sinnvolle Verbindung hergestellt wird. Wenn a und b identisch sind, wird die Wahrscheinlichkeit zur Gewißheit und die Möglichkeit eine Wirklichkeit. Sie kommt ins Sein.

Nun läßt sich Sein definieren als

1. *Die Tatsache, Sein oder Aktualität zu haben*
2. *Die Tatsache oder den Zustand, ein Sein zu sein; Leben*
3. *Alles, das unter bestimmten Umständen oder an einem bestimmten Platz gegeben ist*
4. *Ein Ding, das es gibt, ein Seiendes*
5. *Eine Art des Seins*
6. *Ein Geschehen oder ein Vorhandensein*

Aus meiner Sicht ist Sein das Ergebnis eines doppelten Informationsstroms. *Ein Strom kommt aus der Vergangenheit und ein anderer aus der Zukunft. Das Produkt <a/b><b/a> besagt, ein Ding sei in einem Zustand a, wenn es in einem Zustand b gewesen ist. Das Produkt hat zwei Faktoren. Es sagt sowohl Wenn a, dann b, als auch Wenn b, dann a.*

Glossar

Anthropisches Prinzip: Es besagt, daß die Natur aus unendlich vielen Möglichkeiten für die Erschaffung eines Universums eben dieses auswählte, damit wir erschaffen werden konnten.

Attosekunde: Ein Milliardstel einer Milliardstel Sekunde. Eine Attosekunde verhält sich zu einer Sekunde wie eine Sekunde zu etwa 32 Milliarden Jahren.

Beobachtereffekt: Die plötzliche Veränderung einer physikalischen Eigenschaft der Materie, besonders auf atomarem und subatomarem Niveau, wenn diese Eigenschaft beobachtet wird. Er wird als die Veränderung der Wahrscheinlichkeit gemessen, mit der diese Eigenschaft beobachtet werden kann.

Bewegungsgleichungen: Siehe klassische Mechanik.

Bewegungsgesetze: Siehe Klassische Mechanik.

Botenwelle: Eine quantenphysikalische Wahrscheinlichkeitswelle, die auf der Suche nach einem zukünftigen Ereignis, mit dem sie in Transaktion sein kann (*siehe* Transaktionale Deutung), in die Zukunft läuft. Bis die Botenwelle von einem zukünftigen Ereignis akzeptiert wird, kann sich keines der Ereignisse manifestieren.

Chronon: Der milliardste Teil des milliardsten Teils des milliardsten Teils des milliardsten Teils des milliardsten Teils einer Sekunde. Eine Milliarde Sekunden entspricht etwas weniger als 32 Jahren. Der Urknall spielte sich im ersten Chronon ab. Aber es vergingen eine Milliarde Chronon, oder, wäre ein Chronon eine Sekunde, etwa 32 Jahre, bevor nach dem ersten Zeit- und Raumpunkt das erste Licht in die Welt kam. Eine Sekunde verhält sich zu 32 Milliarden Milliarden Milliarden Milliarden Jahren wie ein Chronon zu einer Sekunde.

Dimensionen

  Reale Dimension: Eine eindeutige Raumausdehnung. Wenn Sie dastehen und Ihren rechten Arm nach vorn und den linken genau zur Seite strecken, entspricht Ihr rechter Arm der x-Richtung, der linke der y-Richtung und Ihr Körper zeigt in z-Richtung. Das sind die drei Raumdimensionen.

  Imaginäre Dimension: Wenn Sie so mit ausgestreckten Armen stehen und das Verstreichen der Zeit erleben, bewegen Sie sich in einer imaginären Dimension.

Dirac-Gleichung: Eine von dem Physiker Paul Dirac erfundene mathematische Beziehung, die das Verhalten von Elektronen erklären soll, die sich fast mit Lichtgeschwindigkeit bewegen. Dirac entdeckte, daß alle Materieteilchen sich mit Lichtgeschwindigkeit auf Zickzackbahnen durch den

Raum bewegen. Diese »Jitterbug«-Bewegung erzeugt die Illusion, daß Materie sich langsamer bewegt als Licht. Sie zeigt auch, daß jedes subatomare Teilchen unterhalb der Wahrnehmungsschwelle existieren kann und es auf dieser Ebene unendlich viele solcher Teilchen geben muß. Wenn die entstehenden Energien groß genug sind, kann eines dieser Teilchen auch aus dem Nichts entstehen, wobei es ein Loch hinterläßt. Dieses Loch hat physikalische Eigenschaften und erscheint als Antiteilchen des Teilchens, das sich manifestiert.

Doppelspalt-Experiment: Das für die Deutung der Quantenphysik wichtigste Experiment. In ihm treffen Teilchen, die eines nach dem anderen von einer Quelle ausgeschickt werden, auf eine Wand mit zwei parallelen Spaltöffnungen. Nach den klassischen physikalischen Vorstellungen muß jedes Teilchen durch einen der beiden Spalte hindurchgegangen sein, wenn es auf der anderen Seite auf einem Schirm registriert wird. Das Muster der Treffer, die ein Teilchen nach dem anderen erzielt, läßt jedoch darauf schließen, daß jedes Teilchen wellenähnlich zur selben Zeit durch beide Spalte hindurchgegangen sein muß – solange niemand nachprüft, durch welchen Spalt es lief. Wenn jemand jedoch das Teilchen beobachtet, das durch den einen oder den anderen Spalt geht, ändert sich das Muster der auftreffenden Teilchen. Das Teilchen verhält sich also wie eine Welle, wenn keiner hinschaut, und wie ein Teilchen, wenn jemand schaut.

Echowelle: Eine quantenphysikalische Wahrscheinlichkeitswelle, die von der Zukunft in der Zeit zurück reist und den Eindruck der Botenwelle (*siehe* Botenwelle) zeigt, die nach einem heutigen Ereignis sucht, mit dem die Transaktion ablaufen kann (*siehe* Transaktionale Deutung). Je stärker das Echo, um so größer ist die Wahrscheinlichkeit, daß beide Ereignisse eintreten.

Einstein-Podolski-Rosen-Paradoxon: Bezieht sich auf eine Messung, die an einem Teil eines physikalischen Systems vorgenommen wird, während der andere Teil, der zuvor mit ihm verbunden war, sich selbst überlassen bleibt. Nach den Quantenregeln wirkt sich der gemessene Teil im Augenblick der Messung sofort auf den ungemessenen Teil aus, obwohl die beiden Teile vielleicht gar nicht mehr in Verbindung stehen.

Elektron: Das kleinste subatomare Teilchen. Das Elektron hat einige meßbare Eigenschaften. Dazu gehören elektrische Ladung, träge Masse oder Widerstand gegen beschleunigte Bewegung, Spin (man kann sie sich veranschaulichen, indem man sich das Elektron als einen winzigen Ball vorstellt, der sich um eine Achse dreht) und der Elektronen-Ausschluß (die Neigung, ein anderes Elektron zu meiden, indem nicht derselbe physikalische Quantenzustand besetzt wird), der immer dann wirksam wird, wenn zwei oder mehr Elektronen einander nahe kommen.

Ereignishorizont: Die Kugeloberfläche, die den Rand dessen markiert, was Schwarzes Loch genannt wird. Er wird auch als Oberfläche der Kugel mit dem kritischen oder Schwarzschildradius beschrieben. Man spricht von Horizont, weil man sich ihm wie beim Sonnenuntergang nur nähern kann, ihn aber niemals wirklich erreicht. Es braucht unendlich viel Zeit, sich dem Ereignishorizont zu nähern, wenn der Vorgang von Beobachtern gemessen wird, die dieses Schauspiel aus der Ferne verfolgen. Für einen Beobachter, der sich ihm nähert, spielt sich der Vorgang jedoch in endlicher Zeit ab. Wieder also ist die Relativitätstheorie im Spiel. Wenn man es schafft, den Ereignishorizont zu überqueren und in das Innere des Schwarzen Lochs zu gelangen, ist es unmöglich, umzukehren und wieder zum Ereignishorizont zu gelangen. Die Flut der Raumzeit im Loch reißt alles mit sich; er hört schließlich in der Mitte des Schwarzen Lochs auf zu existieren.

Gasdynamik: Die Gesetze, die die physikalischen Eigenschaften von Gasen bestimmen. Diese Gesetze beruhen auf der Newtonschen Mechanik und der Thermodynamik.

Grenzbedingungen: Eine Reihe von Bedingungen für ein physikalisches Problem, die von Natur aus gegeben sind oder ihm von Menschen künstlich auferlegt wurden. Grenzbedingungen schränken die Bewegung von Quantenwellen ein, indem sie der Quantenwelle den Zugang zu einem Teil des physikalischen Raums versperren. Entsprechend muß die Quantenwelle an solchen Stellen Null sein, an denen es unmöglich ist, die durch sie dargestellte physikalische Größe zu beobachten. Eine Veränderung der Grenzbedingungen führt gewöhnlich zu Veränderungen der Werte physikalischer Messungen. Weil die Quantenwelle die Wahrscheinlichkeiten beeinflußt, kann der Geist die Materie vielleicht beeinflussen und verändern, indem er die Grenzbedingungen einer Quantenwelle verändert.

Grundzustand: Der niedrigste Energiezustand eines physikalischen Systems, wie er von den Gesetzen der Quantenphysik bestimmt wird. Diese Energiemenge ist niemals Null. Nach der Quantentheorie muß ein physikalisches System immer einen Rest an Bewegungsenergie behalten, selbst wenn es bis auf den absoluten Nullpunkt abgekühlt wäre.

Hologramm: Ein von einem Objekt entworfenes Bild, das drei Dimensionen zu haben scheint. Das Bild läßt sich aus vielen Winkeln betrachten; mit jeder Veränderung des Blickwinkels verändert sich das Bild des Objekts.

Impuls: Ein Maß für bewegte Materie. Ein großer sich langsam bewegender Materieklumpen hat wegen seiner Masse einen großen Impuls, ein kleines schnell bewegtes Materiekügelchen aufgrund seiner Geschwindigkeit einen großen. In der Quantenphysik kommt dem Impuls eine besonders wichtige Rolle zu. Ein Objekt kann dort einen wohldefinierten Impuls haben, ohne daß seine Masse oder Geschwindigkeit genau bestimmt sind.

Inflationäre Phase: Die Theorie, daß das Universum sich kurz nach dem Augenblick der Schöpfung mit mehr als Lichtgeschwindigkeit ausgedehnt habe. Diese Vorstellung erklärt, wie das Universum so gleichförmig wurde, wie es die als Rauschen von Radiowellen entdeckte Hintergrundstrahlung anzeigt.

Interferenz: Die Überlagerung von zwei oder mehr Wellenmustern. *Siehe* Überlagerung. Es gibt zwei Arten von Interferenz. *Destruktive Interferenz:* Wenn die Berge einer Welle mit den Tälern einer anderen zusammenfallen, sagen wir, die Wellen interferierten destruktiv miteinander. *Konstruktive Interferenz:* Wenn die Berge einer Welle mit den Bergen einer anderen zusammenfallen, sagen wir, die Wellen interferieren konstruktiv miteinander.

Invarianz: Etwas, das gleich bleibt, auch wenn sich alles andere beliebig ändert. Stellen Sie sich vor, Sie gingen durch einen feuchten Regenwald und würden bis auf die Haut naß. Wenn Sie anschließend durch die heiße Wüste gehen, werden nicht nur ihre Kleider wieder trocken, Sie müssen sie auch ausziehen, um kühl zu bleiben. Das Invariante sind in dem Fall Sie.

Klassische Mechanik: Die drei Gesetze der Mechanik, wie sie von Isaac Newton aufgestellt wurden:

1. Ein bewegter Körper neigt dazu, in Bewegung zu bleiben (Trägheitsprinzip).

2. Eine auf einen Körper wirkende Kraft führt zu einer Beschleunigung, Verlangsamung oder Veränderung der Bewegungsrichtung dieses Körpers im Raum.

3. Eine auf einen Körper wirkende Kraft führt dazu, daß der Körper mit einer gleichen und entgegengesetzt gerichteten Kraft auf die Quelle der ursprünglichen Kraft reagiert.

Klassische Physik: Physikalische Gesetze, die auf Gedanken beruhen, die es vor der Entdeckung der Quantenphysik gab. Dazu gehören die klassische Mechanik, Elektrizität und Magnetismus, wie sie die von James Clerk Maxwell aufgestellte Theorie beschreibt, Thermodynamik und andere Zweige der Physik, die auf diesen Begriffen beruhen. Die Gesetze der Relativitätstheorie werden manchmal zur klassischen Physik gezählt, weil auch sie auf Begriffen beruhen, die es vor der Quantenphysik gab.

Komplementarität: Das Prinzip, wonach das physikalische Universum niemals unabhängig von einer Wahl des Beobachtungsgegenstands durch den Beobachter betrachtet werden kann. Diese Wahl kann auf zwei verschiedene oder komplementäre Mengen von Beobachtungen, sogenannter Observablen, fallen. Die Beobachtung einer Observablen schließt die Möglichkeit aus, gleichzeitig ihr Komplement zu beobachten. Die Beobachtung des Orts, an dem sich ein subatomares Teilchen befindet, und die Beobachtung der Bahn eines bewegten subatomaren Teilchens sind komplementäre Observable.

Kopenhagener Deutung: Diese Deutung wurde zuerst von Niels Bohr gegeben, der ganz im Stil der paradoxen Sprache der Quantenphysik für Vater und Mutter der Quantenphysik gehalten wird. Nach Meinung der Kopenhagener Schule haben Objekte nicht länger die ihnen von der Newtonschen Physik zugeschriebenen Eigenschaften; vielmehr gibt es zwei Arten von Observablen, solche, die gleichzeitig beobachtet werden können, und solche, für die das nicht gilt. Bohrs Deutung gab einen Grund für dieses Verhalten an. Er sagte, daß winzige Körper nicht so sind, wie große zu sein scheinen. Ein großer Körper folgt den Newtonschen Gesetzen. Seine Bahn und sein Ort können gleichzeitig beobachtet werden. Atomare Objekte aber werden durch jeden Versuch einer Beobachtung gestört. Wenn man zum Beispiel mit großer Sorgfalt in einem Versuch den Ort eines Elektrons bestimmen will, muß dieser Versuch notwendigerweise seine Bahn verwischen. Umgekehrt macht jedes Experiment, das den Impuls des Elektrons bestimmen soll, eine Ortsbestimmung unmöglich. Bohr meinte, das habe nichts mit dem Geschick des Beobachters zu tun, sondern liege vielmehr unvermeidlich daran, daß ein großes Objekt wie etwa eine Maschine, ein Meßapparat oder ein Mensch ein so winziges Ding wie ein Elektron oder Atom beobachten. Der große Körper gehorcht den Newtonschen Gesetzen, der kleine dagegen nicht. Da alle Information über den winzigen Körper nur mit Hilfe eines großen Körpers erhalten werden kann, muß dieser das kleine Teilchen mit unvorhersehbarem Ergebnis stören.

Kosmologie: Die Theorie des frühen Universums – wie all das, was wir physikalisch nennen, vor etwa fünfzehn Milliarden Jahren begann.

Materie: Das, woraus das Weltall besteht. Man sagt, Materie nehme Raum ein, existiere in der Zeit und werde von den menschlichen Sinnen wahrgenommen. Die moderne Physik klassifiziert Materie nach ihren atomaren und subatomaren Eigenschaften.

Meßproblem: Ein der Quantenmechanik eigentümliches Problem. Wenn ein physikalisches System gemessen wird, »springt« das System in einen von vielen möglichen physikalischen Zuständen. Bis jetzt gibt es keine Möglichkeit, diesen Sprung anders zu erklären als durch zusätzliche Begriffe. Die Vorstellung von parallelen Welten entstand, um das Meßproblem zu lösen. Danach teilt sich das Weltall dann, wenn eine Messung stattfindet, in so viele Universen wie möglich.

Mikrosekunde: Ein Millionstel einer Sekunde. Licht kann in einer Mikrosekunde etwa drei Fußballstadien durchqueren. Eine Mikrosekunde verhält sich zu einer Sekunde wie eine Sekunde zu etwa elfeinhalb Tagen.

Modulation: Ein Vorgang, bei dem eine Welle eine andere beeinflußt.

Gewöhnlich wird eine der Wellen Trägerwellen und die andere die Informationswelle genannt. Die häufigste Form der Modulation ist die bei Radiowellen verwendete Amplitudenmodulation. Hier verändert sich die Amplitude der Trägerwellen. Die Amplitudenänderung entspricht der in der Informationswelle enthaltenen Form.

Nanosekunde: Ein Milliardstel einer Sekunde. Licht legt in drei Nanosekunden etwa einen Meter zurück. Eine Nanosekunde verhält sich zu einer Sekunde wie eine Sekunde zu 32 Jahren.

Newtonsche Physik: Siehe Klassische Mechanik.

Nukleus: Der Kern eines Atoms. Der Nukleus enthält über 99 Prozent der Gesamtmasse des Atoms. Er besteht aus Neutronen und Protonen. Die Anzahl der Protonen gibt die Atomladung oder Ladungszahl an. Die Anzahl der Neutronen und Protonen zusammen gibt das Atomgewicht an.

Parallele Welten: Die Vorstellung, daß es nicht nur ein einziges Weltall, sondern unendlich viele Universen gibt. In all diesen Universen existiert Materie sozusagen in geisterhaft paralleler Form.

Phase: Eine mathematische Größe, die in Gleichungen vorkommt, die eine Wellenbewegung darstellen. Die Phase der Welle gibt wie die des Mondes eine Beziehung zu einer in Raum und Zeit fixierten Form an. Wenn die Phase zunimmt, wiederholt sich eine physikalische Größe gewöhnlich periodisch. Eine Phase läßt sich zum Beispiel am Zifferblatt einer Uhr veranschaulichen. Alle sechzig Sekunden überstreicht der Sekundenzeiger denselben Punkt. Wenn Wellen in Phase sind, stimmen ihre Wellenformen überein; wenn sie nicht in Phase sind, heben sie sich gegenseitig an allen Punkten auf. Zwei Uhren sind in Phase, wenn ihre Sekundenzeiger zur selben Zeit jeweils dieselbe Sekundenzahl angeben. Zwei Uhren sind nicht in Phase, wenn die Zeiger in entgegengesetzte Richtungen zeigen (ein Zeiger zeigt zum Beispiel auf Zwölf und der andere auf Sechs). Die relative Phase zwischen zwei Wellen ist dieselbe wie der Winkel zwischen zwei Sekundenzeigern.

Photon: Die kleinste Einheit der Lichtenergie. Ein Photon hat meßbare Eigenschaften. Es hat keine elektrische Ladung, keine träge Masse – obwohl es einen Impuls»stoß« übermitteln kann – und einen Spin, dessen Betrag doppelt so groß ist wie der eines Elektrons.

Quantenelektrodynamik: Die auf elektrisch geladene Teilchen angewandten Gesetze der Quantenmechanik. Ihre Grundlage ist die Dirac-Gleichung.

Quantenmechanik: Die Theorie vom Verhalten von Materie und Energie, besonders auf der Ebene der Atome und subatomaren Teilchen. Es ist fast unmöglich, sich vorzustellen, wie merkwürdig sich Materie auf dieser Ebene verhält. Ein Elektron in einem Atom kann sich zum Beispiel ähnlich wie die Mannschaft des Raumschiffs *Enterprise* in der bekannten *Star-*

Trek-Serie von einem Energieniveau in ein anderes »beamen«. Es springt einfach ohne Zwischenstufen von einem Platz zum anderen.

Quantentunneln: Die Fähigkeit eines physikalischen Systems, sich durch eine physikalische Barriere, die es von der Außenwelt trennt, hindurchzutunneln. Ein System der klassischen Mechanik könnte das nicht tun. Die Fähigkeit ergibt sich aus den Welleneigenschaften des physikalischen Systems.

Quantenwelle: Siehe Quantenwellenfunktion.

Quantenwellenfunktion: Eine mathematische Formel, die die Wahrscheinlichkeit darstellt, daß Ereignisse in Form von Wellenmustern ablaufen und ähnlich im Raum verteilt sind wie das Wellengekräusel auf fließendem Wasser.

Raumartig: Bezieht sich auf den Abstand zwischen zwei Ereignissen. Wenn die Entfernung zwischen den Ereignissen größer ist als das Produkt aus der Lichtgeschwindigkeit und dem Zeitintervall zwischen den beiden Ereignissen, heißen die Ereignisse raumartig getrennt. Darum kann kein physikalischer Vorgang die beiden Ereignisse verknüpfen, denn er müßte schneller sein als das Licht, und das ist nach der Relativitätstheorie unmöglich.

Raumzeit. Raumzeitarena: Das ungeheure Volumen des ganzen Raums im Universum und in aller Zeit, die es gibt. Jeder Punkt der Raumzeit ist ein Ereignis, das durch seine drei Raum- und eine Zeitkoordinate bestimmt ist. Stellen Sie sich einen Ballon vor, den Sie aufblasen, bis er so groß wird, daß er den ganzen Raum, den es gibt, ausfüllt. *Raumzeitkrümmung:* Die Vorstellung, daß Raum und Zeit zusammen eine vierdimensionale Fläche darstellen, die irgendwie gekrümmt ist. Stellen Sie sich einen Globus vor. Die Längengrade stellen die Zeit dar und die Breitengrade den Raum. Wenn wir uns entlang eines Längengrades bewegen, kommen wir zu den Polen. Wenn wir nach Überquerung des Nordpols weiter in Richtung Norden reisen, kommen wir nach Süden. Die Reise nach Norden ist eine Zeitreise in die Zukunft, während die Reise nach Süden in der Zeit zurückführt. *Flache Raumzeit:* Die Vorstellung, daß Raum und Zeit zusammen eine vierdimensionale Fläche darstellen, die so flach ist wie ein Pfannkuchen. Stellen Sie sich ein Blatt Papier vor, auf das Sie horizontale und vertikale Geraden zeichnen. Die horizontalen Linien stellen den Raum dar und die vertikalen die Zeit.

Reduktion der Wellenfunktion: Die plötzliche Veränderung der Quantenwellenfunktion bei einer Beobachtung. Da die Wellenfunktion die Wahrscheinlichkeit darstellt, mit der ein Ereignis beobachtet wird, bedeutet die Reduktion, daß sich die Wahrscheinlichkeit, die weniger als Eins betrug, in Gewißheit verändert. *Siehe* Beobachtungseffekt.

Relativitätstheorie. Allgemeine Relativitätstheorie: Die Theorie, die die Schwerkraft als eine Verzerrung von Raum und Zeit erklärt. Wenn die Raumzeit verzerrt ist, muß es Materie geben. Um sich das vorzustellen, denke man sich ein riesiges Tischtuch aus Gummi auf einen Rahmen gespannt. Darauf wird dann eine Bleikugel gelegt, die das Tuch verzerrt. Das Tuch entspricht der Raumzeit. *Spezielle Relativitätstheorie:* Eine Reihe von Regeln, die es einem Beobachter ermöglichen, zu berechnen, was ein anderer Beobachter sieht, wenn er sich mit einer bestimmten Geschwindigkeit am ersten Beobachter vorbeibewegt. Die Grundlage dieser Theorie ist das rechtwinklige Raumzeitdreieck, bei dem nach dem Satz des Pythagoras die Summe des Quadrats über der Seite entlang der Zeitachse und des über der Raumseite gleich dem Quadrat über der Hypothenuse ist. Stellen Sie sich ein auf Papier gezeichnetes rechtwinkliges Dreieck vor. Ein Schenkel stellt die Bewegung im Raum dar, der dazu senkrechte die Bewegung in der Zeit. Wenn die Raumseite länger ist als die Zeitseite, stellt die Hypothenuse die wirkliche Zeit dar, wie sie ein bewegter Beobachter mißt, dessen Geschwindigkeit das Verhältnis dieser Dreiecksseiten ist. Wenn die Raumseite genauso lang ist wie die Zeitseite, ist dieses Verhältnis Eins, was der Lichtgeschwindigkeit entspricht. Die Hypothenuse stellt also die Länge Null dar, was bedeutet, daß für den Beobachter, der sich mit Lichtgeschwindigkeit bewegt, keine Zeit vergeht. Wenn die Raumseite kürzer ist als die Zeitseite, bewegt sich der Beobachter schneller als Licht und die Hypothenuse stellt eine Bewegung in die Vergangenheit dar.

Schrödingers Katze: Bezieht sich auf eine arme Katze, die in einen Kasten eingeschlossen ist, in den je nach dem Ergebnis eines einzigen Quantenereignisses – der radioaktiven Entladung eines Atomes – Zyanidgas hineinkommt oder nicht. Paradox ist daran das folgende: Nehmen wir an, die Katze müßte eine Zeit in dem Kasten verbringen, in der die Wahrscheinlichkeit dafür, daß sich das Atom entladen hat, genau 50 Prozent beträgt. Ist die Katze tot oder lebendig, wenn niemand in den Kasten schaut?

Schwarzes Loch: Ein kugelförmiger Raumbereich, der ein riesiges Schwerefeld enthält. Das Feld ist so stark, daß alles, was auf der Oberfläche ist, hineingesogen wird, selbst Licht. Man stelle sich eine Kugel vor, die wie ein Magnet rundherum alles anzieht. Wenn sie sogar Sonnenlicht aufsaugt, ist sie ein Schwarzes Loch.

Singularität: Ein Punkt der Raumzeit, an dem die physikalischen Gesetze nicht gelten, weil alle vorhergesagten Werte unendlich groß sind. Singularitäten werden für die Mitte Schwarzer Löcher vorhergesagt.

Subatomar: Kleiner als ein Atom. Ein subatomares Teilchen ist eines, das in einem Atom existiert oder dort existieren könnte.

Superraum: Eine imaginäre mathematische Struktur, die helfen soll, Situationen zu veranschaulichen, in denen es mehr als drei Dimensionen gibt. Die Physiker, die den Begriff prägten, versuchten damit, Relativitätstheorie und Quantenphysik zu verknüpfen. Der Superraum enthält genauso Punkte wie ein gewöhnlicher Raum. Aber jeder Punkt des Superraums markiert die Lage jedes Objekts eines ganzen Universums. Jeder Punkt im Superraum ist also ein maßstabgerechtes Modell eines ganzen wohlbestimmten Universums.

Thermodynamik: Die klassischen Gesetze, die das Verhalten von Wärme in Materie beschreiben. Es gibt drei Gesetze:

1. Die Energieerhaltung – in jedem physikalischen Vorgang kann Energie die Form verändern, nicht aber verschwinden.

2. Wärme kann nicht spontan von einem Körper in einen wärmeren fließen.

3. Es gibt einen absoluten Nullpunkt der Temperatur, an dem es keine Bewegung gibt.

Transaktion: Ein Zusammenhang zwischen einem zukünftigen und einem jetzigen Ereignis, der durch Echo- und Botenwellen vermittelt wird (*siehe* Transaktionale Deutung). Eine Transaktion ist abgeschlossen, wenn ein Ereignis in der Gegenwart eine Botenwelle an ein zukünftiges Ereignis schickt und dieses zukünftige Ereignis in die Gegenwart eine Echowelle schickt, die ein Duplikat der Botenwelle enthält. Die Stärke der Echowelle hängt von der Wahrscheinlichkeit ab, daß die beiden Ereignisse eintreten. Je stärker das Echo, um so größer ist diese Wahrscheinlichkeit.

Transaktionale Deutung: Die zuerst von dem Physiker John G. Cramer vorgelegte Deutung der Quantenmechanik, wonach Quantenwellen wirklich sind und in der Zeit sowohl vorwärts als auch rückwärts reisen können. Entsprechend setzen zwei physikalische Ereignisse, eine sogenannte Transaktion, sowohl eine in die Zukunft als auch eine in die Vergangenheit gerichtete Welle voraus, damit beide Ereignisse sich physikalisch manifestieren können. Die in die Zukunft gerichtete Welle heißt *Boten*welle und die in die Vergangenheit gerichtete *Echo*welle.

Unendlichkeit: Der Gedanke, daß, ganz gleich, wie weit man zählt, wie weit sich etwas erstreckt oder wie weit man sich etwas fortgesetzt denkt, es noch immer weitergeht.

Unschärfeprinzip: Auch Unbestimmtheitsrelation genannt. Es spiegelt die Unfähigkeit, die Zukunft aufgrund der Vergangenheit oder Gegenwart vorherzusagen. Es entwickelte sich aufgrund der Gedanken und Überlegungen, die Werner Heisenberg um 1926 formulierte. Dieser Eckstein der Quantenphysik ermöglicht es zu verstehen, warum die Welt aus Ereignissen besteht, die sich nicht allein als Ursache und Wirkung erklären lassen. Das Unschärfeprinzip liegt aller physikalischen Materie zugrunde; beim Menschen könnte es sich als Zweifel und Unsicherheit zeigen. Falls das zutrifft, könnte es, sobald es voll verstanden ist, eine Aufklärung bewirken, wonach die Welt als Illusion und als Produkt von Geist oder Bewußtsein zu sehen ist.

Urknall: Eine gewaltige Explosion, bei der Materie, Energie, Raum und Zeit plötzlich entstanden.

Überlagerung: Ein Verschmelzen von Quantenmöglichkeiten, das sich dem Zusammenfluß zweier oder mehrerer Flüsse vergleichen läßt. Nach den Regeln der Quantenphysik wird jede physikalische Eigenschaft durch eine Quantenwellenfunktion dargestellt. Diese Funktion läßt sich wegen ihrer Welleneigenschaften aus anderen Wellenfunktionen zusammensetzen, die ihrerseits andere physikalische Eigenschaften darstellen. Eine Quantenwellenfunktion, die die genaue Lage eines Objekts angibt, besteht aus Quantenwellenfunktionen, die diesem Objekt alle möglichen Impulse vermitteln. Deshalb sagen wir, eine Wellenfunktion des Ortes sei eine Überlagerung von Wellenfunktionen für den Impuls. Entsprechend besteht eine Quantenwellenfunktion, die den Impuls des Objekts angibt, aus Wellenfunktionen, die alle möglichen Orte für das Objekt angeben.

Viele-Welten-Deutung: Die in diesem Buch vertretene Deutung, auch Parallele-Welten-Deutung genannt. Sie scheint mit der Kosmologie, der Relativitätstheorie, der Quantenmechanik und möglicherweise selbst der Psychologie verträglich zu sein.

Wahrscheinlichkeit: Das mathematische Maß der Wahrscheinlichkeit, daß ein Ereignis eintritt. Nach den Gesetzen der Quantenmechanik ist die Wahrscheinlichkeit ein Maß für die Möglichkeiten, die irgendwie gleichzeitig nebeneinander bestehen müssen, weil diese Möglichkeiten einander beeinflussen oder überlagern können, was die physikalischen Eigenschaften der Materie verändert.

Wechselwirkung: Die Weise, in der Physiker beschreiben, was sich zwischen zwei oder mehr Dingen abspielt, die einander beeinflussen. Nach der klassischen Physik sind beide Objekte vor und nach der Wechselwirkung vollständig definiert. Die Wechselwirkung verändert nur die Richtungen der Bewegung, Orte und Impulse der Objekte. Nach der Quantenphysik sind vor der Wechselwirkung entweder der Ort oder der Impuls der Objekte unbestimmt. Nach der Wechselwirkung gilt das für beide, aber sie stehen doch in einer Beziehung. Was mit einem der Objekte geschieht, beeinflußt sofort auch das andere, selbst wenn das zweite nicht gestört wird.

Welle-Teilchen-Dualität: Die Vorstellung, daß Materie in zwei Formen existieren kann, nämlich als Welle oder als Teilchen. Als Welle ist die Materie gleichmäßig über den Raum verteilt. Als Teilchen ist sie konzentriert und nimmt zu einem bestimmten Zeitpunkt nur einen bestimmten Raumpunkt ein. Die Dualität bezieht sich auf die Unmöglichkeit, Materie in ihren beiden Formen gleichzeitig zu beobachten.

Widerspruchsfreiheit: Das Prinzip, daß das Universum zwar sehr seltsam aussehen mag und aus einer engen oder starren Sicht als sinnlos erscheinen mag, aber doch zu Vorhersagen führt, die miteinander verträglich sind. Anders gesagt kann ein physikalisches Prinzip noch so seltsam sein, es kann aber, damit die Widerspruchsfreiheit gewahrt bleibt, keine Vorhersage machen, die seine eigenen Grundsätze verletzt. Eine logische Kette, die von einer Aussage zu einer Reihe von Aussagen führt, die der ursprünglichen Aussage widersprechen, kann nicht widerspruchsfrei sein.

Wigners Freund: Eine Anspielung auf das Schrödingersche Katzenparadoxon. Stellen Sie sich vor, ein Freund, der den Käfig hält, in dem die Katze ist, entschließt sich hineinzusehen. Er findet zweifellos entweder eine lebendige oder eine tote Katze vor. Stellen wir uns jetzt vor, ein Professor namens Wigner hat den Freund und die Katze eingeschlossen. Ist dieser Freund froh, weil er eine lebendige Katze sieht, oder traurig, weil die Katze tot ist, wenn der Freund in den Käfig hineingeblickt hat, der Professor aber nicht? Nach den Regeln der Quantentheorie läßt sich über den Zustand des Freundes nichts aussagen, solange der Professor nicht nachschaut.

Wurmloch: Eine Öffnung im Raum, die ein Universum mit einem parallelen Universum oder auch zwei Bereiche eines einzelnen Universums miteinander verbindet. Wurmlöcher entstehen im Inneren von Schwarzen Löchern, besonders, wenn sie außerordentlich klein sind. Ein Elektron könnte ein Wurmloch sein.

Zehnerpotenzen: Eine als 10^6 geschriebene Zahl ist die Zahl, die sich ergibt, wenn 10 sechsmal mit sich selbst multipliziert wird.

Zeitartig: Bezieht sich auf die Raum- und Zeitintervalle zwischen zwei Ereignissen. Wenn der Abstand zwischen den Ereignissen kürzer ist als das Produkt aus der Lichtgeschwindigkeit und dem Zeitabstand zwischen den beiden Ereignissen, sagt man, der Abstand zwischen den beiden Ereignissen sei zeitartig. Dann kann ein physikalischer Vorgang das eine Ereignis mit einem anderen verknüpfen, weil es mit weniger als Lichtgeschwindigkeit vom einen zum anderen gelangen könnte, was nach der Relativitätstheorie möglich ist.

Zeitschleifen: Reisen, die sich von der Gegenwart in die Zukunft und dann zurück zur Gegenwart erstrecken, oder Reisen, die in der Gegenwart beginnen und in der Zeit zurückgehen, um wieder in dieser Gegenwart zu enden, oder jede Kombination der beiden. Solche Schleifen sind nach den physikalischen Gesetzen insbesondere dann nicht verboten, wenn Ausgangs- und Endpunkte an denselben Raum- und Zeitpunkten sind, aber zu getrennten parallelen Universen gehören.

Sachbücher
im insel taschenbuch

Friedrich Cramer
Chaos und Ordnung
Die komplexe Struktur des Lebendigen
Mit zahlreichen Abbildungen
insel taschenbuch 1496

Richard M. Bucke
Kosmisches Bewußtsein
Zur Evolution des menschlichen Geistes
Aus dem Amerikanischen von Karin Reese
insel taschenbuch 1498

Fred Alan Wolf
Körper, Geist und neue Physik
Eine Synthese der neuesten Erkenntnisse
von Medizin und moderner Naturwissenschaft
Aus dem Amerikanischen von Friedrich Griese
insel taschenbuch 1497

Der Geist im Atom
Eine Diskussion
der Geheimnisse der Quantenphysik
Herausgegeben von
P. C. Davies und J. R. Brown
Aus dem Englischen von Jürgen Koch
insel taschenbuch 1499

Anthony Zee
Magische Symmetrie
Die Ästhetik in der modernen Physik
Aus dem Amerikanischen von Hans-Peter Herbst
insel taschenbuch 1501

James Lovelock
Das Gaia-Prinzip
Die Biographie unseres Planeten
Aus dem Englischen von Peter Gillhofer
und Barbara Müller
insel taschenbuch 1542

Ian Stewart
Spielt Gott Roulette?
Uhrwerk oder Chaos
Aus dem Englischen von Gisela Menzel
insel taschenbuch 1543

Ervin Laszlo
Wissenschaft und Wirklichkeit
Aus dem Englischen von Vladimir Delavre
und Mechthild Kühling
insel taschenbuch 1570

John Gribbin und Martin Rees
Ein Universum nach Maß
Bedingungen unserer Existenz
Aus dem Englischen von Anita Ehlers
insel taschenbuch 1579

Mircea Eliade
Kosmos und Geschichte
Der Mythos der ewigen Wiederkehr
Ins Deutsche übertragen von Günther Spaltmann
insel taschenbuch 1580

John Gribbin
Unsere Sonne
Ein rätselhafter Stern
Aus dem Englischen von Anita Ehlers
insel taschenbuch 1662

Bernulf Kanitscheider
Auf der Suche nach dem Sinn
Originalausgabe
insel taschenbuch 1748

Gerhard Hütwohl
Wann bin ich eigentlich krank?
Gedanken und Überlegungen zum Kranksein
Originalausgabe
insel taschenbuch 1745

John und Mary Gribbin
Wie wenig uns vom Affen trennt
Aus dem Englischen von Gerald Bosch
insel taschenbuch 1761

Werner Künzel und Peter Bexte
Maschinendenken/Denkmaschinen
An den Schaltstellen zweier Kulturen
insel taschenbuch 1771

Günther Ohloff
Irdische Düfte – himmlische Lust
Eine Kulturgeschichte der Düfte
insel taschenbuch 1777

Michio Kaku und Jennifer Trainer
Jenseits von Einstein
Auf der Suche nach der Theorie des Universums
Aus dem Amerikanischen von Ilse Davis Schauer
insel taschenbuch 1791

Scheibe, Kugel, Schwarzes Loch
Die wissenschaftliche Eroberung des Kosmos
Herausgegeben von Uwe Schultz
insel taschenbuch 1804

Wissenschaftsjahrbuch 96
Natur und Wissenschaft
Geisteswissenschaft
Beiträge aus der Frankfurter Allgemeinen Zeitung
Herausgegeben von
Rainer Flöhl und Henning Ritter
insel taschenbuch 1821

Friedrich Cramer
Der Zeitbaum
Grundlegung einer allgemeinen Zeittheorie
insel taschenbuch 1849

Harald von Sprockhoff
Bewußtsein, Geist und Seele
Die Evolution des menschlichen Geistes
Originalausgabe
insel taschenbuch 1869

Jeremy W. Hayward
Die Erforschung der Innenwelt
Neue Wege zum wissenschaftlichen Verständnis
von Wahrnehmung, Erkennen und Bewußtsein
Aus dem Amerikanischen von Jochen Eggert
insel taschenbuch 1823

Dean Falk
Warum Schimpansen nicht steppen können
Die Entwicklung des menschlichen Gehirns
Aus dem Englischen von Gerald Bosch
insel taschenbuch 1838

Franz Moser/Michael Narodoslawsky
Bewußtsein in Raum und Zeit
Grundlagen der holistischen Weltsicht
insel taschenbuch 1797

Wolfgang Kaempfer
Zeit des Menschen
Das Doppelspiel der Zeit
im Spektrum der menschlichen Erfahrung
insel taschenbuch 1855

Die Erfindung des Universums
Neue Überlegungen zur philosophischen Kosmologie
Herausgegeben von
Walter Saltzer, Peter Eisenhardt,
Dan Kurth und Rainer E. Zimmermann
insel taschenbuch 1933

Paul Davies
Der Plan Gottes
Die Rätsel unserer Existenz und die Wissenschaft
Aus dem Englischen von Anita Ehlers
insel taschenbuch 1934

Niles Eldredge
Wendezeiten des Lebens
Katastrophen in Erdgeschichte und Evolution
Aus dem Englischen von Erich Lange
insel taschenbuch 1935

Jonathan Kingdon
Und der Mensch schuf sich selbst
Das Wagnis der menschlichen Evolution
Aus dem Englischen von Hans-Peter Krull
insel taschenbuch 1936

David Lindley
Das Ende der Physik
Vom Mythos der »Großen Vereinheitlichten Theorie«
Aus dem Amerikanischen von Monika Niehaus-Osterloh
insel taschenbuch 1937

Walter von Lucadou
Psi-Phänomene
Neue Ergebnisse der Psychokinese-Forschung
insel taschenbuch 2109

Zu dieser Ausgabe

insel taschenbuch 2241
Fred Alan Wolf
Parallele Universen

Der Text dieser Ausgabe folgt dem Band: Fred Alan Wolf, Parallele
Universen. Die Suche nach anderen Welten. Aus dem Amerikanischen von Anita Ehlers. Insel Verlag Frankfurt am Main
und Leipzig 1993.
Umschlagfoto: Tony Stone